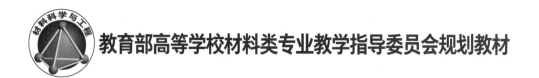

教育部高等学校材料类专业教学指导委员会规划教材

工科固体物理
简明教程

U0261722

石　锋　主编

张灵翠　徐　越　副主编

CONCISE TUTORIAL ON SOLID STATE PHYSICS IN ENGINEERING

化学工业出版社

·北京·

内 容 简 介

《工科固体物理简明教程》贯彻以学生学习成果为导向（OBE）的教学理念，以"学以致用"为根本出发点，删除深奥繁琐的公式推导，紧扣物理模型和物理思想，以固体电子论的发展为主线，重构与时俱进的教学内容。书中首先讲解价电子的运动状态，引出了金属自由电子理论的索末菲模型；其次讲解离子实排布，引出了晶体结构；再次讲授内层电子，引出了布洛赫定理和能带理论；最后通过分析离子实的热振动，研究晶格动力学，从微观角度分析宏观问题。这样安排使教学内容形成了一个完整的物理图像，使学生容易明确教学内容之间的关联性。

同时，教材中对深奥复杂的公式推导做了大量简化，突出强调物理事件的概念和意义，做到物理图像完整清晰、内容融会贯通，让数理基础比较薄弱的学生更容易掌握各个知识点之间的来龙去脉和内在联系，使得内容通俗易懂，易于接受，适用于理论功底相对薄弱的工科类相关专业的本科生和研究生学习。

本书结合教学内容引入了科学家及其科研故事，并增加了近 5 年的技术前沿案例，满足金课"创新性""高阶性"和"挑战度"的要求。

本书为高等院校工科专业本科生、研究生的规划教材，也可供相关科研人员参考。

图书在版编目（CIP）数据

工科固体物理简明教程/石锋主编；张灵翠，徐越
副主编. —北京：化学工业出版社，2023.11
ISBN 978-7-122-44315-1

Ⅰ.①工⋯　Ⅱ.①石⋯ ②张⋯ ③徐⋯　Ⅲ.①固体物
理学-教材　Ⅳ.①O48

中国国家版本馆 CIP 数据核字（2023）第 197434 号

责任编辑：陶艳玲　　　　　　　　文字编辑：王丽娜
责任校对：王鹏飞　　　　　　　　装帧设计：史利平

出版发行：化学工业出版社（北京市东城区青年湖南街 13 号　邮政编码 100011）
印　　刷：三河市航远印刷有限公司
装　　订：三河市宇新装订厂
787mm×1092mm　1/16　印张 17¼　字数 398 千字　2024 年 3 月北京第 1 版第 1 次印刷

购书咨询：010-64518888　　　　　售后服务：010-64518899
网　　址：http://www.cip.com.cn
凡购买本书，如有缺损质量问题，本社销售中心负责调换。

定　　价：69.00 元

序 一

"新工科"以实现教育带动创新、创新助力发展为目标，强调学科的实用性、交叉性与综合性，注重在传统学科的基础上融合新兴的科技。这就需要培养实践能力强、创新能力强、具备国际竞争力的高素质复合型"新工科"人才，为此，有必要从知识、能力、素养等方面对课程体系进行设计和优化。

固体物理学是研究固体的结构和物理性质的一门基础理论学科，是物理学中内容极丰富、应用极广泛的分支学科，是当代许多重要技术的基础。高校学生通过"固体物理"课程的学习，不仅可以掌握从事金属材料、无机非金属材料、材料物理、凝聚态物理、新能源以及信息技术等专业的相关基础知识，还能培养学生的创新思维和科学素养。

"固体物理"课程偏重理论，具有系统性强、知识点深、内容抽象等特点。存在众多的概念、公式、模型、近似等知识的教学，这些知识在历史进程中不断积累；大量的公式和推导涉及物理知识和严格的数学运算，是许多实际应用的科学基础。当前，科学技术纵深发展，在"新工科"背景下，为适应工科材料类专业学生的认知特点，有必要建设有工科特色的《固体物理》教材。

经过多年的教学实践，齐鲁工业大学石锋教授等编者对工科材料类专业学生的知识基础、知识结构和认知特点等进行了深入调研，总结了工科材料类专业学生的学业水平状况。同时，分析调研了大量兄弟院校的课程设置及相应教材情况，完成了教学素材和教学内容的资料搜集和整理，形成了自己对《固体物理》新教材建设的想法及原则——教学内容重构，在固体物理基础知识的基础上，不仅应反映当前的学科水平，还必须着眼于未来的学科发展，使教材在保证具有扎实基础知识的前提下，充实学科前沿内容。

为使工科专业学生能够很好地掌握课程内容，本教材的总体思路是探索"固体物理"课程的工科化——既能理解固体物理基本概念，又能理清公式推导的思路，以"固体的电子论"为主线，把知识点串联起来，同时突出对各个概念物理意义的学习，使教学内容形成了一个完整的物理图像，使得学生容易明白各章节内容之间的关联性，了解教学内容的来龙去脉。为使课程通俗易懂，在教材编写中做了很多努力，以使学生容易理解教材中的复杂理论问题。

同时，将教材中涉及的知识点与最新的研究成果相结合，增加了很多近 5 年内最新的科研进展和科研案例，扩大了知识的深度和广度。另外，结合科学技术史，有针对性地介绍相关的重大科学事件和科技进展，介绍对中国做出巨大贡献的科学家的感人故事。

作为一名在科研、教育战线上工作半个多世纪的"老兵"，我很愿意为本教材撰写序言，并向各位青年学子推荐本教材。这是一部简化版本的《固体物理》教材，尤其适用于工科材料类专业的本科生和研究生。我非常希望更多的青年学子能够通过这本教材，由浅及深地学到更多的固体物理学知识，为伟大祖国的繁荣富强做出自己应有的贡献。

中国科学院院士

中国科学院上海技术物理研究所研究员

红外物理国家重点实验室学术委员会主任

复旦大学光电研究院院长

2024 年 1 月于上海

序 二

　　固体物理是研究固体的微观结构、组成固体的粒子（包括原子、离子和电子等）之间的相互作用与运动规律，以及宏观性质和它们之间相互关系的一门学科，是物理学的一个重要分支，同时也是材料科学、微电子技术、光电子学技术、能源技术等学科的重要基础，是工科材料类专业人才基础能力培养的重要学习内容。学习固体物理，对于工科类专业本科生和研究生的培养具有重要的意义。

　　1940 年，美籍匈牙利物理学家尤金·保罗·维格纳（1963 年诺贝尔物理学奖得主）及其博士生弗雷德里克·塞茨撰写的专著《近代固体理论》，为以后的《固体物理学》教材提供了样板。1953 年加州大学伯克利分校查尔斯·基泰尔编撰了《Introduction to Solid State Physics》教材，该教材体系注重结论，用数学的方式直接给出定律、概念，说明这些定律的适用条件，给出结果和结论。1976 年康奈尔大学 Neil W. Ashcroft 编撰了《Solid State Physics》教材，该教材体系注重过程，用物理的方式建立简单而容易接受的模型，找出问题所在后再修正模型，最后演绎出准确的定律。

　　新中国成立以来，我国众多高校十分重视《固体物理》教科书的编写，至今有多个教材，但基本都不外乎上述两个体系类别。国内外多数教材大都是按照固体物理学的发展顺序编排的，各个知识点之间存在一定的偶然性和随机性。这些教材中包含了很多晦涩难懂的专业概念与复杂的三维空间变换以及繁琐的公式推导，不仅包含深奥的物理学理论知识，也涉及繁琐的数学运算，这对于数理基础比较薄弱的工科学生来说是个较大的难点。如何重塑《固体物理》教材，使之和工科材料类专业学生的课程设置、知识结构以及认知特点相吻合，就成为一个较大的挑战，但非常有必要去尝试解决。

　　石锋教授等人编撰的本教材，最大的创新就是打破以往教材非此（Ashcroft 体系）即彼（基泰尔体系）的传统做法，以"学以致用"的原则重新设计和编排相关内容，在尽量不涉及高等量子力学和复杂的数学处理的情况下，将一些晦涩难懂的知识点以简单的方式表达出来——通过"固体电子论"这个主线将零散的知识点穿插起来：首先通过论述价电子的运动状态，引出了索末菲自由电子模型；随后通过论述离子实排布，引出了晶体结构；然后通过论述周期场中运动的近自由电子，引出了布洛赫定理和能带论；最后通过分析离子实的热振动，引出了晶格振动理论和晶格动力学。

本教材对深奥复杂的公式推导做了大量简化，突出强调了物理事件的概念和意义，做到物理图像完整清晰、内容融会贯通，让数理基础比较薄弱的学生容易掌握各个知识点的来龙去脉和内在联系，使内容通俗易懂，易于接受。这样的内容设置，更适用于理论功底相对薄弱的工科类专业的本科生和研究生对固体物理学内容的理解和掌握。

作为一名教授"固体物理"课程三十多年的老教师，我认为本教材具有一定的创新性，打破了传统的教材编撰思路。同时，教材中引入了很多的最新科研案例，很好地与教材中的知识点结合。另外，本教材还通过科学技术史来凸显思政元素，用科学家的故事弘扬科学家精神，用榜样的正面力量培养学生的家国情怀，达到了"润物细无声"的教育效果。

本书的写作、编撰与本人的一些思考相吻合，符合教学改革与教材建设的要求，我十分高兴为本教材撰写序言。希望本书能够得到更多青年学子，尤其是数理基础相对薄弱的工科类专业学生的认可，也希望更多的青年才俊能够投身固体物理这门学科的教学与科研中来。

彭栋梁

国家杰出青年科学基金获得者
厦门大学材料学院教授
2024 年 1 月于厦门

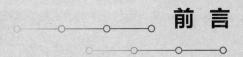

前 言

　　"固体物理学"课程是当代许多重要技术的源泉和基础,是材料科学、微电子技术、光电子学技术、能源技术等工科类专业的重要基础课程,是人才基础能力培养的重要学习内容,是学生理解固态物质物理性质的根基。

　　1940 年,美籍匈牙利物理学家尤金·保罗·维格纳(1963 年诺贝尔物理学奖得主)及其博士生弗雷德里克·塞茨(杰出的物理学家和教育家,曾任美国物理学会主席、美国国家科学院院长和纽约洛克菲勒大学校长)出版了专著《近代固体理论》,为以后的固体物理学教材提供了样板。其后,国外学者编写了两本具有代表性的固体物理教材——1953 年加州大学伯克利分校查尔斯·基泰尔教授(曾获奥斯特奖章、美国国家科学院院士)主编的《Introduction to Solid State Physics》和 1976 年康奈尔大学 Neil W. Ashcroft 教授(世界著名理论物理学家、美国国家科学院院士)主编的《Solid State Physics》;前者基泰尔体系注重结论,用数学的方式直接给出定律、概念,说明这些定律的适用条件,给出结果和结论;后者 Ashcroft 体系注重过程,用物理的方式建立简单而容易接受的模型,得到不完善的定律并找出问题所在,进一步修正模型,再演绎得出更准确的定律。这两本成为了固体物理学教科书的黄金标准,其后的国内外教材,基本上延续这两个体系进行编写。

　　目前,国内外多数教材大都是按照固体物理学科的发展顺序编排的,各个知识点之间存在一定的偶然性和随机性,各章节之间缺少联系,彼此之间的过渡不明显。这样的编排,使得各章节之间好像散落的珍珠,缺少一条主线把它们串联起来,很难形成完整连贯的物理图像,使得初次接触固体物理学的学生感到很困惑,摸不着头绪。不仅如此,因为教材中包含了很多晦涩难懂的专业概念与复杂的三维空间变换以及繁琐的公式推导,不仅涉及理论深奥的物理学知识,也涉及繁琐的数学运算,这就需要以热力学与统计物理和量子力学等理论性很强的课程为先导,这对于数理基础比较薄弱的工科类专业的学生的确是个难点,工科类(如材料类)专业学生的知识基础和知识结构以及认知特点并没有达到固体物理课程学习的要求。

　　有没有一条主线能将散落的知识点串联起来,以便形成一个连贯有序的物理图像呢?本教材最大的创新就是打破以往教材非此（Ashcroft体系）即彼（基泰尔体系）的传统做法，以"固体电子论"为主线将零散的知识点联系在一起。鉴于自然界中人们认识最多、使用最多的材料就是金属材料，因此本教材首先从金属的自由电子论讲起，即第一章先考虑原子最外层的价电子及其运动状态，这就引出了建立在经典统计基础上的特鲁德-洛伦兹模型和建立在量子统计基础上的索末菲模型，并指出该模型存在的不足就是忽略了离子实和价电子之间的相互作用。而要考虑离子实和价电子的相互作用，就必须掌握离子实在晶体中的排列方式，由此引入第二章晶体结构的内容。学习了晶体结构的知识以后，认识了晶体最大的特点就是具有周期性结构，满足平移对称性。考虑了价电子以及离子实之后，自然就需要考虑内层电子的运动和排布。第三章能带理论的研究对象除了近自由电子之外就是内层电子，是基于晶体结构的平移对称性，考虑离子实势场对内层电子的影响而建立起来的一套理论。在能带理论的讲述中，通过绝热近似使学生认识到晶格体系和电子体系可以分开处理，为第四章晶格振动的内容打下伏笔。能带理论忽略了电子和声子之间的相互作用，而晶格振动导致的声子会对电子产生散射。通过晶格振动的讲述引入声子概念，继而用声子来描述固体中的输运问题，这就是固体输运现象的内容；通过金属、半导体的电热、光输运特性，阐述电阻的产生机制，这就是晶体结合、晶体缺陷和相图的内容。这样，就以固体电子论的发展为主线将各个零散的知识点联系在了一起。

从教学进度来说，采取这样的体系编排，相对于传统的教材将更加科学和高效。因为第一、二章的内容，相对容易理解，容易入门。而第三章能带理论和第四章晶格振动及晶体热学性质作为固体物理学最重要且最难的内容，恰好处在一个学期的中后期，此时，学生对教师的讲课风格也已经适应了，而且精力集中，易于消化难点。而固体输运以及晶体结合等内容，由于在"材料科学基础"等课程中有过相关内容，且难度相对较低，学生完全可以自学就能掌握，因此本教材就省略了这两部分内容。

总之，针对工科类专业学生数理功底薄弱的特点，本教材在尽量不涉及高等量子力学和复杂的数学处理的情况下，将一些晦涩难懂的知识点以简单的方式传达出来——通过"固体电子论"这个主线将零散的知识点穿插起来。首先讲解价电子的运动状态，引出了索末菲模型；随后讲解离子实排布，引出了晶体结构；然后讲授内层电子，引出了布洛赫定理和能带论；最后通过分析离子实的热振动，引出了晶格振动理论。同时，本教材对深奥复杂的公式推导做了大量简化，突出强调了物理事件的概念和意义，做到物理图像完整清晰、内容融会贯通，让数理基础比较薄弱的学生更容易掌握各个知识点之间的来龙去脉和内在联系，使得内容通俗易懂，易于接受。这样的教学内容设置，十分适用于理论功底相对薄弱的工科类专业本科生和研究生学习。

为反映前沿性和时代性，在教材中增加了近5年最新的技术前沿案例。为使课程通俗易懂，在本教材中，将一些晦涩难懂的理论与生活常识相类比，这些简单的类比将复杂的问题简单化，使学生容易理解教材中的复杂理论问题。另外，本教材中还穿插了大量的科学史知识以及与某一理论的历史背景和发展进程的相关论述，以此增加课程的趣味性，减少枯燥乏味感，降低了"教"与"学"的难度，让学生更轻松愉悦地学习新知识和内容。

教材主编石锋教授负责教材整体内容的构思、架构与优化，并负责前言、绪论、第三章和第四章的编撰以及整书的架构；副主编张灵翠博士负责第二章的编撰和整书的勘误和校对工作；副主编徐越副教授负责第一章的编撰，并重新绘制教材中的所有图片。赵金博老师在案例素材的搜集和全文勘误中做出了贡献，安忠芬、宋福州、于迎波等三位研究生在公式编辑和文稿润色以及全文勘误中做了重要贡献，在此一并感谢。

由于作者水平有限，书中难免有不妥之处，敬请各位读者朋友批评指正。

编者
2024 年 1 月

目 录

第二章　晶体结构

第三章 　 能带理论

第四章　晶格振动及晶体热学性质

参考文献

绪 论

一、固体物理学的研究内容

1. 固体物理学的概念和范畴

人类自诞生以来，接触最多的物质就是固体；自然界中 90％ 以上的物质是固态。在不同固体中，粒子之间存在众多各具特点的耦合方式，这使得粒子具有特定的集体和个体运动形式，形成千差万别的物理性质。因此，固体物理学实际上面对的是多体问题，它是研究固体的物理性质、微观结构以及固体中各种粒子运动形态和规律及其相互关系的学科，是物理学中内容丰富、应用广泛的分支学科，也可以说是理论物理基础之上的普通物理。

固体物理学涉及力学、热学、声学、电磁学和光学等各方面的内容，本质是研究固体结构及其组成粒子（原子、离子、电子）之间的相互作用与运动规律，以阐明其性能与用途的科学。固体物理学是理解物体导电、发光、发热、超导、磁性等物理性质的基础，也是微电子技术、光电子学技术、能源技术、材料科学等技术学科的基础。

2. 固体的分类

固体通常指在承受切应力时具有一定程度刚性的物质，包括晶体和非晶态固体。固体是由大量原子（离子或分子）凝聚成相对稳定而紧密的、有自持形状的、能承受切应力的物体。在压强和温度一定且无外力作用时，它的形状和体积保持不变。自然界中的分子甚至固体均由原子凝聚而成，作为一个重要层次，原子是分子和固体结构的基础。不同原子之间有不同形式的相互作用（吸引或排斥），借助原子间相互作用，不同原子能以适当距离和适当结合方式凝聚到一起形成分子甚至固体。固体中原子的排列分布可以是规则的，也可以是不规则的，按原子排列的特点，固体可分为晶体、准晶体（准晶）和非晶体（非晶）三大类。

晶体是原子按一定的周期排列规则的固体（长程有序），比如天然的岩盐、水晶以及人工的半导体锗、硅单晶等；非晶体是原子的排列没有明确的周期性（短程有序），比如玻璃、橡胶、塑料等；而准晶体是一种介于晶体和非晶体的固体结构。固体按照结构的分类如图 0-0-1 所示。

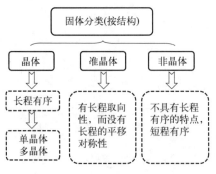

图 0-0-1　固体按照结构的分类

总之，组成晶体的粒子在空间周期性排列，具有长程有序，但它的对称性是破缺的。非晶体与晶体相反，其组成粒子在空间的分布是完全无序或仅仅具有短程有序，不具有高度的对称性。准晶体介于晶体和非晶体，粒子在空间分布有序，但不具有周期性，仅仅具有长程的取向序。固体物理的研究对象以晶体为主。

3. 晶体的概念和特点

大自然中存在许多固体，其中一些固体具有规则、美观的外形，比如见于火山口的金刚石、水晶和硫黄等，它们被称为晶体。晶体中的原子按一定规则周期有序排列，而非晶态和准晶态固体中原子的排列不具有周期性。尽管目前对非晶体的研究日趋活跃，但迄今为止，人们对固体的了解以及很多概念的提出大多来自对晶体的研究。晶体具有规则的外形，如果仔细观察，会发现其小面之间呈恒定的夹角，与晶体大小无关。打碎的晶体小块中能看到许多相似的形状，这让人们猜测晶体具有一个最小的几何单元，称为单胞，晶体是单胞在三维空间中堆砌而成的，类似纸箱子堆满仓库。平行六面体和开尔文爵士的截角八面体，都能充满整个空间。

理想晶体是指内在结构完全规则的固体，也称作完整晶体；而实际晶体是指固体中或多或少地存在不规则性，在规则排列的背景中尚存在微量不规则性的晶体。本课程的研究对象就是晶体，其粒子在空间点阵中呈周期性排列，具有长程有序，它的对称性是破缺的，即实际上有缺陷存在。

4. 准晶体的概念和特点

1984 年，以色列理工学院材料工程系 Dan Shechtman 教授（美国工程院院士、欧洲科学院院士、以色列科学院院士，独享 2011 年诺贝尔化学奖）在用快速冷却方法制备的铝锰 [Al-14％（原子分数）Mn] 合金的电子衍射图中发现具有五重对称的斑点分布，所观察到的是一个单晶体的准晶相（如图 0-0-2 所示），准晶（准晶体）的结构类似彭罗斯拼图（如图 0-0-3 所示），具有二十面体对称性，这在经典的晶体学中是不存在的。准晶体的发现从根本上改变了科学家对固态结构的看法，丰富和发展了传统的晶体学理论，为晶体学及材料科学领域带来了一场革命。尽管准晶体曾受到以两获诺贝尔奖的莱纳斯·卡尔·鲍林为代表的一批大科学家的强烈质疑，但最终因大量令人信服且接连不断的实验证据逐渐被大家所接受。国际晶体学联合会于 1992 年对晶体进行了重新定义："晶体是能给出明锐衍射的固体，非周期晶体是没有周期平移的晶体。"

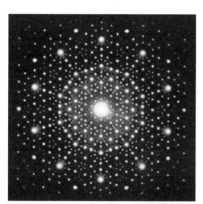

图 0-0-2　准晶的衍射花样

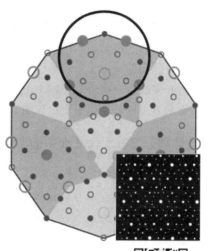

图 0-0-3　彭罗斯拼图

拓展阅读——"中国相"的发现

几乎在 Shechtman 发现准晶体的同一时间，中国科学家郭可信（1923—2006，著名物理冶金学家、晶体学家，中国科学院院士，瑞典皇家工程科学院外籍院士，国际知名电子显微镜及材料科学领域的领军人物）带领的研究团队独立地在过渡金属 Ti-Ni 合金中发现了二十面体准晶体，并被 Shechtman 的合作者、法国晶体学家 Denis Gratias 称为"中国相"（China phase）。"中国相"的发现是研究高温合金中四面体密堆结构的直接结果，与 Shechtman 的发现殊途同归。郭可信把中国的准晶体研究推向世界前列。

与晶体周期为整数有所不同，准晶体周期为无理数。因此，5次、8次、10次等旋转对称得以存在。总之，准晶体具有两个特点：①电子衍射图中具有五重对称的斑点分布，介于晶体和非晶体的新状态。②准晶体具有与晶体相似的长程有序的原子排列，但是准晶体不具备晶体的平移对称性。

二、固体物理学及其课程在材料研究中的地位和作用

1. 材料与人类文明息息相关

世界是由物质构成的。材料是人类用于制造物品、器件、构件、机器或其他产品的具有某种特性的物质实体。材料是人类社会生活的物质基础，是人类生活过程中必不可少的部分，人类的各种各样的活动都离不开材料。

随着人类社会的发展，人类需要的信息量越来越大，信息在整个社会中也逐步占据了绝对重要的地位。信息量、信息传播的速度、信息处理的速度以及应用信息的程度等都在以几何级数增长，人类进入了信息时代。信息时代不可或缺的是计算机，正是由于计算机的飞速发展，人类社会才变得更加快捷方便。而计算机的发展离不开材料的发展，第一台电子计算机的内部元件使用的是电子管，这使得计算机体积庞大。而之后相继使用晶体管、集成电路、半导体作为存储器，计算机变得越来越小巧，运算速度也大大提高。不得不说，材料的发展对人类社会的发展起着至关重要的作用。

2. 固体物理学在现代社会中的重要作用

现代固体物理形成于20世纪前40年代，它是先进的微电子、光电子、光子等材料类专业的基础，其重要性显而易见。固体物理学是物理学的支柱学科，也是新技术的基础学科，据不完全统计，全世界有60%的物理工作者在从事固体物理及相关研究。固体物理学的理论成就和实验手段对化学物理、催化、生命科学、地学等的影响日益扩大，正在形成新的交叉领域，是理论物理基础之上的普通物理，是理解物体导电、发光、发热、超导、磁性等的基础。

目前，新的实验条件和技术日新月异，正为固体物理学不断开拓新的研究领域。由于固体物理学本身是微电子技术、光电子学技术、能源技术、材料科学等技术学科的基础，也由于固体物理学科内在的因素，固体物理学的研究论文已占物理学研究论文的三分之一以上。其发展趋势是，由体内性质转向研究表面有关的性质，由三维体系转到低维体系，由晶态物质转到非晶态物质，由平衡态特性转到研究瞬态和亚稳态、临界现象和相变，由完整晶体转到研究晶体中的杂质、缺陷和各种微结构，由普通晶体转到研究超点阵的材料。这些基础研究又将促进新技术的发展，给人们带来实际利益。

3. "固体物理学"课程的价值和意义

"固体物理学"是比较综合且不断发展的一门课程，具有基础性强、理论性强、与实验结

合紧密等特点，也是理工科大学生相关专业继续学习后续专业课程的必修课程之一。"固体物理学"课程是大学物理类专业和微电子技术、光电子学技术、能源技术、材料科学等技术学科的重要基础课。在工科院校为本科生和研究生相关专业开设"固体物理学"课程，使学生掌握一定的固体物理学知识及其研究方法，不仅有助于他们知识结构的理工结合，扩大科学视野，而且为其今后的发展奠定牢固的知识基础。即通过学习"固体物理学"课程，使学生运用物理学基本规律来认识物质（材料）的微观结构与内在性质和宏观性质之间的关系。

类比解释——内在性质和宏观性质

内在性质就像人在婴儿期或受精卵时期，其基因（性质）已被决定，在成长期间由于受到环境的影响，从而表现出其外在的（宏观的）性质；所以内在性质和宏观性质之间的联系就是结构和性能之间的关系。

"固体物理学"课程以晶体为研究对象，抽象出具备理想周期性的晶格和金属中电子共有化的概念，在量子力学、理论物理、热力学与统计物理的基础上，研究晶体内原子、电子等微观粒子运动的物理图像及其有关模型，阐述晶体内微观粒子的运动规律及其与晶体宏观性能的物理联系。这些都与物质或材料有关系；就材料类专业而言，"固体物理学"课程是材料类专业的重要基础主干课程，是学生理解材料物理性质的根基，在培养学生的探索精神和创新意识等方面，具有其他课程不能替代的重要作用。

本课程可使学生树立辩证唯物主义世界观，掌握科学研究方法，增强科学素质，培养科学思维能力和创新意识；目前，我国面临先进材料和高端元器件被"卡脖子"的局面，通过本课程的学习，结合具体关键技术的实例，可激发起学生立志从事新能源、新材料、电子器件、光电子器件、集成电路等方面的研发热情。

三、固体物理学科的建立和发展

1. 固体物理学科的建立

固体物理学科的建立和发展基于以下几个方面：①晶体结构的认知；②晶体结合的认知；③晶格振动和固体比热容的认识和发展；④缺陷的认知；⑤固体电子论的发展；⑥相变的研究；⑦固体磁性；⑧超导现象的认识和发展；⑨半导体物理的研究及无序系统和一些新的进展等。上述不同方面的研究成果促使固体物理学科的诞生。

固体物理学是在人类认识大自然的过程中自然而然形成的。从原始社会的石头，到后来的青铜器和铁器，人类对固态物质的认识越来越深入，从本能的认知逐步过渡到理论研究。在此期间，有众多的科学家对于固体物理学的发展作出了突出贡献，其中最关键的是对于晶体显微结构的认识和固体热容的研究。

2. 固体物理学的发展简史

（1）对晶体结构的认识

17世纪，惠更斯（1629—1695）利用椭球堆积模型解释方解石的双折射性质和解理面。1669年，斯丹诺研究石英后发现石英晶面之间的夹角是不变的，从而揭示了晶面角守恒定律，这是晶体学中最重要的定律之一。1784年，阿羽依通过研究方解石，认为晶体由一些坚实、相同的平行六面形的"小基石"有规则地重复堆积而成，由此提出了著名的晶胞学说，使人类对晶体的认识向前迈出了一大步。上述研究属于固体物理学诞生的萌芽阶段，初步表明了晶体规则的几何形状和对称性与其他物理性质之间有一定的联系——晶体外形的规则性是内部规则性的反映。19世纪中叶，布拉维发展了空间点阵学说概括了晶格周期性的特征。

晶体规则的几何形状和对称性与其他物理性质有一定联系；晶体外形的规则性是内部规则性的反映。人类对晶体微观结构研究的出发点是对点群的认识。1830年，赫赛尔证明了晶格点阵中只有1、2、3、4、6重对称轴，推导出固体材料存在32种点群，分别对应32种晶体类型，同时提出了空间群的概念。1890—1894年，俄国晶体学家E.C.费多罗夫、德国科学家A.M.熊夫利斯、英国科学家W.巴罗等独立地发展了关于晶体微观几何结构的理论体系，为进一步研究晶体结构的规律提供了理论依据。他们利用32种点群与三维空间平移对称性组合的方式，各自独立完成了230种空间群的推导工作。

1848—1850年，布拉维（也称为布拉菲）提出一切可能的不同空间格子形式只有14种，修正了德国学者M.L.弗兰肯海姆关于晶体内部空间格子排列形式有15种的结论，这14种空间格子被称为布拉维晶格。1850—1851年，布拉维发展了空间点阵学说，概括了晶格周期性的特征，提出了实际晶体晶形与内部结构的关系。此外他还创建了六方系晶体和三方系晶体的定向方向，称为布拉维定向。布拉维首次证明了存在7种三维晶系。

空间点阵是认识晶体结构基本特征的关键之一，用它可以方便而又清楚地说明晶体的微观结构在宏观中所表现出的面角守恒、有理指数等定律以及X射线衍射的几何关系。后来的马克斯·玻恩、冯·卡门、莱昂·尼古拉·布里渊和尤金·保罗·维格纳也都对空间点阵研究作出了巨大贡献。

1912年玻恩与卡门合作发表了关于晶格振动谱的著名论文《关于空间点阵的振动》，这是有关晶体振动能谱的著述，称系统的晶格振动为简正模，能量量子化，频率不单一。玻恩还创立了点阵理论，提出了玻恩—卡门边界条件，即周期性边界条件。

布里渊于1922年提出了布里渊散射，可以研究气体、液体和固体中的声学振动；固体物理学中的概念——布里渊区和硅基布里渊激光器也以他的名字命名。1930年，布里渊首先提出用倒易（倒格子）点阵矢量的中垂面来划分波矢空间的区域，定义了倒易空间中的一个区域——布里渊区。各布里渊区体积相等，都等于倒易点阵的原胞体积。

1933年，美籍匈牙利裔物理学家维格纳及其博士生弗雷德里克·塞茨，在计算晶体电子的能带结构时，共同提出了固体物理学的一个重要概念：维格纳-塞茨原胞，简称W-S原胞，是晶格中比较对称的一种原胞。1934年，维格纳通过对电子气的计算发现，当电子密度十分低时，点针状的分布比均匀分布具有更低的能量，所以预言在低温、低密度下可以出现电子晶体，这种晶体即被称为维格纳晶体或维格纳点阵。

（2）对固体热容的研究

随后，人们开始深入认识固体物质的性质。在道尔顿的现代原子论问世后不久，1819年，法国科学家皮埃尔·路易·杜隆和阿列克西·泰雷兹·珀蒂测定了许多单质的比热容，提出了杜隆-珀蒂经验定律，这是物理学中描述结晶态固体由于晶格振动而具有的比热容的经典定律，即 $C_V = 3R$（C_V 为定容比热），现在表述为：固态元素相对原子质量与比热容之乘积为一常数，约等于 $25\text{J}/(\text{mol} \cdot \text{K})$；首次揭示了宏观物理量比热容与微观粒子数之间的直接联系。1872 年 H. F. 韦伯、1905 年詹姆斯·杜瓦先后发现了违反杜隆-珀蒂定律的物质，如 Si、Ge 和金刚石等。

现在人们知道，固体热容的贡献主要包括两部分：一是来源于晶格振动（声子），称为晶格热容；二是来源于电子的热运动，称为电子热容。除非在很低温的条件下，电子热运动的贡献往往很小。也就是说，晶格振动的研究始于固体热容研究。

开创了固体比热容量子理论先河的科学家是爱因斯坦，他首先研究了固体的比热容理论。1906 年 11 月，爱因斯坦基于"能量是量子化的"思想，引进量子化的概念处理固体中原子的晶格振动，提出了固体比热容量子理论的爱因斯坦模型，解释了固体比热容为什么会随温度降低而下降，从而推动了固体原子振动的研究。随后开展研究的是威廉·德拜，他也在固体物理学的发展中作出了突出贡献。1912 年，德拜把晶格振动的简正模看成连续的各向同性介质中的波，把晶格当成弹性介质处理，而不是集中在一些分立格点上振动的波。考虑热容应是原子的各种频率振动贡献的总和，提出了著名的德拜模型和德拜温度；这一理论推翻了爱因斯坦理论中分界温度恒定的说法。

德拜模型揭开了低温热容问题的面纱，理论推导和实验数据的矛盾终于得到了化解，这一模型是固体物理中的经典模型，是教材中的必学内容。德拜模型虽然表面上不如玻恩-卡门模型，但由于德拜模型简洁有效，实际上更加成功。后来更为精确的测量也说明了德拜模型的不足。

（3）对固体电子论的认识

20 世纪初，特鲁德和洛伦兹建立了经典金属自由电子论，对固体的认识进入一个新的阶段。1900 年，英国物理学家保罗·特鲁德首先借助理想气体模型，建立了经典的金属自由电子气体模型；实际上使金属中的自由电子变成了理想气体中的粒子，借用已有的热力学规律就可以定性解释金属的一些性质，特别是电子在金属中的输运性质。

1904 年，荷兰著名物理学家亨德里克·安东·洛伦兹发展了特鲁德的理论；他认为金属中电子的运动速度服从麦克斯韦-玻尔兹曼统计规律，从微观上定性地解释了金属的高电导率、高热导率、霍尔效应以及某些光学性质。

玻恩创立点阵理论后不久，1912 年冯·劳厄在该领域作出了突破性的贡献——发现了 X 射线通过晶体时产生衍射现象，证明了 X 射线的波动性和晶体内部结构的周期性。X 射线衍射对晶体结构的测试工作为在实验上证实电子的波动性奠定了基础，证实了空间点阵和空间群理论的正确性。

1912—1914 年，劳伦斯·布拉格首先提出了关键性的"布拉格方程"，清楚地解释了 X 射线晶体衍射的形成，证明能够用 X 射线来获取关于晶体结构的信息。随后他的父亲亨利·

布拉格造出 X 射线摄谱仪，并做了一系列有独创性的实验，证明了儿子劳伦斯理论的正确性，创立了用 X 射线分析晶体结构的新学术领域，并测试了多种物质的晶体结构。1915 年布拉格父子二人被授予诺贝尔物理学奖。

20 世纪初量子理论的发展，正确描述了晶体内部微观粒子的运动过程，进而带动了固体物理学的发展。爱因斯坦首先引进量子化的概念来研究晶格振动；德拜把晶格振动的简正模看成连续的各向同性介质中的波；玻恩和卡门称系统的晶格振动为简正模，能量量子化，频率不单一。

费米发展了统计理论，为以后研究晶体中电子运动的过程指明了方向（费米-狄拉克统计）。1927—1928 年，索末菲基于量子思想，在费米-狄拉克统计分布的基础上，建立了索末菲模型来描述金属电子的运动，发展了洛伦兹的经典电子论，使得经典的电子气变成了量子的费米电子气，求得电子气的比热容和输运现象，成功解释了金属特有的良好导热性质，对温差电和金属导电的研究也很有价值。索末菲模型对于理解金属尤其是一价金属的物理本质方面也具有极大的意义。该理论解决了经典理论的困难，目前仍旧是固体物理学教科书中的经典理论。索末菲进一步在金属自由电子论基础上，发展了固体量子论。

（4）对能带理论的认识

能带理论是目前研究固体中的电子状态，说明固体性质最重要的理论基础。1928 年，布洛赫从量子力学出发，研究周期场中电子的运动问题。他认为电子在严格的周期性势场中运动，提出计算能带的理论，主要解释固体中电子在金属晶格中的运动状态，为后来的能带理论以及其后的能带工程，为人类设计新材料和改造世界奠定了理论基础。

20 世纪 30 年代，建立了固体能带理论。能带理论是与单电子近似的理论，用这种方法求出的电子能量状态将不再是分立的能级，而是由能量的允带和禁带相间组成的能带，所以这种理论称为能带理论。事实上，布里渊区的概念对于固体能带论的研究也具有极大的意义；其物理意义在于每个布里渊区代表了一个能带，布里渊区边界就是能带边界。能带论促使人们进一步加深对金属键的认识。

英国物理学家 A. H. 威尔逊主张晶体中电子的可能能级会分裂成能带，不同晶体的能带数目及宽度都不相同。1931 年，他利用固体能带论说明了导体与绝缘体的区别，并断定有一类固体，其导电性质介于两者之间，即半导体。半导体概念的推出导致了信息时代的来临。20 世纪 40 年代末，以锗、硅为代表的半导体单晶出现并制成了晶体三极管，产生了半导体物理。

总之，金属的研究中，抽象出电子公有化的概念，再用单电子近似的方法建立能带理论。能带理论是一个近似精确的固体量子理论，它是在用量子力学研究金属电导理论的过程中发展起来的，为阐明许多晶体的物理特性奠定了基础，成为固体电子理论的重要部分。能带理论不仅解释了金属导电性与绝缘体和半导体间存在差别的内在原因，而且在描述金属的导电和导热等输运过程方面获得了成功。即能带理论成功地解决了索末菲自由电子论处理金属问题时所遗留下来的许多问题，并为其后固体物理学尤其是半导体物理学的发展奠定了基础。

（5）对晶格动力学的认识

20 世纪 30 年代，除了固体能带理论的创建之外，还有晶格动力学的建立，这些都极大地推动了固体物理学的发展。

　　晶格动力学的研究是从讨论晶体热学性质开始的，而热运动在宏观性质上最直接的表现就是比热容。1912年玻恩与卡门合作发表了有关晶体振动能谱的著述，提出了周期性边界条件，用于研究晶格点阵。1925年，玻恩出版了关于晶体理论的著作《原子动力学问题》，开创了一门新学科——晶格动力学。晶格动力学是玻恩毕生的研究领域，在该领域他取得了辉煌的成就，奠定了当代固体物理学的基础。1935年Blackman重新利用玻恩和卡门1912年提出的理论研究晶格振动，逐渐完善并发展成现在的晶格动力学理论。1954年，玻恩与黄昆合作出版了经典著作《晶格动力学理论》，这是一部享有世界声誉的名著。该书系统、全面地阐述了晶格动力学的有关理论，是"固体物理学"领域的经典著作之一。总之，根据晶体中原子规则排列特点，建立晶格动力学理论，引入声子的概念，阐明了固体的低温比热和中子衍射谱。

第一章

金属自由电子费米气体模型

一、本章重点

（1）自由电子费米气体模型的内容及基态性质。

（2）费米分布和自由电子气体的热性质。

（3）初步理解费米面、费米球、态密度等概念。

（4）霍尔效应和磁致电阻效应。

二、本章难点

费米分布和霍尔效应。

 导读

一、金属的自然地位和社会地位

在人类生活的物质世界中，金属元素是最常见的。人类社会很早就学会了使用金属并将其作为人类进步的标志——铜器时代、铁器时代。在化学元素周期表中，通常状态下，金属元素约有七十五种之多；自然界中约有三分之二以上的固态纯元素属于金属；人们经常使用的合金更是不计其数。

金属具有良好的导电、导热、易加工和特殊的金属光泽等自然属性，那么为什么金属具有这些优异的自然属性呢？对此，众多科学家前仆后继地开展研究。固体物理学的诞生、发展和壮大与人们对金属的认识逐步深入密不可分。

要全面深入地认识固体，还必须研究固体中电子的状态及运动规律，建立与发展固体的电子理论；固体电子理论的发展是从金属电子理论开始的。金属因具有良好的电导率、热导率和延展性等特异性质，最早获得广泛应用和理论上的关注。本教材首先介绍金属自由电子气体模型，然后逐步演绎固体物理的后续内容。金属自由电子气体模型是固体电子论的第一个模型，是为了解释金属的自然属性而建立起来的。

二、金属自由电子气体模型的建立和发展

（一）经典金属自由电子气体模型的建立背景

人类对于火的发现和使用，开启了材料热力学的建立和发展。1870 年前后，玻尔兹曼、麦克斯韦等人建立了气体分子运动论的经典统计理论；1897 年，汤姆逊发现了电子，使得人们可以进一步把组成固体的原子分为离子实（也叫原子实）和价电子。价电子指原子核外电子中能与其他原子相互作用形成化学键的电子，为原子核外与元素化合价有关的电子。

原子＝离子实＋价电子

离子实＝原子核＋内层电子

> **类比解释——原子、离子实、价电子、内层电子**
>
> 可把原子想象成太阳系，原子核相当于太阳。最外层的价电子距离原子核比较远，相当于奥尔特星云；水金地火木土天海等八大行星可类比于内层电子。学习固体物理学的过程就像剥洋葱一样，人们先从最外层的价电子开始研究，然后研究由原子核和内层电子组成的离子实（太阳加八大行星），最后研究内层电子是怎么样排布的。这样一层层地剥茧，使得整个固体物理学知识有了一个非常清晰的物理图像，使人们在学习知识时不至于出现很大的思维跳跃。

实验发现金属总是具有高电导率、高热导率和高反射率，这些均促成了经典金属自由电子气体模型的建立和发展。图 1-0-1 所示为电子在原子和金属中的分布示意图。

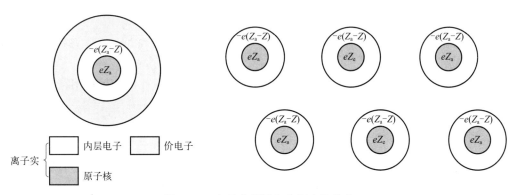

图 1-0-1　电子在原子和金属中的分布

e—电子电荷；Z—原子序数，即质子数；Z_e—原子所带电荷量；Z_a—原子的电子数目

> **类比解释——自由电子气**
>
> 所谓自由电子气，也称作自由电子费米气体，索末菲认为是自由的、无相互作用的、遵

从泡利原理的电子气，即一群不发生相互作用的费米子。这是一个量子统计力学中的理想模型，是借用理想气体模型描述费米子系统性质的量子力学模型。之所以用气体来形容电子，是因为电子的运动轨迹就像气体一样。

（二）特鲁德模型

1900 年，英国物理学家保罗·特鲁德（Drude，也译为德鲁德）首先借助理想气体模型，建立了经典的金属自由电子气体模型——特鲁德模型，以解释电子在物质（特别是金属）中的输运性质。特鲁德模型认为：金属中的电子，尤其是价电子游离于固定的离子实周围，弥散于金属的全部空间，在金属体内自由运动，如同理想气体中的粒子，与中性稀薄气体一样去处理，构成了所谓的自由电子气，电子与电子、电子与离子之间的相互作用都可以忽略不计。该模型采用了四个假设，分别是自由电子近似、独立电子近似、碰撞近似和弛豫时间近似。

1. 自由电子近似

在金属中，离子实固定不动，价电子脱离原子的束缚成为自由电子，可以在金属中自由运动；除了在碰撞瞬间，忽略电子与原子实之间的相互作用也就是忽略了电子和离子实之间的库仑吸引作用。

类比解释——自由电子

所谓自由电子，是人们认为原子内部的价电子相比原子核的距离就像奥特星云之于太阳一样，受影响但由于距离太远导致受到的影响非常小，这时候其被认为是自由的，故称自由电子。

2. 独立电子近似

金属中大量的自由电子之间没有相互作用，也不存在碰撞，可以彼此独立地运动，忽略了电子之间的库仑排斥作用。

上述假设参照了理想气体的概念：理想气体中分子之间不发生碰撞，也没有相互作用，所以又把两条假设统称为自由电子气假设。

3. 碰撞近似

假定离子实保持原子在自由状态时的构型，忽略了电子之间的碰撞，电子和离子实可以发生碰撞，其碰撞是瞬时的；碰撞可以突然改变电子的速度，但碰撞后电子的速度只与温度有关，与碰前的速度无关，电子通过这种碰撞和周围的环境达到一个热平衡。在相继两次碰撞之间，电子直线运动，遵循牛顿第二定律。

4. 弛豫时间近似

这是该模型最重要的概念。一个电子与离子两次碰撞之间的平均时间间隔称为弛豫时间。弛豫时间仅与晶体结构，即离子之间的距离有关。单位时间内电子发生碰撞的概率为 $1/\tau$，弛豫时间 τ 与电子的位置、速度无关。弛豫时间可以用来描述电子受到的散射或碰撞，并得电子的平均自由程。电子通过碰撞与周围环境达到热平衡。电子每次经过碰撞后，其速度的方向是随机的，速率的大小由碰撞处的局部温度决定。碰撞的后果和碰撞时电子的状态无关。

类比解释——弛豫和弛豫时间

弛豫是物理学用语，指在某一个渐变物理过程中，从某一个状态逐渐地恢复到平衡态的过程；期间所需的时间叫弛豫时间。本质就是从一个平衡态（状态 A）过渡到另一个平衡态（状态 B）为止。以生活类比，在跑步比赛中，裁判拿着发令枪，运动员呈预备姿势（状态 A），听到枪响立即起跑（状态 B）。实际上，从运动员听到枪声到起跑这两个状态之间存在很小的时间差，这个时间差便被称为弛豫时间。这里面存在的问题是，有的运动员反应速度很快，立马就跑出来，这个时候的时间差（弛豫时间）比较短；而有的人则反应比较迟钝，则这个时候的时间差（弛豫时间）比较长。另外，弹性形变消失的时间，光电效应中从光照射到射出电子的时间，政策实施到产生效果的时间都可称为弛豫时间。

5. 特鲁德模型的特点

（1）特鲁德模型的优点

该模型实际上使金属中的自由电子变成了理想气体中的粒子，因而借用已有的热力学规律就可以定性解释金属的一些性质。特别是电子在金属中的输运性质。这使人类对固体的认识进入一个新的阶段，也证明了其在定性方面是正确的。

（2）特鲁德模型的缺点

① 电子的比热被高估了两个数量级，导致热电动势（即温差电现象的系数）被高估，定量计算与实验测试结果不符。

② 无法解释直流电导率的温度和方向依赖性以及金属的高电导率。

③ 不能解释材料的各向异性问题。

④ 该模型预测的霍尔系数在确定的金属电子密度下是一个常数，与温度、弛豫时间或磁场强度等变量无关；但实际情况是，霍尔系数是和这些因素密切相关的；只有碱金属的霍尔系数与自由电子理论的预测非常接近。

⑤ 无法用通过自由电子的介电常数计算得到的反射率来解释铜和金的金属颜色。

⑥ 热电场的符号并不总是与自由电子理论所预测的一致（霍尔系数同样），只有数量级是正确的。

⑦ 特鲁德模型无法描述磁电阻效应以及洛伦兹常数严重依赖于温度这一事实。

事实上，特鲁德模型运用了自由电子气假设，把金属中的电子看成类似于理想气体分子般自由运动；该模型之所以又被称作经典自由电子理论，是因为仍然把电子看成是经典粒子，用经典统计理论来描述金属传导电子，推导过程中运用了牛顿第二定律。

（三）洛伦兹模型

鉴于特鲁德模型中存在众多的问题，1904 年，荷兰著名物理学家亨德里克·安东·洛伦兹

（1853—1928，1902 年与其学生塞曼共同获得获诺贝尔物理学奖）发展了特鲁德的理论。他认为金属中电子的运动速度服从麦克斯韦-玻尔兹曼统计分布律。玻尔兹曼-麦克斯韦统计是描述独立定域粒子体系分布状况的统计规律。所谓独立定域粒子体系指的是粒子间相互没有任何作用，互不影响，并且各不同粒子之间都是互相区别的一个体系；在经典力学背景下，任何一个粒子的运动都是严格符合力学规律的，有着可确定的运动轨迹可以相互区分，因此所有经典粒子体系都是定域粒子体系。

1. 洛伦兹模型的优点

该模型处理金属的许多动力学问题是很成功的，它从微观上定性地解释了金属的高电导率、高热导率、霍尔效应以及某些光学性质，尤其是解释了电导的微观机理。洛伦兹指出特鲁德模型中热导率的处理刚好有两个 100 倍的因子相互抵消，证明了电导率和热导率之间的线性关系，即金属热导率 κ 除以电导率 σ 和绝对温度 T 的积 σT（洛伦兹数）是一个常数，这与 1853 年实验发现的维德曼-弗兰兹定律一致，至少其大小在数量级上是对的。

$$\frac{\kappa}{\sigma T} = \frac{1}{3}\left(\frac{\pi k_B}{e}\right)^2 = 2.45 \times 10^{-8} \text{W} \cdot \Omega \cdot \text{K}^{-2} \tag{1-0-1}$$

式中，k_B 为玻尔兹曼常数。

洛伦兹本人利用经典电子论很好地解释了物质中的一系列电磁现象以及物质在电磁场中运动的一些效应，如塞曼效应。这些都是经典的特鲁德-洛伦兹自由电子论取得的巨大成就。

2. 洛伦兹模型的缺点

由于洛伦兹模型采用了经典力学框架内的玻尔兹曼-麦克斯韦统计（速度分布律），因此特鲁德-洛伦兹自由电子论也存在一定的不足：

① 根据经典统计的能量均分定理，每一个自由度的平均能量是 $k_B T$，若晶体有 N 个原子，则总自由度为 $3N$；N 个价电子的电子气有 $3N$ 个自由度，它们对热容的贡献为 $3Nk_B/2$。洛伦兹模型高估了电子气对热容的贡献，对大多数金属，自由电子对热容的贡献实际值仅是理论值的 1%。显然，理论计算的电子比热与实验不符。

② 根据这个理论得出的自由电子的顺磁磁化率和温度成正比，但实验证明，自由电子的顺磁磁化率几乎与温度无关。

（四）索末菲模型

20 多年后，美籍意大利裔物理学家恩里克·费米（1901—1954，1938 年诺贝尔物理学奖获得者）和保罗·狄拉克（1902—1984，1933 年诺贝尔物理学奖获得者）分别发展了统计理论，最终于 1926 年建立了量子系统新的统计方法——费米-狄拉克统计，为以后研究晶体中电子运动的过程指明了方向。

为解决洛伦兹模型存在的问题，1928 年，德国世界级物理学家和教育家索末菲（1868—1951，他的学生或助手总共获得物理诺奖 6 个、化学诺奖 2 个、和平奖 1 个）扬弃了特鲁德-洛伦兹自由电子论的经典力学与经典统计背景，认为金属中的价电子相互独立地在恒定势场中自由运动，其运动行为应由量子力学的薛定谔方程来描述，大量价电子构成的电子气系统不服从经典统计分布，而服从费米-狄拉克统计理论，从而使得经典的电子气变成了量子的费米电子气。利用索末菲模型，可以很好地解决采用特鲁德-洛伦兹模型经典理论的问题。

三、电子密度

电子密度 n 常用的表示方法是单位体积中的平均电子数 n；电子密度 n＝单位体积物质的摩尔数×阿伏伽德罗常数×原子的价电子数，即

$$n = \frac{\rho_m}{A} N_A Z \tag{1-0-2}$$

式中，ρ_m 为元素的质量密度；A 为元素的相对原子量；$N_A = 6.022 \times 10^{23}$；$Z$ 为单个原子提供的传导电子数。

【例题】 对于三价铁组成的金属晶体，电子密度（单位是个/cm^{-3}）为

$$n = \frac{\rho_m}{A} N_A Z = \frac{7.8}{55.84} \times 6.022 \times 10^{23} \times 3 \approx 2.52 \times 10^{23}$$

由铁的电子密度可见，金属晶体是包含 $10^{23}/cm^3$ 个粒子的复杂的多体系统，因此要想采用量子力学中单电子的薛定谔方程处理该问题，必须对这个复杂体系进行简化处理，也就是要建立与之相适应的模型。

四、本章的内容构成

本章将从索末菲的金属自由电子费米气体模型开始，讨论费米分布、自由电子气体的热性质、自由电子的顺磁磁化率、金属的电导率和热导率、霍尔效应和磁电阻效应等。最后，给出该模型的不足之处和解决方案。

从特鲁德模型到经典的特鲁德-洛伦兹自由电子论，再到量子的索末菲自由电子论（索末菲模型），采用的都是理想气体模型。正如理想气体在温度恒定下可用气体密度来唯一描述一样，自由电子气体模型也可用自由电子数密度 n 来描述，而且 n 是唯一的一个独立的参量，电子的能量、动量、速度等都可以写成 n 的函数。

习题

（1）特鲁德经典的金属自由电子气体模型的基本假定是什么？

（2）洛伦兹模型的优点和缺点分别是什么？

（3）特鲁德模型中采用了哪些假设？

（4）已知铜的质量密度 $\rho_m = 8.95 g/cm^3$，试计算铜的价电子浓度。

（5）特鲁德经典金属自由电子气体模型与索末菲模型的区别。

第一节　索末菲自由电子费米气体模型

由特鲁德建立并由洛伦兹发展起来的经典的自由电子气理论遇到根本性的困难——金属中电子比热容等问题；其根本原因是上述经典理论采纳了麦克斯韦-玻尔兹曼统计，该统计便于研究气体粒子的运动状态，但是却很难适用于研究显微粒子比如电子的运动行为、运动状态及运动规律。

量子力学创立以后，大约在1928年，索末菲提出金属自由电子论的量子理论，认为金属内的势场是恒定的，金属中的价电子在这个平均势场中彼此独立运动，如同理想气体中的粒子一样是"自由"的；每个电子的运动由薛定谔方程描述，电子满足泡利不相容原理，故电子不服从经典的统计分布而是服从费米-狄拉克统计律。这就是现代的金属电子理论——通常称为金属的自由电子模型。这个理论由德国著名物理学家索末菲提出，他认为金属中的电子是服从费米-狄拉克量子统计的电子气，由此得出了费米能级和费米面等概念。该模型计算得到电子气对晶体热容的贡献是很小的，从而解决了经典理论的难题。

一、索末菲模型的基本假设

事实上，传导电子在金属中自由运动，电子与电子之间有很强的排斥力，电子与原子实之间有很强的吸引力。为了简化起见，索末菲理论的四个基本假设为自由电子近似、独立电子近似、自由电子费米气体近似和碰撞近似。

① 忽略金属中电子和离子实之间的相互作用，这就是自由电子近似。

② 价电子彼此之间无相互作用，即忽略金属中电子和电子之间的相互作用，这就是独立电子近似。

③ 认为传导电子不应看作经典粒子气体，而应当看作自由电子费米气体；即价电子的速度服从费米-狄拉克统计分布，其前提是假设金属内部势场为恒定势场，也就是说假定价电子各自在势能等于平均势能的势场中运动，这就是自由电子费米气体近似。

④ 不考虑电子和金属离子之间的碰撞，碰撞近似。

由索末菲的假定，金属晶体尽管是复杂的多体系统，但是对于其中的价电子（传导电子）来说，每一个价电子都有一个对应的波函数，该波函数可由量子力学中单电子的定态薛定谔方程得到。第三条假定实际上包含了泡利不相容原理，也就是每一个本征态最多只能被自旋相反的两个电子占据。

名词解释——薛定谔方程

波函数是量子力学中用来描述粒子的德布罗意波的函数。一般来讲，波函数是空间和时间的函数，并且是复函数，即 $\psi = \psi(x,y,z,t)$。玻恩假定 ψ 就是粒子的概率密度，即在时刻 t，在点 (x,y,z) 附近单位体积内发现粒子的概率。波函数本身没有物理意义，力学中的波函数是对系统的数学描述，可以把波函数看成一个复数形式的概率振幅。波函数 ψ 因此被称为概率幅。根据玻恩的力学描述，波函数模平方的物理意义是粒子在空间出现的概率。

二、单电子本征态和本征能量

下面首先利用量子力学原理讨论温度为零时单电子的本征态和本征能量，并由此讨论电子气的基态和基态能量。

处理该问题的思路为

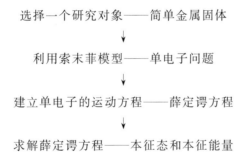

1. 金属中自由电子的运动方程及其解

为计算方便，设金属是边长为 L 的立方体，内有 N 个原子，一个原子提供 1 个价电子。则金属的体积为 $V = L^3$，自由电子数目为 N。由于忽略了电子与离子实以及电子与电子之间的相互作用，根据自由电子气体模型，N 个原子和 N 个电子的多体问题可以转化为单电子问题。

按照量子力学假设，单电子的状态用波函数 $\psi(\vec{r})$ 描述（是电子位矢 $\vec{r}$ 的函数，位矢就是原点到场点的位置矢量），且满足薛定谔方程

$$\left[-\frac{\hbar^2}{2m} \nabla^2 + V(\vec{r}) \right] \psi(\vec{r}) = \varepsilon \psi(\vec{r}) \tag{1-1-1}$$

式中，$\hbar$ 为约化普朗克常数；∇ 为拉普拉斯算子；m 为电子的质量；$V(\vec{r})$ 为电子在金属中的势能；ε 为电子的本征能量。

式（1-1-1）等效为：电子的动能＋原子内部势能＝总能量。

对边长为 L 的立方体，在自由电子气体模型下可设势阱的深度是无限的。取坐标轴沿着

立方体的三个边，则粒子势能可表示为

$$V(x,y,z)=0; \quad 0<x,y,z<L$$
$$V(x,y,z)=\infty; \quad x,y,z\leqslant 0, \quad x,y,z\geqslant L \tag{1-1-2}$$

在自由电子模型下，由于忽略了电子与离子实、电子与电子之间的相互作用，因此金属内部的相互作用势能可取为零。

因而薛定谔方程变为

$$-\frac{\hbar^2}{2m}\nabla^2\psi(\vec{r})=\varepsilon\psi(\vec{r}) \tag{1-1-3}$$

经过推导，得出波函数可写为

$$\psi_{\vec{k}}(\vec{r})=\frac{1}{\sqrt{V}}e^{i\vec{k}\cdot\vec{r}} \tag{1-1-4}$$

式中，$\vec{k}$ 为波矢，其方向为平面波的传播方向；$\vec{k}$ 的大小与电子的德布罗意波长的关系为 $k=\dfrac{2\pi}{\lambda}$（λ 为电子的德布罗意波长）。

名词解释——波矢和波数

波矢是一种表示波的矢量的方法。波矢有两种常见的定义，两种定义分别用于物理学和晶体学以及它们的相关领域，而这两种定义的区别在于振幅因子是否乘以 2π。

在物理学上，理想的一维行波遵循如下方程：

$$\psi(x,t)=A\cos(kx-\omega t+\phi)$$

式中，x 为位置；t 为时间；$\psi(x,t)$ 为对波进行描述的扰动；A 为波的振幅；ψ 为相位偏移，描述了两个波互相之间不同步的程度；ω 为波的角频率，描述了在一个给定点波振动的快慢程度；k 为波数，与波长成反比，由 $k=2\pi/\lambda$ 求出。此波在 $+x$ 方向上行进，相速度为 ω/k。一维情况下，波矢 $\vec{k}$ 大小表示角波数，其方向表示平面波传播的方向（波矢量）。推广到三维情况下，方程为

$$\psi(\vec{r},t)=A\cos(\vec{k}\cdot\vec{r}-\omega t+\phi)$$

式中，$\vec{r}$ 为三维空间中的位置矢量；$\vec{k}$ 为波矢；这一方程描述了平面波。在物理学定义中，波数 $k=|\vec{k}|=2\pi/\lambda$。在晶体学上，该定义使用了频率 ν，而不是角频率 ω，由公式 $2\pi\nu=\omega$，二者可以相互转换。本教材采纳的是物理学概念。为了区分方便，本章用 $\vec{k}$ 描述电子波矢，对应身为费米子的电子，第四章用 $\vec{q}$ 描述晶格振动的波矢，对应身为玻色子的声子。

经过推导（忽略详细计算过程），得出波函数 $\psi_{\vec{k}}(\vec{r})=\dfrac{1}{\sqrt{V}}e^{i\vec{k}\cdot\vec{r}}$，代入薛定谔方程，得到电

子的本征能量

$$\varepsilon = \frac{\hbar^2 k^2}{2m} = \frac{\hbar^2}{2m}(k_x^2 + k_y^2 + k_z^2) \tag{1-1-5}$$

此处，$\hbar$ 为约化普朗克常数，$\hbar = h/2\pi$。经计算可知

$$k_x = n_x \frac{2\pi}{L}, k_y = n_y \frac{2\pi}{L}, k_z = n_z \frac{2\pi}{L} \tag{1-1-6}$$

其中，量子数 n_x，n_y，$n_z = 0$，± 1，± 2，± 3，…；每一组量子数 $(n_x$，n_y，$n_z)$ 确定电子的一个波矢 $\vec{k}$，从而确定了电子的一个状态 $\psi_{\vec{k}}(\vec{r})$。

由计算得到的波函数可见，$\psi_{\vec{k}}(\vec{r})$ 也是电子动量，由本征函数，进一步计算得到电子的动量

$$\vec{p} = \hbar \vec{k} \tag{1-1-7}$$

计算得到电子的速度

$$\vec{v} = \frac{\vec{p}}{m} = \frac{\hbar \vec{k}}{m} \tag{1-1-8}$$

相应的能量为

$$\varepsilon = \frac{\hbar^2 k^2}{2m} = \frac{1}{2} m \frac{\hbar^2 k^2}{m^2} = \frac{1}{2} m v^2 \tag{1-1-9}$$

式中，v 为电子的速度大小。

式（1-1-9）即为自由电子的本征能量表达式，处于这个态中的电子具有确定的动量及确定的能量和确定的速度。即电子的能量和动量都有经典对应，体现了自由电子的波粒二象性；但是，经典中的平面波矢 $\vec{k}$ 可取任意实数，对于电子来说，波矢 $\vec{k}$ 应取什么值呢？

2. 波矢 $\vec{k}$ 的取值

波矢 $\vec{k}$ 的取值应由边界条件来确定。边界条件的选取，既要考虑电子的实际运动情况（表面和内部），又要考虑数学上可解。

常用边界条件：驻波边界条件、周期性边界条件。人们广泛使用的是周期性边界条件，又称玻恩-卡门边界条件。在固体物理学中，玻恩-卡门边界条件是布拉维点阵上给定函数的空间周期性边界条件，该条件常在固体物理学中用于描述理想晶体的性质，是分析许多晶体性质，如布拉格衍射和带隙结构的重要条件。

名词解释——驻波和行波
世界著名物理学家小史——马克斯·玻恩
世界著名物理学家小史——冯·卡门

$$\psi(x,y,z) = \psi(x+L,y,z)$$
$$\psi(x,y,z) = \psi(x,y+L,z) \tag{1-1-10}$$
$$\psi(x,y,z) = \psi(x,y,z+L)$$

显然，对于一维 $\psi(x+L)=\psi(x)$ 来说，相当于首尾相接成环，从而既有有限尺寸，又消除了边界的存在。对于三维情形，可将其想象成立方体在三个方向平移，填满了整个空间，从而当一个电子运动到表面时并不被反射回来，而是进入相对表面的对应点。

波函数为行波，表示当一个电子运动到表面时并不被反射回来，而是离开金属；同时必有一个同态电子从相对表面的对应点进入金属。周期性边界条件恰好满足上述行波的特点，表明了选取该边界条件的合理性。此外，周期性边界条件的选取也与金属中离子实的周期性分布有关，关于这一点本书第二章将详细讨论该问题。

周期性边界条件的选取，意味着波矢 $\vec{k}$ 取值的量子化，k_x、k_y、k_z 对应的量子数取值分别为 n_x、n_y、n_z，量子数是整数；二者的对应关系如式（1-1-11）所示。单电子的本征能量也取分立值，如式（1-1-12）所示，形成能级（第三章）。

由于

$$\begin{cases} k_x = \dfrac{2\pi n_x}{L} \\[2mm] k_y = \dfrac{2\pi n_y}{L} \\[2mm] k_z = \dfrac{2\pi n_z}{L} \end{cases} \tag{1-1-11}$$

$$\varepsilon = \frac{\hbar^2 k^2}{2m} = \frac{\hbar^2}{2m}(k_x^2 + k_y^2 + k_z^2) \tag{1-1-12}$$

3. 波矢空间和 $\vec{k}$ 空间的态密度

人们知道经典物理主要是在 $\vec{r}$ 空间讨论问题，由于索末菲采用量子力学的波动方程来描述电子，所以在波矢空间讨论问题更方便。假如以波矢 $\vec{k}$ 的三个分量 k_x、k_y、k_z 为坐标轴建立起波矢空间（$\vec{k}$ 空间），由于波矢 $\vec{k}$ 取值是量子化的，它是描述金属中单电子态的适当量子数，则每一个电子的本征态可以用该空间的一个点来代表，每个点表示一个允许的单电子态。点的坐标由式（1-1-6）来确定，图 1-1-1 所示为这些状态代表点在 $\vec{k}$ 空间中分布的示意图。

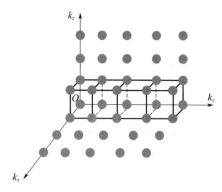

图 1-1-1　状态代表点
在 $\vec{k}$ 空间中的分布

图 1-1-1 中，沿 k_x、k_y 及 k_z 轴的两个相邻代表点之间的距离是相同的，这个距离就是 $2\pi/L$。状态代表点在 $\vec{k}$ 空间中的分布是均匀的，每个点所占的体积是 $(2\pi/L)^3 = (2\pi)^3/V$，其中 V 是晶体的体积。在 $\vec{k}$ 空间的单位体积中含有的状态代表点数应为 $V/(2\pi)^3$，这就是 $\vec{k}$ 空间中状态点的密度（态密度 ω_k）。

$$\omega_k = \frac{V}{8\pi^3} \tag{1-1-13}$$

三、电子气的基态和基态能量

前面得到了索末菲模型下单电子的本征态和本征能量，那么如何得到系统的基态和基态能量呢？

1. N 个电子的基态、费米球、费米面

对于由 N 个价电子组成的电子气系统来说，电子的分布满足能量最小原理和泡利不相容原理。

已知在波矢空间状态密度下

$$\omega_{\vec{k}} = \frac{1}{\Delta \vec{k}} = \frac{V}{8\pi^3}$$

式中，$\Delta \vec{k}$ 为波矢变化量，方向为平面波的传播方向。考虑到每个波矢状态代表点可容纳自旋相反的两个电子，则单位相体积可容纳的电子数为

$$2\omega_{\vec{k}} = 2 \times \frac{V}{8\pi^3} = \frac{V}{4\pi^3} \tag{1-1-14}$$

电子气的基态（$T=0\mathrm{K}$），可从能量最低的 $\vec{k}=0$ 态开始，从低到高，依次填充得到，每个 $\vec{k}$ 态有两个电子。

人们已知自由电子费米气的单电子能级的能量（本征能量）满足式（1-1-15）

$$\varepsilon(\vec{k}) = \frac{\hbar^2 k^2}{2m} = \frac{\hbar^2}{2m}(k_x^2 + k_y^2 + k_z^2) \Rightarrow k_x^2 + k_y^2 + k_z^2 = \frac{2m\varepsilon}{\hbar^2} \tag{1-1-15}$$

式（1-1-14）的右侧是常数；在 $\vec{k}$ 空间中，具有相同能量的代表点所构成的面称为等能面。显然，由式（1-1-15）可知，等能面为球面，即本征能量 ε 保持不变。由于 N 很大，在 $\vec{k}$ 空间中，N 个电子的占据区最后形成一个球，即所谓的费米球。

名词解释——费米球和费米面

在 $\vec{k}$ 空间中，把 N 个电子的占据区和非占据区分开的界面叫做费米面。费米面是最高占据能级的等能面，是当 $T=0\mathrm{K}$ 时电子占据态与非占据态的分界面。一般来说，半导体和绝缘体不用费米面，而用价带顶概念。

金属中的自由电子满足泡利不相容原理，其在单粒子能级上的分布概率遵循费米统计分布。费米球对应的半径称为费米波矢，其值用 k_F 来表示

$$k_\mathrm{F}^3 = 3\pi^2 \frac{N}{V} = 3\pi^2 n$$

式中，n 为价电子密度。基态时（$T=0\mathrm{K}$），N 个电子填充的最高能级，称为费米能

级 ε_F。

费米面上单电子态对应的能量、动量、速度和温度等，即费米能量 ε_F、费米动量 p_F、费米速度 v_F、费米温度 T_F 等都可以表示为电子密度 n 的函数，n 是仅有的一个独立参量。

$$\varepsilon_F = \frac{\hbar^2 k_F^2}{2m} = \frac{\hbar^2 (3\pi^2 n)^{\frac{2}{3}}}{2m}; \vec{p}_F = \hbar \vec{k}_F; \vec{v}_F = \frac{\hbar \vec{k}_F}{m}; T_F = \frac{\varepsilon_F}{k_B} \tag{1-1-16}$$

对于给定的金属，价电子密度是已知的。由此，可以求得具体的费米波矢、费米能量、费米速度、费米温度等。计算结果显示费米波矢一般为 10^8cm^{-1} 量级，费米能量为 $1.5 \sim 15 \text{eV}$、费米速度为 10^8cm/s 量级、费米温度为 10^5K 量级；基态（$T = 0\text{K}$）时费米能量是 E_F^0。费米能量的计算结果与实际结果吻合得比较好，说明自由电子费米气体模型（索末菲模型）很实用，直到今日仍受重视；其中的物理本质将在本书第三章能带理论中进行深入探讨。

费米面是一个很重要的概念，金属的许多输运性质均由费米面附近的电子决定，在能带理论中还要进一步讨论。绝对零度下，电子在波矢 $\vec{k}$ 空间中分布（填充）而形成的体积的表面就是费米面。由于在绝对零时，电子都按照泡利不相容原理填满费米面以下的量子化状态中，因此费米面也就是 $\vec{k}$ 空间中费米能量所构成的表面。实际晶体的能带结构十分复杂，相应的费米面形状也很复杂，最简单的情况是理想费米球的费米面，它是一个以 k_F 为半径的球面，称为"费米球"，此外，金属自由电子费米气体在基态时的球形占据，非常便于求得系统的基态能量。

2. 基态能量

自由电子气体的基态能量 E，可由费米球内所有单电子能级的能量相加得到。由此，单位体积自由电子气体的基态能量为

$$E = 2 \sum_{k \le k_F} \frac{\hbar^2 k^2}{2m} \tag{1-1-17}$$

式中，因子 2 源于泡利原理。经过计算，得出单位体积自由电子气体的基态能量为

$$\mu_0 = \frac{E}{V} = \frac{2}{V} \sum_{k \le k_F} \frac{\hbar^2 k^2}{2m} \tag{1-1-18}$$

3. 能态密度

能量 ε 附近单位能量间隔内，包含自旋的单电子态数，称为能态密度。在能量 $\varepsilon \sim \varepsilon + d\varepsilon$ 范围内存在 ΔN 个单电子态，则能态密度 $N(\varepsilon)$ 定义为

$$N(\varepsilon) = \lim_{\Delta\varepsilon \to 0} \frac{\Delta N}{\Delta \varepsilon} = \frac{dN}{d\varepsilon} \tag{1-1-19}$$

为方便讨论，人们常用单位体积的能态密度，即单位体积样品中，单位能量间隔内，包含自旋的单电子态数，用 $g(\varepsilon)$ 表示。显然，能量 $\varepsilon \sim \varepsilon + d\varepsilon$ 范围内存在的单电子态数为

$$dN = Vg(\varepsilon)d\varepsilon$$

对于费米球内的自由电子来说，在 $\vec{k}$ 空间中，$\varepsilon \sim \varepsilon + d\varepsilon$ 的等能面球壳分别对应 $k \sim k + dk$。

能态密度是固体物理学中的一个重要概念。能态密度与系统的维度有关，上述结果仅是三维自由电子气的结果，如果是一维自由电子气系统，则等能面变为两个等能点；二维自由电子气系统，则等能面变为等能线。相应的，一维自由电子的能态密度

$$g(\varepsilon) \propto 1/\sqrt{\varepsilon} \tag{1-1-20}$$

与电子本征能量 ε 的平方根成反比。

二维自由电子的能态密度

$$g(\varepsilon) = C \quad (C \text{ 是常数}) \tag{1-1-21}$$

三维自由电子的能态密度

$$g(\varepsilon) = \frac{1}{\pi^2 \hbar^3}(2m)^{\frac{1}{2}}\varepsilon^{\frac{1}{2}} \tag{1-1-22}$$

三个维度的能态密度如图 1-1-2 所示。

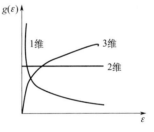

第三章能带理论将给出不同维度下更普遍的能态密度表达式。能态密度对应固态电子的能谱分布，从统计物理学的角度出发，低能激发态被热运动激发的概率比高能激发态大得多。如果低能激发态的能态密度大，体系的热涨落就强，相应的有序度降低或消失，不易出现有序相。也就是说，低能激发态的能态密度的大小影响着体系的有序度和相变。

图 1-1-2 三个维度的
能态密度示意

由式（1-1-22）可以看出，三维自由电子体系在低能态的能态密度趋于零，因而低温下所引起的热涨落极小，体系可具有长程序。对一维自由电子体系来说，在低能态的能态密度很大，且随能量的降低而趋于无穷，而低温下所引起的热涨落极大，导致一维体系不具长程序。

二维自由电子体系的能态密度是常数，介于一维和三维，体系可具有准长程序，而且极易出现特殊相变，导致新的物理现象。如二维电子气系统中的量子霍尔效应、分数统计等现象。

利用单位体积的能态密度，同样可求得自由电子气在基态时的总能量 E（费米球内所有单电子能级和）

$$E = \int_0^{\varepsilon_F^0} \varepsilon g(\varepsilon)V d\varepsilon = \int_0^{\varepsilon_F^0} \varepsilon CV \varepsilon^{\frac{1}{2}} d\varepsilon = \frac{2}{5}VC(\varepsilon_F^0)^{\frac{5}{2}} = \frac{V}{\pi^2}\frac{\hbar^2 k_F^5}{10m} \tag{1-1-23}$$

自由电子费米气体在基态时单位体积的总能量为

$$E_V^0 = \frac{1}{\pi^2}\frac{\hbar^2 k_F^5}{10m} = \frac{3}{5}\varepsilon_F^0 n \tag{1-1-24}$$

进一步计算得知，费米面处的能态密度为

$$g(\varepsilon_F^0) = \frac{1}{\pi^2 \hbar^3}(2m^3\varepsilon_F^0)^{\frac{1}{2}} \tag{1-1-25}$$

自由电子费米气体在基态时，每个电子的平均能量经计算可得：$\frac{3}{5}\varepsilon_F^0$。

由此可知，即使在绝对零度的时候，电子仍然具有相当大的平均能量，这个结果有别于经典理论的结果。根据特鲁德模型，电子在基态时的能量为零。

在统计物理中，把体系与经典行为的偏离称为简并性。因此，在 $T=0$K 时，金属自由电子气是完全简并的。系统简并性的判据为

$$\varepsilon_F^0 \geqslant k_B T \tag{1-1-26}$$

因而，只要温度比费米温度低很多，电子气就是简并的。由于费米能量为几个电子伏特，而室温下的热扰动能大约为 0.026eV，因此室温下电子气也是高度简并的。需要指出的是这里电子气简并的概念与量子力学中的简并毫无关系，量子力学中的简并通常指不同状态对应相同能量的情形。

本节主要讨论了自由电子费米气体在基态（$T=0$K）时的情形。此时，电子分布在费米球内，且受到泡利原理的制约；当 $T\neq0$K 时，随着温度的升高，系统从基态变成激发态，电子将受到热激发。由于基态费米能一般远大于热激发能，室温下的 $k_B T$ 大约为 0.026eV，因此热激发只能将基态费米面附近 $k_B T$ 范围内的很少一部分电子激发出来，这部分电子激发后，电子费米能量的变化会影响系统热性质。

习题

（1）金属自由电子论的物理模型（索末菲模型）的基本假定及其与经典模型的区别是什么？相比于洛伦兹模型，索末菲模型有哪些优点？

（2）自由电子费米气体的特点是什么？

（3）费米面、费米球、费米波矢、基态能量、能态密度的定义是什么？其表达式是什么？

（4）试说明电子密度在金属自由电子气体模型中的作用。

（5）如何理解金属自由电子气体的简并性？

（6）试解释 $\vec{k}$ 空间、$\vec{k}$ 空间中的态密度、单位体积中的能态密度。

（7）试解释费米面、费米能级、金属的费米面随温度如何变化。

（8）如果一个简单立方点阵的单价金属，已知点阵常数 $a=3$Å（1Å$=10^{-10}$m），每个原子只贡献一个传导电子，试计算费米能量、费米波矢、费米温度及费米面上的电子波长。

第二节　费米分布和自由电子气体的热性质

基态时，费米面内的状态被自由电子填满，且受到泡利不相容原理的制约。随着温度的升高，系统从基态变成激发态。在热激发能 $k_{\mathrm{B}}T$ 的作用下，那些高于基态费米能的电子会跑到费米面外。由于基态费米能约为几个电子伏特，而热激发能通常很小，室温下的 $k_{\mathrm{B}}T$ 大约为 $0.026\mathrm{eV}$，因此热激发只能使基态费米面附近 $k_{\mathrm{B}}T$ 范围内的很少一部分电子激发出来。这部分电子激发后，电子的费米能量会发生变化，也会影响系统的热性质。

一、化学势和费米能量随温度的变化

1. 费米分布函数

$T \neq 0\mathrm{K}$ 时，自由电子费米气在有限温度下的宏观状态可以用电子在其本征态上的分布定量描述。其平衡统计分布函数就是费米-狄拉克分布函数，即费米分布函数，其表达式为

$$f(\varepsilon_i) = \frac{1}{e^{(\varepsilon_i - \mu)/k_{\mathrm{B}}T} + 1} \tag{1-2-1}$$

式中，μ 为 N 电子热力学体系的化学势；k_{B} 为玻尔兹曼常数，它的意义是在体积和温度不变的条件下，系统增加或减少一个电子时所增加或减少的能量。本式的物理意义：费米分布函数给出了体系在热平衡态时，能量为 ε_i 的单电子本征态被一个电子占据的概率。

根据泡利原理，一个量子态只能容纳一个电子，所以费米分布函数实际上给出了一个量子态的平均电子占据数。

显然，对于 N 电子系统，则有

$$\sum_i f(\varepsilon_i) = N$$

也就是说，费米分布函数对所有量子态求和等于系统中总电子数 N。考虑到金属中自由电子数目极多，其能量状态是准连续分布的，所以，上式的求和可以改为对能量的积分

$$\frac{N}{V} = n = \int_0^\infty f(\varepsilon)g(\varepsilon)\mathrm{d}\varepsilon \tag{1-2-2}$$

式中，V 为体积；n 为单位体积电子数；$g(\varepsilon)$ 为自由电子费米气体单位体积的能态密度。

2. 费米分布函数的特点

由费米分布函数表达式和它的物理意义可知

$$0 \leqslant f(\varepsilon_i) \leqslant 1$$

当 $T=0$K 时

$$f(\varepsilon)=\begin{cases}1, & \varepsilon\leqslant\mu\\0, & \varepsilon>\mu\end{cases}$$

即 $\varepsilon\leqslant\mu$ 时的所有状态都被占据，而 $\varepsilon>\mu$ 态上电子占据率为零。所以，在基态 $T=0$K 时，化学势相当于占据态和非占据态的分界线，这与前面费米能量的定义相当，所以基态时的化学势和基态费米能量相等。

费米分布函数的上述特点是人们讨论自由电子费米气体的化学势随温度变化，以及电子对比热容的贡献的基础。

3. 化学势随温度的变化

化学势的计算要由式（1-2-2）积分确定，在通常的温度下，化学势为

$$\mu=\varepsilon_{\mathrm{F}}^{0}\left[1-\frac{\pi^{2}}{12}\left(\frac{k_{\mathrm{B}}T}{\varepsilon_{\mathrm{F}}^{0}}\right)^{2}\right]\approx\varepsilon_{\mathrm{F}}^{0} \tag{1-2-3}$$

这就是化学势与费米能通常不加以区分的原因，但是其物理意义不相同，仅仅是大小相近。通常把化学势看成是温度不等于零时的费米能。

经过复杂的数学计算，人们得出自由电子费米气体的化学式也就是费米能为

$$\varepsilon_{\mathrm{F}}=\varepsilon_{\mathrm{F}}^{0}\left[1-\frac{\pi^{2}}{12}\left(\frac{k_{\mathrm{B}}T}{\varepsilon_{\mathrm{F}}^{0}}\right)^{2}\right] \tag{1-2-4}$$

所以，温度升高会导致费米能降低，即费米球半径随温度升高而略有变小，亦即费米球会有缩小。$T>0$K 时的费米分布函数为

$$f(\varepsilon)=\begin{cases}1, & \varepsilon\ll\mu\\0, & \varepsilon\gg\mu\\1/2, & \varepsilon=\mu\end{cases} \tag{1-2-5}$$

图 1-2-1 所示为基态（$T=0$K）和较低温度下（$T>0$K）时的费米分布函数；图 1-2-2 所示为费米面和热激发。

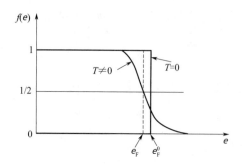

图 1-2-1　基态和较低温度下的费米分布函数

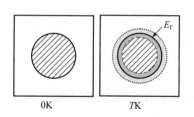

图 1-2-2　费米面（0K）和热激发（TK）

图 1-2-1 表明，$T \neq 0K$ 时，一部分能量低于 E_F^0 的电子获得大小为 $k_B T$ 数量级的热能而跃迁到能量高于 E_F^0 的状态中去，如图 1-2-2 的热激发所示。

二、自由电子费米气体的比热容

要计算自由电子费米气体的比热容，首先要得到金属中单位体积的自由电子费米气体的总内能与温度的关系，然后将内能 μ 对温度 T 求微分即可。

$$c_V = \left(\frac{\partial \mu}{\partial T}\right)_V \tag{1-2-6}$$

式中，μ 为单位体积自由电子费米气体的内能；c_V 为比热容。

所以，欲求电子比热容，需要求得单位体积自由电子费米气体的能量。

1. 计算单位体积电子的能量 μ

自由电子气体在一般温度下单位体积的总能量（内能）为

$$\mu = \int_0^\infty \varepsilon g(\varepsilon) f(\varepsilon) d\varepsilon \tag{1-2-7}$$

这是费米积分形式。

经过分部积分法和泰勒级数展开计算可得到

$$\mu = \mu_0 + \frac{\pi^2}{6} g(\varepsilon_F^0)(k_B T)^2 \tag{1-2-8}$$

由于费米能级（2～10eV）远远大于热激发能（0.026eV），因此电子的热激发仅发生在费米面附近。参与热激发的电子数目约为 $g(\varepsilon_F^0)(k_B T)$；每个热激发的电子获得的能量约为 $k_B T$。温度为 T 时，单位体积总的热激发能约为 $g(\varepsilon_F^0)(k_B T)^2$。

2. 自由电子气体的比热

有了自由电子气体单位体积的总能量 μ，就可以求自由电子气的比热容。

$$C_V^e = \left(\frac{\partial \mu}{\partial T}\right)_V = \frac{\pi^2}{3} k_B^2 g(\varepsilon_F^0) T = \gamma T \tag{1-2-9}$$

这里，γ 称为电子比热系数，$\gamma = \frac{\pi^2}{3} k_B^2 g(\varepsilon_F^0)$。

$$C_V^e = \gamma T = \frac{\pi^2}{2} n k_B \frac{T}{T_F^0} \tag{1-2-10}$$

可见，与经典气体比热容为常数不同，金属自由电子费米气体的比热容与温度成正比，这一结果正是索末菲模型的巨大成功之一。但由于 $k_B T \ll E_F^0$，在室温附近，它约为经典比热值的百分之一。金属中虽有许多自由电子，但只有能量在费米能附近状态中的电子才能被热激发到能量较高的状态中去。所以，电子系统的热容是很小的。

金属是由大量离子实和价电子构成的体系，因此金属的总比热容应该包括晶格振动的比热容和电子比热容两部分。关于晶格振动对比热容的贡献将在晶格振动（本书第四章）部分讲述。采用德拜模型计算得到的晶格振动对比热贡献为

$$C_V^a = \frac{12\pi^4}{5} N k_B \left(\frac{T}{\Theta_D}\right)^3 = bT^3 \tag{1-2-11}$$

$$b = \frac{12\pi^4}{5\Theta_D^3} N k_B \tag{1-2-12}$$

$$\frac{C_V^e}{C_V^a} = \frac{5}{14\pi^2} \frac{k_B T}{E_F^0} \left(\frac{\Theta_D}{T}\right)^3 \tag{1-2-13}$$

式中，Θ_D 为德拜温度。式（1-2-13）表明，随着温度下降，比值 C_V^e/C_V^a 增加，即电子气对晶体比热容的贡献只有在低温时才是重要的，在液氦温度下 C_V^e 与 C_V^a 的大小才可以相比。

晶体的比热容可以表示为电子气和晶格振动对比热容贡献之和，即

$$C_V = C_V^e + C_V^a = \gamma T + bT^3 \tag{1-2-14}$$

由式（1-2-14）可以看到，随着温度的降低，晶格振动的比热容将比电子的比热容下降更快。在某一个温度下，晶格振动的比热容和电子的比热容相当。

$$\gamma T = bT^3 \tag{1-2-15}$$

为此，将得到一个特征温度 T^*

$$T^* = \left(\frac{\gamma}{b}\right)^{\frac{1}{2}} = \left(\frac{5}{24\pi^2} \frac{\Theta_D^3}{T_F^0}\right)^{\frac{1}{2}} \tag{1-2-16}$$

低于特征温度，电子的比热容将大于晶格振动的比热容。对于金属铜来说，德拜温度约为 310K，费米温度约为 30000K，所以其特征温度 T^* 约为 4.6K。

$$C_V/T = \gamma + bT^2 \tag{1-2-17}$$

令 $y = C_V/T^2$，$x = T^2$，则式（1-2-14）变为一个直线方程

$$y = \gamma + bx \tag{1-2-18}$$

式（1-2-18）提供了测量电子比热系数 γ 和晶格比热容系数 b 的方法；实验测量不同温度下金属的比热容，即可以画出上述直线，直线的斜率对应晶格比热容系数 b，直线在 y 轴上的截距对应电子比热系数 γ；可进一步得到德拜温度和电子在费米面上的态密度 $g(\varepsilon_F)$ 或费米温度。

$$\gamma = \frac{\pi^2}{3} k_B^2 g(\varepsilon_F^0) = \frac{\pi^2}{2\varepsilon_F^0} n k_B^2 = \frac{\pi^2}{2T_F^0} n k_B \tag{1-2-19}$$

电子比热系数 γ 的测试，从实验上进一步检验了索末菲模型的合理性。实验显示该模型对于许多金属，尤其是一价金属符合很好；但是对于多价金属和过渡金属，则存在很大的偏

差。表 1-2-1 给出实验测得的值及用自由电子模型计算得到的值。

表 1-2-1　金属的热容系数 γ　　　　　　单位：$\mu J/mol \cdot K$

金属	Li	Na	K	Cu	Ag	Au	Be	Mg	Ca
$\gamma_{实验}$	1.63	1.38	2.08	0.695	0.646	0.729	0.17	1.3	2.9
$\gamma_{理论}$	0.749	1.094	1.668	0.505	0.645	0.642	0.500	0.992	1.511
金属	Ba	Zn	Cd	Al	In	Tl	Fe	Co	Ni
$\gamma_{实验}$	2.7	0.64	0.688	1.35	1.69	1.47	4.98	4.73	7.02
$\gamma_{理论}$	1.937	0.753	0.948	0.912	1.233	1.29			

由表 1-2-1 可以看出，有不少金属的 $\gamma_{理论}$ 与 $\gamma_{实验}$ 符合得很好，但对多价金属和过渡金属则无法用自由电子模型来计算 γ 值。$\gamma_{理论}$ 与 $\gamma_{实验}$ 不符的原因在于索末菲自由电子模型过于简单。

3. 自由电子气比热容的讨论

常温下，晶格振动对比热容的贡献的量级为 $J/(mol \cdot K^2)$，而电子比热容的量级为 $mJ/(mol \cdot K^2)$，电子比热容与晶格振动比热容相比很小，是后者的千分之一，这是为什么呢？原因在于尽管金属中有大量的自由电子，但只有费米面附近 $k_B T$ 范围的电子才能受热激发而跃迁至较高的能级，其数量非常少，所以电子的比热很小。

电子热容量可以直接提供费米面附近能态密度的信息，即

$$C_V = \frac{\pi^2}{3} k_B^2 g(\varepsilon_F^0) T \tag{1-2-20}$$

由式（1-2-20）可以看出，通过测量电子的比热，可以得到费米面上的态密度 $g(\varepsilon_F^0)$。很多金属的基本性质主要取决于能量在费米面附近的电子，因此研究费米面附近的状况具有重要意义。根据以上的分析可知，电子的比热容可以直接提供对费米面附近能态密度的了解。

习题

（1）费米分布函数的定义和物理意义。

（2）如何理解电子比热系数的测量是研究费米面性质的一个重要手段。

（3）已知铜的质量密度 $\rho_m = 8.95 g/cm^3$，电阻率 $\rho = 1.55 \times 10^{-6} \Omega \cdot cm$，试计算铜的费米能量和费米速度。

（4）什么是费米分布函数？它的物理实质是什么？费米分布函数具有哪些特点？

（5）已知低温下金属钾的摩尔电子热容量的实验测量结果为 $C_V^e = 2.08T \, mJ/(mol \cdot K^2)$，其中 T 是温度。请在自由电子气体模型下估算钾的费米温度及费米面上的态密度。

第三节　自由电子的顺磁磁化率

远古时代，人们就发现了天然磁石吸引铁的磁现象。我国春秋战国时期的一些著作已有关于磁石的记载和描述，汉朝以后有更多的著作记载磁石吸铁的现象。东汉著名学者王充在《论衡》一书中描述的"司南勺"已被公认为最早的磁性指南工具，指南针是我国古代四大发明之一。11世纪北宋科学家沈括在《梦溪笔谈》中，第一次记载了指南针的制作和作用，沈括还首先发现了地磁偏角；12世纪初，我国已有指南针用于航海的明确记载。

习惯上根据物质在磁场中磁性强弱的表现，把物质分为抗磁体、顺磁体和铁磁体。虽然人类很早就发现了铁磁现象，但其本质原因和规律还是在20世纪初才被认识的。原因在于铁磁现象比顺磁和抗磁现象复杂得多，铁磁性物质的基本特征是物质内部存在磁畴结构与自发磁化。纯粹的铁磁性物质并不多见，在室温下只有三种元素具有磁性：铁、钴和镍。故解释物质的磁性一直是一个困难的物理学问题。

名词解释——抗磁性物质和顺磁性物质

多数物质在磁场中都会产生一个对着外磁场方向的磁矩，这是因为一个单独的电子绕核旋转，像电流通过绕组时会产生磁场一样。而电子配对后，由于两个电子产生的磁场方向相反，相互抵消，净磁场等于零。若将这种物质放在外磁场中，在外磁场的诱导下，就会产生一个逆着外磁场方向的附加磁矩，正好把一部分外磁场抵消，物质表现出抗磁性（介质放入外磁场中，介质中的磁场小于外磁场）。

如果一种物质中的电子都已经配对，没有未成对的电子，这样的物质就称为抗磁性物质。惰性气体本身无磁，是典型的抗磁体。任何原子若电离至与惰性气体相同的电子壳层，都将是抗磁的。

有的物质的原子有未成对电子，净磁场不等于零，但磁性太小，无外磁场时排列杂乱无章，不显磁性。当有较强的外磁场作用时，却可使电子绕核的磁矩沿外磁场方向整齐排列，这种磁矩远大于逆着外磁场方向的附加磁矩，故表现出顺磁性，这种物质被称为顺磁性物质。

抗磁性物质和顺磁性物质会相互转化。如钠离子和钙离子是抗磁性物质，在通过将其对应的氯化物加热到熔融态再电解的方式得到金属单质后则转变为顺磁性物质。实质上，抗磁性和顺磁性是不同物质的分子在磁场中表现出的不同的磁性质，其根源则是分子具有不同的电子数目及相应的排列方式。

索末菲模型在解释金属比热容方面获得了巨大成功；人们知道特鲁德—洛伦兹模型的另一个难题就是无法解释自由电子的顺磁磁化率几乎与温度无关这一事实；利用索末菲模型可以很好地解释自由电子的顺磁磁化率。本节主要介绍两部分内容：一是泡利顺磁性的起因；二是金属泡利顺磁性的物理机制。

一、泡利顺磁性的起因

金属中有顺磁性与抗磁性金属。金属是大量原子的集合体，它是由正离子和自由电子以静电引力结合而成的整体，即金属键结合。所以，金属呈现顺磁性或抗磁性，主要是取决于金属中的正离子部分和自由电子部分对顺磁性和抗磁性贡献的大小。对自由电子，在磁场中除了自旋磁矩产生的泡利顺磁性外，还有抗磁性的贡献。但其抗磁性仅相当于顺磁性的三分之一，所以自由电子主要表现为顺磁性的。

正离子部分存在未填满的电子壳层，如部分过渡元素和稀土元素（即为元素周期表中的镧系元素），此时正离子部分的电子层未被全部填满，则存在本征磁矩，并在外磁场作用下，主要对顺磁性作出贡献。在这种情况下，由于正离子部分和自由电子主要都是顺磁性的，所以过渡元素往往表现出较强的顺磁性。

1927年，美籍奥地利著名物理学家沃尔夫冈·泡利，首次利用量子理论计算了自由电子气体的顺磁性（自旋顺磁性理论），揭示了非铁磁性金属的弱磁性质。他证明了金属中导电电子的行为与费米-狄拉克所支配的自由电子气一样；自由电子在量子统计下的磁化率远小于经典的居里顺磁性理论，由此克服了特鲁德-洛伦兹自由电子论在该问题上的困难。在很多的金属中，尽管有未饱和的电子自旋磁矩，但它们的顺磁性不强并且与温度没有什么关系，这完全是费米-狄拉克统计的缘故，只有费米面附近的电子才有如反转等磁响应。

固体磁性是固体物理中一个重要的部分，它与固体比热容、固体电导等常见的物理性质共同构成固体物理中重要的研究对象。固体磁性主要研究晶体等固体在外磁场 $\vec{B}$ 作用下，内部的磁化强度 $M = \dfrac{\sum m}{V}$（$\sum m$ 为电子总质量）以及磁化率 $\chi = \dfrac{\mu_0 M}{B}$（$\mu_0$ 为真空磁导率；M 为磁化强度；B 为磁感应强度）等性质。

关于固体磁性的研究，可以追溯到量子力学问世以前，法国物理学家朗之万通过永久偶极子假设给出了顺磁性的解释。不过永久偶极子这一假设本身与经典力学相矛盾；而且，经典的热平衡态不允许系统整体显示磁性。这些矛盾直到量子力学问世才得以解决。量子力学使得永久磁矩模型可以依靠粒子内禀自旋、定态的轨道角动量等得以存在，对基态（平衡态）能量的分析也能很好地解释感生磁矩的效应。

二、自由电子的顺磁磁化率

金属导电电子的顺磁性又称为泡利顺磁性。人们知道电子具有自旋磁矩，它与电子的能态和轨道运动无关，自旋磁矩值为

$$|\mu_s| = 2\sqrt{s(s+1)}\mu_B = \sqrt{3}\mu_B$$

式中，μ_B 为玻尔磁子，$\mu_B = \dfrac{e\hbar}{2m} = 9.27 \times 10^{-24} \mathrm{A \cdot m^2}$，常用来作为磁矩的单位；$s$ 为自旋量

子数。

在磁场 $\vec{B}$ 的作用下（取 $\vec{B}$ 沿 z 方向），电子的自旋磁矩有两个可能的取值

$$\mu_{sz} = \pm 1 \cdot \mu_B \tag{1-3-1}$$

以 ε 表示 $B=0$ 时电子的能量，则当 $B \neq 0$ 时其能量为

$$\varepsilon_{\pm} = \varepsilon \pm \mu_B B \tag{1-3-2}$$

为简单起见，首先看 $T=0\mathrm{K}$ 时的情形，此时费米分布函数为1。在没有外磁场时，自旋磁矩在空间没有择优取向。按照泡利原理，自旋磁矩沿空间某方向的电子数与沿相反方向的电子数应该相等。

施加磁场后，在磁场的作用下，自旋取向与磁场相反的电子具有正的附加能：$+\mu_B B$，自旋取向与磁场相同的电子具有负的附加能：$-\mu_B B$，从而使得按照泡利原理分布的两支电子出现非平衡暂态。

但是，当达到平衡态时，电子将达到最大能量费米能 ε_F，意味着高能态的电子（反平行 $\vec{B}$）将要转向低能态（平行 $\vec{B}$），从而导致两个支系中的电子数不同。具有平行于 $\vec{B}$ 的自旋磁矩的电子数目增大。如此对全部电子气来说要出现沿磁感应强度 $\vec{B}$ 方向的净磁矩，因而出现了泡利自旋顺磁性。这就是泡利顺磁性的起因。

三、金属泡利顺磁性的物理机制

上述过程的物理图像如图 1-3-1 所示。

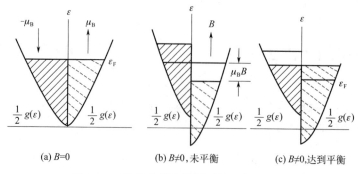

(a) $B=0$ (b) $B \neq 0$，未平衡   (c) $B \neq 0$，达到平衡

图 1-3-1　传导电子自旋顺磁性的产生机制

由于 $B=1\mathrm{T}$ 时，$\mu_{\mathrm{B}}B$ 约为 $10^{-5}\mathrm{eV}$，而费米能级为 $1.5\sim15\mathrm{eV}$，说明发生反转的只能是能量较高的那部分电子，且数目极少，位于费米面附近。为了易于表示，图1-3-1中故意夸大了 $\mu_{\mathrm{B}}B$ 的范围。实际上，存在如下三种情况。

① $B=0$：$g_{+}(\varepsilon)=g_{-}(\varepsilon)=\dfrac{1}{2}g(\varepsilon)$。即在没有外磁场时，金属中的传导电子占据自旋为正和自旋为负的两个半带，这两个半带的形状相同，其中所含的电子数也相同，因此整个系统并不具有磁矩。

② $B\neq0$，未平衡：自旋取向与磁场相反的电子具有较高的能量，与磁场相同的电子具有较低的能量，从而高能态的电子转向低能态。也就是说，在外磁场作用下，正半带能量降低，负半带能量升高，正负两半带的电子数不再相等，系统呈现出相当的磁化强度。

③ $B\neq0$，达到平衡：高能态的电子转向低能态，导致两种自旋取向的电子数目不等，出现净磁矩，产生顺磁效应。

按照能态密度的定义，很容易估计在 $\mu_{\mathrm{B}}B$ 范围内的电子数

$$n=\frac{1}{2}g(\varepsilon_{\mathrm{F}}^{0})\Delta\varepsilon=\frac{1}{2}g(\varepsilon_{\mathrm{F}}^{0})\mu_{\mathrm{B}}B \tag{1-3-3}$$

由于这部分电子在磁场的作用下发生了反转，且每反转一个电子，沿磁场方向磁矩的改变为 $2\mu_{\mathrm{B}}$，所以，反转 n 个电子后的沿磁场方向的总磁矩为

$$2\mu_{\mathrm{B}}\times n=2\mu_{\mathrm{B}}\times\frac{1}{2}g(\varepsilon_{\mathrm{F}}^{0})\times\mu_{\mathrm{B}}B=\mu_{\mathrm{B}}^{2}Bg(\varepsilon_{\mathrm{F}}^{0}) \tag{1-3-4}$$

亦即单位体积内沿磁场方向的净磁矩，也就是磁化强度 M 为

$$M=\mu_{\mathrm{B}}^{2}Bg(\varepsilon_{\mathrm{F}}^{0}) \tag{1-3-5}$$

所以，$T=0\mathrm{K}$ 时的磁化率为

$$\chi=\frac{M}{H}=\frac{\mu_{0}M}{B}=\mu_{0}\mu_{\mathrm{B}}^{2}g(\varepsilon_{\mathrm{F}}^{0})=\frac{3n\mu_{0}\mu_{\mathrm{B}}^{2}}{2\varepsilon_{\mathrm{F}}^{0}} \tag{1-3-6}$$

式中，μ_{0} 为真空磁导率。

此即为零温时的泡利顺磁磁化率。

在 $T\neq0\mathrm{K}$ 时，费米分布函数在整个积分区间不再等于1，要用到费米积分。相应的磁化强度 M 为

$$M=2\mu_{\mathrm{B}}\left[\int f(\varepsilon-\mu_{\mathrm{B}}B)\frac{g(\varepsilon_{\mathrm{F}})}{2}\mathrm{d}\varepsilon-\int f(\varepsilon+\mu_{\mathrm{B}}B)\frac{g(\varepsilon_{\mathrm{F}})}{2}\mathrm{d}\varepsilon\right] \tag{1-3-7}$$

处理上述费米积分可得

$$M=\mu_{\mathrm{B}}^{2}Bg(\varepsilon_{\mathrm{F}}^{0})\left[1-\frac{\pi^{2}}{12}\left(\frac{k_{\mathrm{B}}T}{\varepsilon_{\mathrm{F}}^{0}}\right)^{2}\right] \tag{1-3-8}$$

从而温度不为零时的泡利顺磁磁化率为

$$\chi=\mu_{0}\mu_{\mathrm{B}}^{2}g(\varepsilon_{\mathrm{F}}^{0})\left[1-\frac{\pi^{2}}{12}\left(\frac{k_{\mathrm{B}}T}{\varepsilon_{\mathrm{F}}^{0}}\right)^{2}\right] \tag{1-3-9}$$

由于一般温度下，$\left(\dfrac{k_{\mathrm{B}}T}{\varepsilon_{\mathrm{F}}^{0}}\right)^{2} \sim 10^{-4}$。

因此，温度不为零时的顺磁磁化率近似为

$$\chi \approx \mu_{0}\mu_{\mathrm{B}}^{2}g(\varepsilon_{\mathrm{F}}^{0}) \tag{1-3-10}$$

由泡利顺磁磁化率的计算公式（1-3-10）可以看出：泡利顺磁磁化率与温度无关，这与实验结果一致，而经典统计得出的结果则与温度成反比。这表明了索末菲自由电子理论的正确性。泡利顺磁磁化率与费米面的能态密度成正比，因而可以用来推断 $g(\varepsilon_{\mathrm{F}})$。但是，由于垂直于磁场的电子将做圆周运动，从而产生抗磁性，实验测量泡利顺磁磁化率远比测量比热困难，因而在用来推断 $g(\varepsilon_{\mathrm{F}})$ 上，不如电子比热容重要。此外，上述磁化率的表达式并非严格的解。

习题

(1) 试解释泡利顺磁性的起因，并说明泡利顺磁磁化率与温度基本无关的原因。
(2) 磁场与电场，哪一种场对电子分布函数的影响大？为什么？
(3) 霍尔电场与洛伦兹力有何关系？
(4) 试解释金属泡利顺磁性的物理机制。

第四节 金属的电导率和热导率

当讨论电子在外场中的运动问题时，由于外场使得电子的状态和能量随时间变化，所以必须求解包括外加势场在内的含时薛定谔方程，这时的数学求解非常困难。为此，本节从经典物理出发讨论金属的电导和热导问题。无论是经典的特鲁德-洛伦兹自由电子论，还是量子的索末菲自由电子论，在解释金属的电导和热导问题上都取得了成功，并成功解释了维德曼-弗兰兹定律。首先讨论特鲁德-洛伦兹自由电子论的研究结果。

本节的主要内容包括：①特鲁德-洛伦兹近似下金属的电导率；②索末菲模型下金属的电导率；③金属的热导率。

一、特鲁德-洛伦兹近似下金属的电导率

1. 电场下经典的动力学方程

按照特鲁德-洛伦兹模型，电子遵循碰撞近似和弛豫时间近似。碰后的电子无规取向，所以电子对动量的贡献仅源于没有发生碰撞的那部分电子。用弛豫时间 τ 相当于相继两次散射

间的平均时间，用以概括电子和金属离子的碰撞特征。

由弛豫时间 τ 的定义，$\mathrm{d}t$ 时间内，电子受到碰撞的概率为 $\mathrm{d}t/\tau$，从而电子没有受到碰撞的概率为 $(1-\mathrm{d}t/\tau)$。假定 t 时刻电子的平均动量为 $\vec{p}(t)$，经过 $\mathrm{d}t$ 时间没有受到碰撞的电子对平均动量的贡献为 $\vec{p}(t+\mathrm{d}t)$。则没有受到碰撞的电子对平均动量的贡献应为 t 时刻电子的平均动量和 $\mathrm{d}t$ 时间后动量的变化之和，再乘以未被碰撞的电子的概率。所以有

$$\vec{p}(t+\mathrm{d}t)=(1-\frac{\mathrm{d}t}{\tau})\times[\vec{p}(t)+\vec{F}(t)\mathrm{d}t] \tag{1-4-1}$$

$\vec{F}(t)\mathrm{d}t$ 是对于所有电子而言的，电场力对所有电子有作用，但是有贡献的只是未发生碰撞的电子。计算后，自由电子在外场下的动力学方程为

$$\frac{\mathrm{d}\vec{p}}{\mathrm{d}t}=\vec{F}(t)-\frac{\vec{p}(t)}{\tau} \tag{1-4-2}$$

设外场作用下质量为 m_{e} 的电子的漂移速度为 $v_{\mathrm{d}}(t)$，则动量为

$$\vec{p}(t)=m_{\mathrm{e}}\vec{v}_{\mathrm{d}}(t) \tag{1-4-3}$$

从而，自由电子在外场下的动力学方程变为

$$m_{\mathrm{e}}\frac{\mathrm{d}\vec{v}_{\mathrm{d}}(t)}{\mathrm{d}t}=\vec{F}(t)-m_{\mathrm{e}}\frac{\vec{v}_{\mathrm{d}}(t)}{\tau} \tag{1-4-4}$$

该方程又称为漂移速度理论，其中 $\dfrac{\vec{v}_{\mathrm{d}}(t)}{\tau}$ 是阻尼力，τ 为弛豫时间。

2. 稳恒电场情形下金属的电导率

稳恒电场下，电子受到的电场力为 $F=-eE$（E 为电场强度值），此时电子具有恒定的漂移速度，也就是说漂移速度不随时间变化。所以

$$\frac{\mathrm{d}v_{\mathrm{d}}(t)}{\mathrm{d}(t)}=0, F=-eE \tag{1-4-5}$$

把式（1-4-5）代入自由电子在外场下的动力学方程，得到

$$0=-e\vec{E}-m_{\mathrm{e}}\frac{\vec{v}_{\mathrm{d}}}{\tau} \tag{1-4-6}$$

整理后得到电子的漂移速度为

$$\vec{v}_{\mathrm{d}}=-\frac{e\tau\vec{E}}{m_{\mathrm{e}}} \tag{1-4-7}$$

式（1-4-7）是比较容易理解的，$(-e/m_{\mathrm{e}})$ 的出现是因为在给定的电场中，电子的加速度正比于电量而反比于质量；弛豫时间 τ 则描述的是电子的自由运动时间。

如果金属中单位体积含有 n 个自由电子，可得相应的电流密度

$$\vec{J}=-ne\vec{v}_{\mathrm{d}}=\frac{ne^{2}\tau}{m_{\mathrm{e}}}\vec{E} \tag{1-4-8}$$

式（1-4-8）是欧姆定律的微观表达式，故经典模型可以很好地解释金属的导电性。由于电流密度的表达式是 $\vec{J} = \sigma \vec{E}$，σ 是电导率，推导得出

$$\sigma = \frac{ne^2\tau}{m_e} \tag{1-4-9}$$

电阻率 ρ 定义为电导率的倒数，所以电阻率为

$$\rho = \frac{1}{\sigma} = \frac{m_e}{ne^2\tau} \tag{1-4-10}$$

由此可得出电子的自由运动时间，即弛豫时间

$$\tau = \frac{m_e\sigma}{ne^2} = \frac{m_e}{ne^2\rho} \tag{1-4-11}$$

材料的电阻率或电导率可实验测出，然后，代入式（1-4-11）可计算弛豫时间。对于普通的金属，τ 的量级约为 10^{-14} s。

由经典的玻尔兹曼统计可得电子的平均速率。经典统计下电子的动能为

$$E = \frac{1}{2}m_e\bar{v}^2 = \frac{3}{2}k_BT \tag{1-4-12}$$

所以电子的平均速率

$$\bar{v} = \sqrt{\frac{3k_BT}{m_e}} \tag{1-4-13}$$

由此可得到电子的平均自由程

$$l = \bar{v}\tau \tag{1-4-14}$$

室温下电子的平均速率大约为 10^7 cm/s。对于普通的金属，τ 的量级约 10^{-14} s，所以 l 约 1nm。

$$r_s = (3/4\pi n)^{\frac{1}{3}} \tag{1-4-15}$$

由电子的密度可容易地得出电子的半径 r_s 的大小约为 0.1nm，差不多和经典下电子的平均自由程在一个量级，显示了经典模型的局限性。

二、索末菲模型下金属的电导率

索末菲模型下，基态时金属中的自由电子费米气体全部分布在费米球内。此时金属的自由电子具有确定的动量

$$\vec{P} = m_e\vec{v} = \hbar\vec{k} \tag{1-4-16}$$

电子的速度为

$$\vec{v} = \hbar\vec{k}/m_e \tag{1-4-17}$$

不加外场时，费米球的中心和 $\vec{k}$ 空间的原点重合，整个费米球对原点对称。如果有一个电子有速度 v，就有另一个电子有速度 $-v$，因此金属内净电流为零。

在恒定的外场作用下，电子受力为 $-eE$，由牛顿第二定律

$$-e\vec{E} = m_{\mathrm{e}} \frac{\mathrm{d}\,\vec{v}}{\mathrm{d}t} = \hbar \frac{\mathrm{d}\vec{k}}{\mathrm{d}t} \tag{1-4-18}$$

式（1-4-18）说明在外电场的作用下，电子动量的改变表现为 $\vec{k}$ 空间相应状态点的移动，即产生了费米球的刚性移动。它在 $\vec{k}$ 空间移动的速度为

$$\frac{\mathrm{d}\vec{k}}{\mathrm{d}t} = -\frac{e\vec{E}}{\hbar} \tag{1-4-19}$$

电子之间没有发生碰撞时，对式（1-4-19）积分得

$$\delta\vec{k} = \vec{k}(t) - \vec{k}(0) = -\frac{e\vec{E}}{\hbar}t \tag{1-4-20}$$

此式表明，在 $\vec{k}$ 空间，从 $0 \rightarrow t$ 时刻，费米球中心逆电场方向移动为 $\delta\vec{k}$，式（1-4-20）中的负号表示费米球沿与外场相反的方向移动；那么，在弛豫时间 τ 内费米球中心在 $\vec{k}$ 空间的位移为

$$\delta\vec{k} = -\frac{e\vec{E}}{\hbar}\tau \tag{1-4-21}$$

费米球在电场作用下产生刚性移动，示意图如图 1-4-1 所示。

考虑到动量的变化关系

$$\delta\vec{P} = m_{\mathrm{e}}\delta\vec{v} = \hbar\delta\vec{k} \tag{1-4-22}$$

得出电子在稳恒电场下逆电场方向的速度增量

$$\delta\vec{v} = \hbar\delta\vec{k}/m_{\mathrm{e}} = -e\vec{E}\tau/m_{\mathrm{e}} \tag{1-4-23}$$

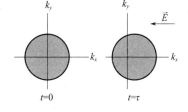

图 1-4-1　费米球在电场中的刚性移动

式（1-4-23）就是电子在稳恒电场下获得的定向漂移速度，对金属内每一个电子来说，都有这样的漂移速度，由此可得电流密度：

$$\vec{J} = -ne(\delta\vec{v}) = \frac{ne^2\tau}{m_{\mathrm{e}}}\vec{E} \tag{1-4-24}$$

所以，电导率为

$$\sigma = \frac{ne^2\tau}{m_{\mathrm{e}}} \tag{1-4-25}$$

与经典模型下的结果一致。由式（1-4-25）的推导过程可知，费米球内所有的电子都参与了导电。具体分析在外电场的作用下费米球的刚性移动过程，发现只有费米面附近的很少一部分电子才对金属的电导有贡献。

如图 1-4-2 所示，在外场作用下，费米球从左侧位置向右侧位置平移。

由于Ⅰ区和Ⅱ区均位于原来的球内，且关于 $k_y - k_z$ 面对称。所以它们的传导作用被抵

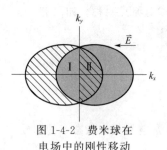

图 1-4-2 费米球在
电场中的刚性移动

消，只剩下费米面附近未被补偿的月牙形部分的电子移出了原来的区域（最右侧月牙形），才有传导电流作用，从而对电流有贡献（图中作了夸大）。

由于费米球的半径为 k_F，位移为 dk，电子在球内均匀分布，因此右侧月牙形部分的电子（未被补偿的月牙形部分的电子）所占的比例约为

$$\frac{\delta \vec{k}}{\vec{k}_F} = \left(\frac{e\vec{E}\tau_F}{\hbar}\right) \cdot \frac{1}{\vec{k}_F} = \frac{e\vec{E}\tau_F}{\hbar \vec{k}_F} = \frac{e\vec{E}\tau_F}{m\vec{v}_F} \tag{1-4-26}$$

推导出单位体积内参与导电的电子所占的比例为

$$\frac{\delta \vec{k}}{\vec{k}_F} = \left(\frac{e\vec{E}\tau_F}{\hbar}\right) \cdot \frac{1}{\vec{k}_F} = \frac{e\vec{E}\tau_F}{\hbar \vec{k}_F} = \frac{e\vec{E}\tau_F}{m\vec{v}_F} \tag{1-4-27}$$

所以，参与导电的电子数目约为

$$n' = \left(\frac{e\vec{E}\tau_F}{m_e \vec{v}_F}\right) n \tag{1-4-28}$$

由于这些电子以费米速度逆电场方向运动，则对电流的贡献为

$$\vec{J} = -en'\vec{v}_F = \frac{ne^2\tau_F}{m_e}\vec{E} = \sigma\vec{E} \tag{1-4-29}$$

最终，得出电导率

$$\sigma = \frac{ne^2\tau_F}{m_e} \tag{1-4-30}$$

和式（1-4-9）得到的电导率形式上一样，只是用 τ_F 代替 τ。两种电导率的形式虽然一样，但两者导电的物理机理却不同。第一种形式认为费米球内所有电子都参与了导电，电子数目多但速度缓慢；第二种则认为只有费米面附近的电子参与了导电，电子数目少但速度极大，取费米速度。所以，两者效果一样，即电流密度一样。

严格的理论计算支持了后一种的说法，这主要是由泡利原理导致的。能量比费米能低得多的电子，其附近的状态已被电子占据，没有空态可接受其他电子。因此，这部分电子无法从电场里获得能量进入较高的能级而对电导作出贡献，能被电场激发的还是费米面附近的电子。

三、金属的热导率

由于温度不均匀，热量从温度高的地方向温度低的地方转移，这种现象叫热传导。热传导的定义告诉人们，产生热传导的条件是温度不均匀。温度不均匀的数学描述就是温度梯度 ∇T；金属样品中存在温度梯度 ∇T 时，就会产生热传导，热传导的强弱用热流强度 J_Q 来

描述。

单位时间里通过单位横截面积的热量，称为热流强度。当温度梯度 ∇T 不太大时，热流强度 J_Q 与 ∇T 成正比。即

$$\vec{J}_Q = -\kappa \nabla T \tag{1-4-31}$$

式中，κ 为材料的热导系数或热导率，取正值，$J/(m \cdot K)$，是一个与材料性质有关的常数；负号表示热流方向与温度梯度方向相反，总是从高温流向低温。

人们从实践中发现，金属的热导率远高于绝缘体，由于金属和绝缘体的主要区别在于导电电子的有无，因而人们断定金属中的热量主要由导电电子传输。

基于热量由导电电子传输这个想法，同时又把自由电子看成是没有相互作用的气体，所以本节直接利用热学中气体分子运动论的结果。

按照索末菲模型，电子的平均速度应取为费米速度，相应的弛豫时间用 τ_F 代替 τ，所以热导率为

$$\kappa = \frac{1}{3} C_V \vec{v} \, l = \frac{1}{3} C_v \vec{v}^2 \tau \tag{1-4-32}$$

式中，C_V 为电子比热容；v 为电子运动的平均速度；l 为电子的平均自由程；τ 为弛豫时间。

按照索末菲模型，电子的比热容为

$$C_V^e = \gamma T = \frac{\pi^2}{2} n k_B \frac{T}{T_F} \tag{1-4-33}$$

电子的平均速度取费米速度

$$\varepsilon_F = \frac{1}{2} m v_F^2 = k_B T_F \Rightarrow T_F = \frac{m v_F^2}{2 k_B} \tag{1-4-34}$$

$$C_V^e = \gamma T = \frac{\pi^2}{2} n k_B \frac{T}{T_F} \tag{1-4-35}$$

$$T_F = \frac{m v_F^2}{2 k_B}, \vec{v} = v_F, \tau = \tau_F \tag{1-4-36}$$

将式（1-4-36）代入式（1-4-32），可得金属的热导率为

$$\kappa = \frac{1}{3} C_V^e v_F^2 \tau_F = \frac{1}{3} \times \frac{\pi^2}{2} n k_B \frac{2 k_B T}{m_e v_F^2} v_F^2 \tau_F = \frac{\pi^2 k_B^2 n \tau_F}{3 m_e} T \tag{1-4-37}$$

$$\frac{\kappa}{\sigma T} = \frac{1}{3} \left(\frac{\pi k_B}{e} \right)^2 = 2.45 \times 10^{-8} \, W \cdot \Omega/K^2 \tag{1-4-38}$$

式（1-4-38）表明，在给定温度下，金属的热导率和电导率的比值为常数，称为洛伦兹常数。1853 年维德曼和弗兰兹二人从实验中发现了该现象，因此常把上述规律称为维德曼-弗兰兹定律。

如果采用经典模型，电子比热容为

$$C_V^e = \frac{3}{2} n k_B \tag{1-4-39}$$

电子的平均速度为

$$\bar{v} = \sqrt{3k_B T/m_e} \tag{1-4-40}$$

所以，经典模型下热导率为

$$\kappa = \frac{1}{3} C_V^e v^2 \tau = \frac{1}{3} \times \frac{3nk_B}{2} \times \frac{3k_B T}{m_e} \tau = \frac{3nk_B^2 \tau}{2m_e} T \tag{1-4-41}$$

电导率为

$$\sigma = ne^2 \tau/m_e \tag{1-4-42}$$

则有

$$\frac{\kappa}{\sigma T} = \frac{3}{2} \left(\frac{k_B}{e}\right)^2 = 1.12 \times 10^8 \, \text{W} \cdot \Omega/\text{K}^2 \tag{1-4-43}$$

可见，经典的特鲁德-洛伦兹模型和索末菲模型均能解释维德曼-弗兰兹定律，但是索末菲的理论结果〔式（1-4-38）〕和实验符合得非常好，说明索末菲模型在定量上要好于经典的特鲁德-洛伦兹模型〔式（1-4-43）〕。

进一步的实验发现，维德曼-弗兰兹定律在较低的温度下不成立，在这一温区，洛伦兹常数依赖于温度。这主要是由于人们假定了电导过程和热导过程有相同的弛豫时间，且都是弹性散射所引起的。由于在温度小于德拜温度时，非弹性散射变得重要起来，这种散射对于电导率影响不大，但是对于热导率有很大的影响。因此，维德曼-弗兰兹定律在较低的温度下不成立。

习题

（1）为什么价电子的浓度越高，电导率越高？

（2）已知铜的质量密度 $\rho_m = 8.95 \text{g/cm}^3$，电阻率 $\rho = 1.55 \times 10^{-6} \, \Omega \cdot \text{cm}$，试计算铜的弛豫时间。

（3）试用费米-狄拉克分布导出自由电子费米气体每单位体积热容的表达式为：$C_V^e = \gamma T = \frac{\pi^2}{2} nk_B \frac{T}{T_F^0}$。式中，$n$ 为电子浓度；k_B 为玻尔兹曼常量；T_F^0 为费米温度。

（4）在自由电子气模型中，最重要的参数是电子数密度 n 及两次碰撞之间的时间 τ（弛豫时间）。试利用漂移速度理论导出金属电导率的表达式 $\sigma = \frac{ne^2 \tau}{m_e}$，其中，$e$ 为电子所带电荷，m_e 为电子质量。

第五节　霍尔效应和磁致电阻效应

经典的特鲁德-洛伦兹模型对于金属霍尔效应的解释相当成功，但是对于磁致电阻效应则无法解释。下面人们依据动力学方程进行讨论。

一、霍尔效应

当电流垂直于外磁场方向通过导体时，在垂直于电流和磁场方向，该导体两侧产生电势差。这一现象称为霍尔效应。霍尔效应示意图如图 1-5-1 所示。

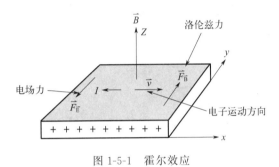

图 1-5-1　霍尔效应

名词解释——霍尔效应

美国著名物理学家、美国物理学会第一任会长、约翰·霍普金斯大学的亨利·奥古斯特·罗兰于 1879 年指导他的研究生霍尔（1855—1938）在研究金属的导电机制（载流导体在磁场中受力性质）时成功发现了霍尔效应。霍尔效应是电磁效应的一种。

从历史上来看，正常霍尔效应首次说明了导体中的载流子是如何运动的，人们可以通过它方便地得出导体内的载流子浓度。霍尔效应的发现在某种程度上催生了半导体物理和固体电子学的发展，它被称为固体输运实验中的女王。

霍尔效应定义了磁场和感应电压之间的关系，这种效应和传统的电磁感应完全不同。当电流通过一个位于磁场中的导体时，磁场会对导体中的电子产生一个横向的作用力，从而在导体的两端产生电压差。电子在磁场中受到洛伦兹力而偏转，在导体两端积累，进而在导体中建立起电场从而产生电势差，这个电压被称为霍尔电压。霍尔效应产生的原因是当带电粒子被束缚在固体材料中时，这种偏位移引起正交于电流方向上产生正负电荷的累积，从而产生额外的横向电场，即所谓霍尔电势（电压）。霍尔效应的一个显著特征是霍尔电压与磁场强度成正比。霍尔效应使用左手定则判断。

霍尔效应在应用技术中特别重要：电子产品应用霍尔效应的也非常多，比如线性磁流体发电机、精密传感器，特别是机床在自动化程度高的部分，霍尔效应更有优势。目前现代汽车上广泛应用的霍尔器件包括汽车速度表和里程表、各种用电负载的电流检测及工作状态诊断、发动机转速及曲轴角度传感器、各种开关等，比如用作汽车开关电路上的功率霍尔电路可起到抑制电磁干扰的作用。霍尔效应的发现及应用为人们的生活带来了极大的方便。控制电动车行进速度的转把，用的就是霍尔效应，故也可以称为霍尔效应调速器。

另外，霍尔传感器可以在汽车行业大规模应用。一维的霍尔元件可以采集垂直于汽车元器件表面的噪声和磁场变化。二维霍尔元件可以测量发动机的转速、车轮的转速以及方向位移。三维霍尔元件可以测量汽车在行驶中的振动以及避震系统的行程。霍尔元件采集的车辆运行状况数据，会直观地显示在汽车的仪表盘上。汽车里的防抱死制动系统 ABS 以及驱动防滑砖、汽车驱动轮防滑转控制系统 ASR、4 轮驱动带电子稳定性程序 ESP，都依赖霍尔效应传感器工作。随着科技的进步，汽车的自动化程度越来越高，霍尔元件的应用也会越来越广泛。

自由电子在外场下的动力学方程为

$$\frac{\mathrm{d}\vec{p}}{\mathrm{d}t} = \vec{F}(t) - \frac{\vec{p}(t)}{\tau} \tag{1-5-1}$$

在电场和磁场的共同作用下，电子受力为

$$\vec{F} = -e\vec{E} - e\vec{v} \times \vec{B} = -e(\vec{E} + \vec{v} \times \vec{B}) \tag{1-5-2}$$

电子的动力学方程变为

$$\frac{\mathrm{d}\vec{p}}{\mathrm{d}t} = -e(\vec{E} + \vec{v} \times \vec{B}) - \frac{\vec{p}(t)}{\tau} \tag{1-5-3}$$

电子的动量

$$\vec{p} = m\vec{v} \tag{1-5-4}$$

假定磁场 $\vec{B}$ 平行于 z 轴，电场 $\vec{E}$ 与 $\vec{B}$ 垂直，位于 xy 平面。

考虑在稳态情形下

$$\frac{\mathrm{d}\vec{p}}{\mathrm{d}t} = 0 \tag{1-5-5}$$

所以，动力学方程变为

$$e(\vec{E} + \vec{v} \times \vec{B}) + \frac{\vec{p}(t)}{\tau} = 0 \tag{1-5-6}$$

根据式（1-5-6），以及电流密度公式

$$\vec{J} = -ne\vec{v} = \sigma\vec{E} \tag{1-5-7}$$

推导得出 x 方向和 y 方向的电流密度

$$J_x = -nev_x \; ; \; J_y = -nev_y \tag{1-5-8}$$

上述二者可以理解为与电子所受洛伦兹力相平衡的电场。按照霍尔系数的定义，把 $J_x = 0$ 时候的电场 E_y 称为霍尔电场。经过进一步计算得出

$$E_y = -\frac{B}{ne}J_x \tag{1-5-9}$$

该电场就是与电子所受洛伦兹力相平衡的电场，按照霍尔系数的定义

$$R_H = \frac{E_y}{J_x B_z} \tag{1-5-10}$$

得

$$R_H = -\frac{1}{ne} \tag{1-5-11}$$

式 (1-5-11) 告诉人们，霍尔系数仅依赖于自由电子气体的电子密度 n。由此，可以通过测量霍尔系数来检验金属自由电子气体模型的正确性。实验发现上述理论对于一价碱金属符合较好，许多二、三价金属，偏离很多，而且符号也不对，表明了自由电子气体模型的局限性。

二、磁致电阻效应

在通有电流的金属或半导体上施加磁场时，其电阻值将发生明显变化，这种现象称为磁致电阻效应，也称为磁电阻效应（MR）。已被研究的磁性材料的磁电阻效应可以大致分为：由磁场直接引起的磁性材料的正常磁电阻、与技术磁化相联系的各向异性磁电阻、掺杂稀土氧化物中特大磁电阻、磁性多层膜和颗粒膜中特有的巨磁电阻以及隧道磁电阻等。

磁致电阻按照磁场和电流的方向分为垂直、平行和横向三种，如图 1-5-2 所示。

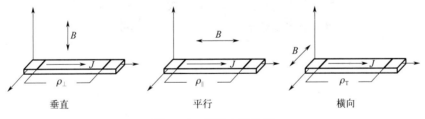

垂直　　　　　　　　　平行　　　　　　　　　横向

图 1-5-2　磁致电阻效应

正常的磁致电阻效应普遍存在于所有的磁性和非磁性材料中，它源于磁场对电子的洛伦兹力，导致载流子运动发生偏转或产生螺旋运动，使电子碰撞概率增大，电阻升高，因而 MR 总是正值。

教材中的垂直磁电阻情况，表示在与电流垂直的磁场作用下，在电流方向电阻的变化，也就是电阻率的变化。

$$\vec{J} = \sigma\vec{E} = \frac{\vec{E}}{\rho} \Rightarrow \rho(B) = \frac{E_x}{J_x} \tag{1-5-12}$$

对于稳态，$J_y = 0$，由动力学方程

$$\sigma_0 E_x = \frac{eB}{m}\tau J_y + J_x \qquad\qquad (1\text{-}5\text{-}13)$$

$$\Rightarrow J_x = \sigma_0 E_x \Rightarrow \frac{E_x}{J_x} = \frac{1}{\sigma_0} = \rho_0 \qquad\qquad (1\text{-}5\text{-}14)$$

式（1-5-13）表明，E_x/J_x 不发生变化，也就是电阻率的变化为零，所以垂直磁电阻为零。实验表明，电阻率的变化一般不为零，有时还很大，这进一步反映出索末菲自由电子模型的局限性。

拓展阅读——反常霍尔效应

反常霍尔效应是霍尔在研究磁性金属的霍尔效应时发现的。1881 年，霍尔报道了对铁磁性金属铁的霍尔效应研究结果，发现铁的霍尔效应比正常无磁金属的霍尔效应大了十几倍，这就是著名的反常霍尔效应——即使不加外磁场也可以观测到霍尔效应，这种零磁场中的霍尔效应就是反常霍尔效应。

反常霍尔电导是由于材料本身的自发磁化产生的，因此是一类新的重要物理效应。反常霍尔效应与普通的霍尔效应在本质上完全不同，因为这里不存在外磁场对电子的洛伦兹力而产生的运动轨道偏转。

磁场并不是霍尔效应的必要条件。在发现霍尔效应以后人们发现了电流和磁矩之间的自旋轨道耦合相互作用也可以导致的霍尔效应。只要破坏时间反演对称性这种霍尔效应就可以存在，称为反常霍尔效应。

拓展阅读——量子霍尔效应
拓展阅读——量子反常霍尔效应
世界著名物理学家小史——崔琦

习题

（1）霍尔效应的概念是什么？量子反常霍尔效应与霍尔效应的区别有哪些？

（2）磁致电阻效应的概念是什么？目前人们主要研究哪几个磁致电阻效应？

（3）对霍尔效应的发现作出重大贡献的科学家有哪些？他们的具体贡献是什么？

（4）已知钠晶体是体心立方结构，晶格常数 $a = 4.3\text{Å}$，若其电阻率为 $4.3\times10^{-6}\,\Omega\cdot\text{cm}$，钠晶体的电子又可看作自由电子，试计算钠晶体电子的弛豫时间以及费米面上电子的平均自由程；并用自由电子模型计算钠晶体的霍尔系数。

第六节　金属的光学性质

金属一般都具有金属光泽，其光学性质与金属的物质结构有密切关系。金属最主要的光学性质是它对光的吸收和反射。许多金属尤其是铜可以用来制作镜子，这表明金属对于可见光具有很好的反射特性。

金属的反射，是由吸收再反射综合造成的，反射率具有频率依赖性，对于红外辐射则透明。光波是电磁波，在金属中传播时会因热损耗而衰减，造成金属媒质对光的吸收。金属光学研究电磁波与金属的相互作用，也属于固体物理学范畴，利用自由电子模型就可以对此作出解释。

一、复数介电常量和复数折射率

为了讨论金属的光学行为，需要借助电动力学中的波动方程，并定义出复数介电常量、复数折射率和吸收系数等物理量。

恒定电场作用下介质电流与电压相位相同，介电常数为一恒定值。介电函数 ε 反映了介质对外电场的响应，表征介质对外电场的反抗作用。但是在交变电场中，如果介质中存在松弛极化，那么 $\vec{D}$ 与 $\vec{E}$ 之间就会存在相位差，导致介电常数为一个复数。

光波在自由电子气中传播满足的波动方程为

$$\nabla^2 \vec{E} - \mu_0 \sigma \frac{\partial \vec{E}}{\partial t} - \varepsilon_0 \mu_0 \frac{\partial^2 \vec{E}}{\partial t^2} = 0 \qquad (1\text{-}6\text{-}1)$$

式中，$\vec{E}$ 为电磁波；μ_0 为真空磁导率；ε_0 为真空介电常数；σ 为电导率。

假设入射金属的电磁波为

$$\vec{E} = \vec{E}_0 \mathrm{e}^{\mathrm{i}(\vec{k} \cdot \vec{r} - \omega t)} \qquad (1\text{-}6\text{-}2)$$

将它代入波动方程可得波矢值

$$k^2 = \varepsilon_0 \mu_0 \omega^2 + \mathrm{i}\mu_0 \sigma \omega = \mu_0 \omega^2 \left(\varepsilon_0 + \mathrm{i}\frac{\sigma}{\omega} \right) \qquad (1\text{-}6\text{-}3)$$

由电动力学可知，对于不导电介质，波矢值为

$$k^2 = \mu_0 \omega^2 \varepsilon_0 \qquad (1\text{-}6\text{-}4)$$

令

$$\varepsilon = \varepsilon_0 + \mathrm{i}\frac{\sigma}{\omega} \qquad (1\text{-}6\text{-}5)$$

式中，ε 称为金属自由电子气体的复数介电常量。

电导率

$$\sigma = \frac{\sigma_0}{1 - i\omega\tau} \tag{1-6-6}$$

代入式（1-6-5）可以得到

$$\varepsilon = \varepsilon_0 - \frac{\sigma_0\tau}{1 + \omega^2\tau^2} + i\frac{\sigma_0}{\omega(1 + \omega^2\tau^2)} \tag{1-6-7}$$

所以，相对介电常量为

$$\varepsilon_r \equiv \frac{\varepsilon}{\varepsilon_0} = 1 - \frac{\sigma_0\tau}{\varepsilon_0(1 + \omega^2\tau^2)} + i\frac{\sigma_0}{\varepsilon_0\omega(1 + \omega^2\tau^2)} \tag{1-6-8}$$

令

$$\omega_p^2 = \frac{ne^2}{\varepsilon_0 m}$$

又

$$\sigma_0 = \frac{ne^2\tau}{m}$$

代入式（1-6-8）得

$$\varepsilon_r \equiv \frac{\varepsilon}{\varepsilon_0} = 1 - \frac{\omega_p^2}{\omega^2 + \tau^{-2}} + i\frac{\omega_p^2\tau}{\omega(1 + \omega^2\tau^2)} \tag{1-6-9}$$

或简写为

$$\varepsilon_r = \varepsilon_1 + i\varepsilon_2 \tag{1-6-10}$$

ε_1 和 ε_2 分别为复数相对介电常量的实部和虚部。复介电常数的虚部是由材料内部的各种转向极化跟不上外高频电场变化而引起的各种弛豫极化所致，代表着材料的损耗项，即被电介质消耗或转换成其他形式的能量的部分。实部表示相位调制即色散。在微波领域，通常介电常数实部代表它储存电荷的能力，虚部代表损耗。

实部和虚部是有一定联系的，克拉默斯-克罗尼格（Kramers-Kröning，K-K）关系就是一种联系。该方程是以 Ralph de Laer Krönig（1904—1995，最先提出了电子自旋设想）和 Hendrik Anthony Kramers（玻尔唯一的一名博士生）命名的。通过 Kramers-Krönig 关系可以计算折射率分布，因此从与频率相关的损耗就可以得到介质的色散，可以在很大的光谱范围内测量。

电磁波在介质中传播，当需要考虑吸收的影响时，就要用复数介电常量。电磁波在真空中的传播速度为光速

$$c = (\varepsilon_0\mu_0)^{-\frac{1}{2}} \tag{1-6-11}$$

电磁波在自由电子气体中的传播速度变为

$$v = \omega/k \tag{1-6-12}$$

用折射率表示材料特性；按照折射率的定义

$$n_c = \frac{c}{v} \ ; \ c = (\varepsilon_0 \mu_0)^{-\frac{1}{2}} \ ; \ v = \frac{\omega}{k} \tag{1-6-13}$$

由

$$k^2 = \mu_0 \omega^2 \left(\varepsilon_0 + \mathrm{i} \frac{\sigma}{\omega} \right) \Rightarrow \frac{k}{\omega} = \left[\mu_0 \left(\varepsilon_0 + \mathrm{i} \frac{\sigma}{\omega} \right) \right]^{\frac{1}{2}} = \frac{1}{v} \tag{1-6-14}$$

所以自由电子气体的复数折射率为

$$n_c = \frac{c}{v} = \left(\frac{\varepsilon_0 + \mathrm{i} \dfrac{\sigma}{\omega}}{\varepsilon_0} \right)^{\frac{1}{2}} \tag{1-6-15}$$

又因为

$$\varepsilon = \varepsilon_0 + \mathrm{i} \frac{\sigma}{\omega} \tag{1-6-16}$$

所以

$$n_c^2 = \frac{\varepsilon_0 + \mathrm{i} \dfrac{\sigma}{\omega}}{\varepsilon_0} = \frac{\varepsilon}{\varepsilon_0} = \varepsilon_r \tag{1-6-17}$$

$$n_c^2 = \varepsilon_r \tag{1-6-18}$$

表明自由电子气体的复数折射率的平方等于复数相对介电常量；复数折射率也可以表示为实部和虚部之和

$$n_c = n_1 + \mathrm{i} n_2 \tag{1-6-19}$$

式中，实部 n_1 是通常的折射率；虚部 n_2 称为消光系数。

波矢值的折射率表示为

$$k^2 = \mu_0 \omega^2 \left(\varepsilon_0 + \mathrm{i} \frac{\sigma}{\omega} \right) \Rightarrow k = \omega \left[\mu_0 \left(\varepsilon_0 + \mathrm{i} \frac{\sigma}{\omega} \right) \right]^{\frac{1}{2}}$$

$$k = \omega \left[\mu_0 \left(\varepsilon_0 + \mathrm{i} \frac{\sigma}{\omega} \right) \right]^{\frac{1}{2}} = \omega \left[\varepsilon_0 \mu_0 \left(\frac{\varepsilon_0 + \mathrm{i} \dfrac{\sigma}{\omega}}{\varepsilon_0} \right) \right]^{\frac{1}{2}}$$

$$= \omega (\varepsilon_0 \mu_0)^{\frac{1}{2}} \left(\frac{\varepsilon_0 + \mathrm{i} \dfrac{\sigma}{\omega}}{\varepsilon_0} \right)^{\frac{1}{2}} = \frac{\omega}{c} n_c = \frac{\omega}{c} (n_1 + \mathrm{i} n_2) \tag{1-6-20}$$

亦即波矢值可用复折射率表示。

二、吸收系数

假定电磁波沿着垂直于金属表面的 Z 方向传播，则

$$\vec{E} = \vec{E}_0 e^{i(\vec{k} \cdot \vec{r} - \omega t)} = \vec{E}_0 e^{-\frac{n_2 \omega}{c} Z} e^{i\omega\left(\frac{n_1}{c} Z - t\right)} \tag{1-6-21}$$

可见，波幅在传播中是衰减的，由于光强 I 正比例与波幅的平方

$$I \propto \left(E_0 e^{-\frac{n_2 \omega}{c} Z}\right)^2 = E_0^2 e^{-\frac{2n_2 \omega}{c} Z} = I_0 e^{-\frac{2n_2 \omega}{c} Z} = I_0 e^{-aZ} \tag{1-6-22}$$

吸收系数

$$\alpha = \frac{2n_2 \omega}{c} \tag{1-6-23}$$

吸收系数对于频率的依赖关系 $\alpha(\omega)$ 称为吸收谱；α 与虚部 n_2 有关，这就是需要考虑吸收的影响时，要用复数介电常数的原因；同时也是把虚部 n_2 称为消光系数的原因。

令

$$I = I_0 e^{-\frac{2n_2 \omega}{c} Z} = I_0 e^{-aZ} = I_0 e^{-1} \tag{1-6-24}$$

得

$$Z = \alpha^{-1} \tag{1-6-25}$$

所以，α^{-1} 是因介质对电磁波能量的吸收，光强衰减到原来的 e^{-1} 时电磁波在介质中传播的距离。

三、反射系数

当光照射到固体表面时，部分光被反射，若入射光强为 I_0，反射光强为 I_R，则反射系数定义为

$$R = I_R / I_0$$

反射系数对于频率的依赖关系 $R(\omega)$ 称为反射谱。由电动力学，当光从真空（或空气）垂直入射到金属表面时，反射波电场振幅 E_r 与入射波电场振幅 E_i 的比为

$$r = \frac{E_r}{E_i} = \frac{k' - k}{k' + k} \tag{1-6-26}$$

式中，k 为入射波的波矢；k' 为透射波的波矢。由波矢值 k 与折射率的关系

$$k = \frac{\omega}{c}(n_1 + i n_2) \tag{1-6-27}$$

可令透射波矢值

$$k' = \frac{\omega}{c} n_e = \frac{\omega}{c}(n_1 + i n_2) \tag{1-6-28}$$

考虑到光从真空或者空气入射到金属中，可令入射波矢值为

$$k = \frac{\omega}{c} n_a \tag{1-6-29}$$

式中，n_a 为金属的折射率。

反射波电场振幅 E_r 与入射波电场振幅 E_i 的比 r 为

$$r = \frac{E_r}{E_i} = \frac{k' - k}{k' + k} = \frac{n_e - n_a}{n_e + n_a} \tag{1-6-30}$$

由于电磁波从真空或空气入射，因此 $n_a = 1$。故

$$r = \frac{E_r}{E_i} = \frac{n_e - n_a}{n_e + n_a} = \frac{n_1 + in_2 - 1}{n_1 + in_2 + 1} = \frac{(n_1 - 1) + in_2}{(n_1 + 1) + in_2} \tag{1-6-31}$$

由此可得电磁波从空气进入金属中传播时的反射系数（反射波电场振幅 E_r 的平方与入射波电场振幅 E_i 的平方的比）

$$R = \frac{E_r^2}{E_i^2} = \left| \frac{(n_1 - 1) + in_2}{(n_1 + 1) + in_2} \right|^2 = \frac{(n_1 - 1)^2 + n_2^2}{(n_1 + 1)^2 + n_2^2} \tag{1-6-32}$$

四、讨论

1. 在低频段

在低频段，$\omega\tau \ll 1$，复数电导率

$$\sigma = \frac{\sigma_0}{1 - i\omega\tau} \tag{1-6-33}$$

$$\sigma = \sigma_1 + i\sigma_2 = \frac{\sigma_0}{1 - i\omega\tau} = \frac{\sigma_0 + i\sigma_0\omega\tau}{1 + (\omega\tau)^2} \approx \sigma_0 + i\sigma_0\omega\tau \tag{1-6-34}$$

所以，$\sigma_2 \ll \sigma_1 \approx \sigma_0$。亦即在低频段，金属的电导率近似为直流电导率；所以电流密度可近似为

$$\vec{J} = \sigma_0 \vec{E}$$

亦即，在低频段，金属中电流与交变场同相位。此时，由于电阻的存在，电磁波的能量以焦耳热的形式被吸收。另外，由于

$$n_c = \frac{c}{v} = \left(\frac{\varepsilon_0 + i\dfrac{\sigma}{\omega}}{\varepsilon_0} \right)^{\frac{1}{2}} = n_1 + in_2 \tag{1-6-35}$$

可得出

$$n_1 < n_2$$

由于吸收系数主要依赖于 n_2，因此在低频段电磁波有明显的衰减（$n_1 < n_2$）。这一频段从直流一直延伸到远红外区，并把这一区域称为吸收区；在远红外区，用经典的自由电子气

体模型可以很好地描述金属的光学行为。

2. 在高频段

当频率很高时，$\omega\tau \gg 1$，且 $\sigma_1 = \dfrac{\sigma_0}{1+(\omega\tau)^2}$，故而复数相对介电常量可表示为

$$\varepsilon_r \equiv \frac{\varepsilon}{\varepsilon_0} = 1 - \frac{\omega_p^2}{\omega^2+\tau^{-2}} + i\frac{\omega_p^2\tau}{\omega(1+\omega^2\tau^2)} \approx 1 - \frac{\omega_p^2}{\omega^2} \tag{1-6-36}$$

即相对介电常数成为实数。以等离子体振荡频率为界，分为两种情形：$\omega < \omega_p$ 和 $\omega > \omega_p$。
显然

$$\omega < \omega_p \Rightarrow \varepsilon_r < 0 \; ; \; \varepsilon_r \approx 1 - \frac{\omega_p^2}{\omega^2} \tag{1-6-37}$$

$$n_c^2 = \varepsilon_r < 0 \tag{1-6-38}$$

所以，折射率为虚数，其实部 n_1 为零。

推导出反射系数为

$$R = \frac{E_r^2}{E_i^2} = \frac{(n_1-1)^2+n_2^2}{(n_1+1)^2+n_2^2} = 1 \tag{1-6-39}$$

因而，在很高的频率段，金属显示出非常好的反射特性，称为金属反射区。人们知道可见光的上限频率

$$h\omega \approx 3eV$$

金属的可见光上限频率

$$h\omega_p \approx 5 \sim 15eV$$

所以，对于可见光段，一般金属满足 $\omega < \omega_p$ 的条件。通常金属具有高反射率。

$$\omega > \omega_p \Rightarrow \varepsilon_r > 0 \tag{1-6-40}$$

$$\varepsilon_r \approx 1 - \frac{\omega_p^2}{\omega^2} \tag{1-6-41}$$

$$n_c^2 = \varepsilon_r \tag{1-6-42}$$

n_c 为实数。因而，$n_c = n_1 + in_2$ 的虚部为零，即 n_2 等于零。

所以吸收系数

$$a = \frac{2n_2\omega}{c} = 0 \tag{1-6-43}$$

此时，金属不再吸收电磁波，电磁波将无损耗地透过金属。因此，金属如同透明的电解质。

习题

（1）在什么波长下，对于电磁波辐照，金属铝是透明的？试解释为什么很多金属可以用

来做镜子，亦即为什么金属对可见光具有很好的反射性？

(2) 利用自由电子模型解释金属的反射系数。

(3) 推导在高频段，金属的反射系数和吸收系数。

第七节　自由电子气体模型的优劣

一、该模型的成功之处

自由电子气体模型与费米统计的应用，在理解金属尤其是一价金属的物理本质方面取得了巨大的成功。尽管索末菲模型忽略了正离子和电子之间的强静电作用力。但是本章的学习使人们看到该模型对于以下金属的性质仍能做出令人满意的解释，如电子气的比热、霍尔效应等，显示了这一模型的魅力，并至今仍被使用。

二、该模型的不足之处和改进方法

尽管该模型能够解释以上诸多金属的性质，但是对于物质为什么会分为导体、绝缘体、半导体以及类金属等则根本无法解释。还有，除去一价金属以外，其在定量计算方面和实验结果的偏离极大，如比热容、磁致电阻、霍尔系数等。对于某些金属的正的霍尔系数也不能用该模型给出解释。

上述不足说明，自由电子模型把实际情况太过于理想化了。仅仅使用电子密度这样唯一一个参量来描述金属根本不可能解释二价金属镁的导电性比一价金属铜的导电性还要差的实验事实。

金属自由电子气体模型的基本假定为：

① 自由电子近似，忽略了电子和离子实之间的相互作用。

② 独立电子近似，忽略了电子和电子之间的相互作用。

③ 弛豫时间近似，认为电子受到的碰撞和散射由弛豫时间简单描述。弛豫时间 τ，相当于相继两次散射间的平均时间，单位时间内电子与金属离子的碰撞概率为 τ^{-1}。

上述三条基本假定都过于简单，为了弥补自由电子气体模型的不足，均应该放弃。

但是，基于数学的考虑和实际结果的分析，人们发现只对上述模型的第一条假定进行改进，即考虑离子实系统对电子的作用，就已经可以解决许多自由电子理论不能解决的问题了。

要考虑离子实系统对电子的作用，就要知道离子实在固体中的排列情况，因为这属于静电相互作用。它与电子和离子实之间的间距有关，所以，离子实在固体中的分布就显得很重要。晶体中离子实的数目约为 $10^{23}/cm^3$ 的量级，假定离子实具有电荷 Z_e，离子库仑相互作用

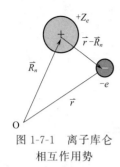

图 1-7-1 离子库仑
相互作用势

势如图 1-7-1 所示。

推导出电子和离子之间的库仑相互作用势为

$$\upsilon_{en}(\vec{r} - \vec{R_n}) = \frac{-Z_e^2}{4\pi\varepsilon_0 \left| \vec{r} - \vec{R_n} \right|} \tag{1-7-1}$$

由于人们在模型的修改中，没有修改单电子近似的假设，因此，单电子的薛定谔方程仍然适用，即

$$\left[-\frac{\hbar^2}{2m} \nabla^2 + V(\vec{r}) \right] \psi(\vec{r}) = \varepsilon \psi(\vec{r}) \tag{1-7-2}$$

只不过势能项来源于所有离子实对该电子的作用，所以

$$V(\vec{r}) = \sum_{\vec{R_n}} \upsilon_{en}(\vec{r} - \vec{R_n}) \tag{1-7-3}$$

因此，为了求解 $V(\vec{r})$，必须对每一个离子实的位置 $\vec{R_n}$ 有所了解。也就是要对离子实的分布状况很清楚才行。那么，离子实在固体中是如何分布的呢？要想知道这些内容，就要学习有关晶体结构的知识。所以，接下来学习第二章——晶体结构，有了这些知识，就可以考虑离子实系统对电子的作用了，也就有了对自由电子气体模型改进的基础了。

习题

（1）试解释金属自由电子气体模型的内容，并指出它的成功和不足。

（2）证明：

① 三维自由电子气体基态下的动能 $E = \frac{3}{5} N\varepsilon_F$。

② 基态下电子气体的压强和体积的关系为：$P = \frac{2U_0}{3V}$。

③ 基态下电子气体的体弹性模量为：$B = \frac{5P}{3} = \frac{10U_0}{9V} = \frac{2}{3}n\varepsilon_F$，式中，$\varepsilon_F$ 为费米能量，n 表示体积为 V 的金属内的价电子数目，n 为电子密度。

第二章

晶体结构

一、本章重点

（1）概念的理解，比如布拉维格子、倒格子、原胞、单胞、简单晶格、复式晶格、布拉格平面、配位数、密堆积、几何结构因子、原子形状因子、维格纳-塞茨原胞、布里渊区。

（2）晶体结构的分类和对称性。

（3）确定晶体结构的实验方法及其原理。

二、本章难点

倒格子概念的引入，点群和空间群的知识，几何结构因子、原子形状因子的理解。

 导读

晶体结构是固体物理的重要内容，学习晶体结构并不单是为了修正自由电子近似。其实固体物理的发展主要是从认识晶体结构开始的，所以一般的固体物理教材大多是从晶体结构讲起。对晶体结构的认识最早是从晶体的外形开始的。在原始社会的石器时代，人们发现了具有规则形状的石头并将其做成了工具，这其实是研究晶体结构的雏形。经过长期观察，人们发现晶体最显著的特点就是具有规则的几何外形。

1669 年，意大利科学家斯丹诺发现了晶面角守恒定律——属于同一品种的晶体，两个对应晶面间的夹角是恒定不变的；这就是晶面角守恒定律。1784 年，法国科学家阿羽依提出了"小基石"的概念；这一思想成为晶胞学说的开始。根据这一学说，晶胞是构成晶体的最小单位，晶体是由大量晶胞堆积而成的。

1850 年左右，这一学说又被法国科学家布拉维发展成空间点阵学说，认为组成晶体的原子、分子或离子是按一定的规则排列的。这种排列形成一定形式的空间点阵结构，并证明只有 14 种点阵类型。

1890—1894 年，俄国晶体学家 E. C. 费多罗夫、德国科学家 A. M. 熊夫利、英国科学家 W. 巴罗等，各自独立建立了晶体对称性的空间群理论，这为晶体结构的分类提供了数学基础。在群论基础上人们证明晶体可以分为 7 大晶系、14 种布拉维格子，其对称操作构成 32 个点群。上面三位科学家利用 32 种点群与三维空间平移对称性组合的方式，各自独立完成了 230 种空间群的推导工作。

1912 年，德国科学家劳厄对晶体进行了 X 射线衍射实验，首次证实了空间点阵学说和空间群理论的正确性。爱因斯坦曾评价该实验是物理学最美的实验；劳厄也因此荣获 1914 年的诺贝尔物理学奖。

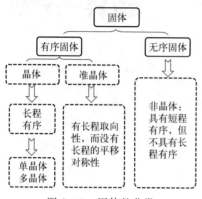

图 2-0-1　固体的分类

1913 年，英国的布拉格父子在劳厄的基础上制造出第一台 X 射线摄谱仪，并研究出晶体结构的分析方法，推导出了布拉格公式，为 X 射线谱线学和 X 射线结构分析奠定了基础，从而为深入研究物质内部结构开辟了可靠的实验途径。为此，1915 年父子二人同获诺贝尔物理学奖。

固体物理学主要就是探讨具有周期结构特征的晶态物质的结构与性质的关系。人们知道固体材料是由大量的原子（离子或分子）组成的，每立方厘米大约有 10^{23} 个粒子。组成固体的这些粒子在固体中按照一定的方式排列，这种排列方式称为固体的结构，固体的分类如图 2-0-1 所示。

有序固体主要是指晶体，尤其指理想晶体。理想晶体中，原子按照严格的规则排列，具有周期性或长程有序，也叫平移对称性，晶体结构的规则网络结构如图 2-0-2（a）所示。理想晶体的平移对称性也是能带论中布洛赫定理成立的基础，并由此拉开了能带论的序幕。

类比解释——长程有序和短程有序

长程有序是至少在纳米量级范畴内原子排列具有周期性。如果说教室内整齐排列的同学都是微米级范畴的，可能有少数几位同学的规则排列异于他人，范围属于纳米量级的范畴，这个可以称为短程有序。小于 100nm 的尺寸称为纳米量级尺寸，大于 100nm 的尺寸称亚微米级尺寸。

无序固体主要是指非晶体，非晶体中原子排列不具有长程的周期性，但基本保留了原子排列的短程序，即近邻原子的数目和种类、近邻原子之间的距离（键长）、近邻原子配置的几何方位（键角）都与晶体相近。

非晶体中原子排列不具有长程的周期性，但基本保留了原子排列的短程序，即近邻原子的数目和种类、近邻原子之间的距离（键长）、近邻原子配置的几何方位（键角）都与晶体相近，非晶体的无规则网格结构如图 2-0-2 (b) 所示。

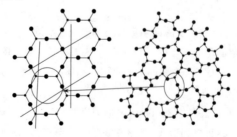

(a) 晶体结构的规则网格　　(b) 非晶体结构的无规则网格

图 2-0-2　晶体结构的规则网格和非晶体结构的无规则网格

准晶体是 1984 年由 Shechtman 等人在 Al-Mn 合金中首次发现的。该材料具有 5 重旋转对称性（不符合晶体的对称性定律），但是也不像非晶体一样无序，它是一类既区别于晶体又不同于非晶体的固体结构，因此被称为准晶体。之后，人们又发现了一系列的具有 8 重、10 重和 12 重旋转对称性的二维准晶相。这类准周期结构材料已经成为固体结构的新成员。

准晶体具有长程的取向序，但没有长程的平移对称序，可以用彭罗斯拼接图案显示其结构特点，借用了图形数学中古老的命题，即用 4 种颜色可以拼出任何地图。1961 年，王浩提出可以用大小不等的方块，来周期性或非周期性地铺满整个二维平面，每个方块的四周涂 4 种颜色，其中相邻方块的接触面上的颜色是一样的。1964 年，哈佛大学的 R. Berger 在他的博士论文中，证明王浩的结论不正确。1974 年，牛津大学的数理学家 R. Penrose（彭罗斯）受王浩的启发，提出匹配法则——用两种菱形，内角分别为 72°～108°和 36°～144°，可以把二维平面非周期性地铺满。这就是彭罗斯拼接图，如图 2-0-3 所示。

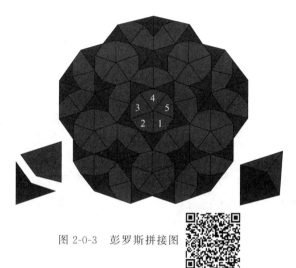

图 2-0-3　彭罗斯拼接图

1984 年发现准晶体（如图 2-0-4 所示），具有长程 5 重旋转对称（取向序），但是都不能靠一种图案占满整个空间，亦即不满足长程平移对称性。

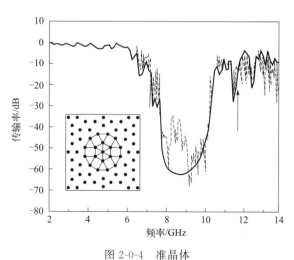

图 2-0-4　准晶体

准晶体被发现后，1992 年国际晶体联合会将晶体的定义改为：晶体是能够给出明锐衍射的固体。就工科固体物理简明教程的内容而言，非晶体和准晶体不在本教材讨论的范围内。

第一节　晶体的宏观对称性

一、晶体实例

从宏观上看，晶体都有自己独特的、呈对称性的形状，如食盐呈立方体，冰呈六角棱柱体，明矾呈八面体等。这些都是天然晶体，此外还存在人工晶体，比如非线性光学晶体 KTP、人造水晶（如图 2-1-1 所示）。

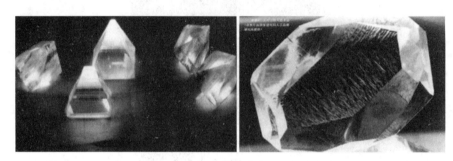

图 2-1-1　人造水晶

二、固体的分类

非晶体中原子排列不具有长程的周期性，但基本保留了原子排列的短程序，即近邻原子的数目和种类、近邻原子之间的距离（键长）、近邻原子配置的几何方位（键角）都与晶体相近。准晶体具有长程的取向序，但没有长程的平移对称序，可以用彭罗斯拼接图案显示其结构特点。

三、晶体的宏观特性

固体中原子排列的形式对于固体材料的宏观性质具有重要影响。晶体内部结构的周期性使得它具有一些非晶体所没有的宏观特性，如晶体的自限性、解理性，以及晶面角守恒、晶体的各向异性、晶体的对称性、固定的熔点等。

1. 晶体的自限（范）性

如图 2-1-2 所示，常见的晶体一般是凸多面体，并且在合适的条件下能够自发地发展为单晶体。人们把晶体所具有的自发形成封闭凸多面体的能力称为自限性，也叫自范性。

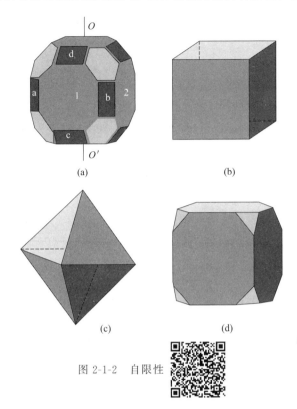

图 2-1-2　自限性

2. 晶体的解理性

晶体具有沿某些确定方位的晶面劈裂的性质，称为晶体的解理性，这样的晶面称为解理面。晶面的交线称为晶棱，晶棱互相平行的晶面组合称为晶带，如图 2-1-2 所示，晶面 a、晶面 1、晶面 b 和晶面 2 都代表一组晶带。互相平行的晶棱的共同方向称为该晶带的带轴，晶轴是重要的带轴，如图 2-1-2 中的 OO' 轴线。

3. 晶面角守恒

属于同一品种的晶体，两个对应晶面间的夹角恒定不变——晶面角守恒定律。以石英晶体为例，如图 2-1-3 所示，晶面 a 和晶面 b 间的夹角总是 $141°47'$；晶面 a 和晶面 c 间的夹角总是 $113°08'$；晶面 b 和晶面 c 间的夹角总是 $120°00'$。

由于生长条件不同，晶体的外形可能不同。外界条件能使某一组晶面相对地变小，或隐没。因此，晶面本身的大小和形状是受晶体生长时的外界条件影响的，不是晶体品种的特征因素。

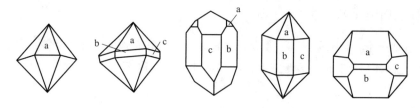

图 2-1-3 晶面角守恒

4. 晶体的各向异性

晶体外形上的规则性反映了内部原子间排列的有序性，从而导致在不同方向上，晶体的物理性质不同，出现各向异性。由图 2-1-4（灰色大球代表 Cl 原子，空心小球代表 Na 原子）可以看出，在不同的方向上晶体中原子排列情况不同，故其性质不同。

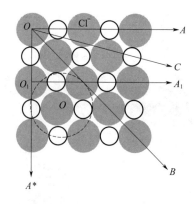

图 2-1-4 NaCl 晶体（100）面

类比解释——各向异性

一个铁块，如果用火烧完以后摸一下，感觉到它在任何方向都是热的，即任何方向的热传导都是一样的，这个叫作各向同性。这里的"向"是方向、晶向的意思。与之相反，如果各个方向或晶向上的热不一样，就叫各向异性。主要原因是晶体中不同方向或晶向上原子的排列情况不同。

5. 晶体的对称性

如图 2-1-4 所示，晶体在某几个特定方向上可以异向同性，这种相同的性质在不同的方向上有规律地重复出现，称为晶体的对称性。

6. 锐熔性——晶体有固定的熔点

给某种晶体加热，当加热到某一特定温度时，晶体开始熔化，且在熔化过程中温度保持不变，直到晶体全部熔化，温度才开始上升，即晶体有固定的熔点——锐熔性。在一定的压强下，晶体要升高到一定的温度才熔解，该温度称为熔点，固体的熔化过程图如图 2-1-5 所示。

总之，晶体具有自限性、解理性，以及晶面角守恒、晶体的各向异性、晶体的对称性、锐熔性等宏观特性。

那么，晶体为什么具有这些宏观特性呢？事实上，晶体的宏观特性是由晶体内部结构的周期性决定的，即晶体的宏观特性是微观特性的反映。其中晶体的对称性更是晶体结构分类的重要依据。

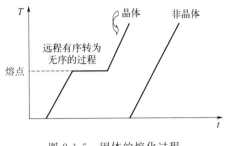

图 2-1-5　固体的熔化过程

习题

(1) 晶体的宏观特性有哪些？与什么有关？

(2) 试从晶体几何对称性出发对晶体进行分类。

(3) 试述晶态、非晶态、准晶、多晶和单晶在原子排列上的特征。

第二节　晶格的特征与周期性

一、空间点阵和布拉维格子

（一）晶体结构

理想晶体是由完全相同的基本结构单元（原子、离子或分子等）在三维空间中有规则排列而构成的，这种规则排列的方式称为晶体结构。不同晶体的这种规则排列方式可能不同，人们就说它们的晶体结构不同。一个理想的晶体是由完全相同的结构单元在空间周期性重复排列而成的。

有些晶体，尽管构成这些晶体的原子、离子或分子各异，如 Cu、Ag、Au、Al 晶体等，这些晶体之间原子、离子或分子的规则排列方式相同，但原子、离子或分子之间的间距不同，这时它们具有相同的晶体结构。

（二）基元

把构成晶体的这种全同的基本结构单元称为基元，它是晶体结构中最小的重复单元。基元在空间周期性重复排列形成晶体结构。

图 2-2-1 中，（a）、（b）、（c）三者各自有相同的基本结构单元，且在平面内作周期性分布，属于同类晶体结构。基元可以是单个原子，如 Cu、Ag、Au、Al、金刚石等晶体，也可以由两个或两个以上的原子组成，如氯化钠晶体〔如图 2-2-1（b）所示〕，钙钛矿结构晶体〔如图 2-2-1（c）所示〕等。基元的引入使得在讨论晶体结构时，避开了晶体的化学组分，只关注基元的规则排列方式。为此，可以把基元抽象为一个几何点，从而把晶体结构的讨论转化为空间点阵的讨论。

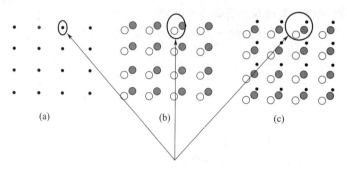

图 2-2-1　二维晶体结构
（a）金刚石结构；（b）氯化钠结构；（c）钙钛矿结构

（三）空间点阵和晶格

1. 空间点阵、阵点

为了描述晶体结构的周期性，人们把基元用一个几何点来替代。这样晶体的内部结构就可以概括为是由一些相同的点在三维空间有规则地做周期性无限分布形成的，这些呈周期性无限分布的几何点的集合形成一个空间点阵，如图 2-2-2 所示。

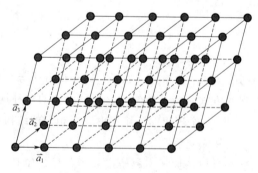

图 2-2-2　空间点阵中的基元

空间点阵中的点子，称为阵点（或结点）。阵点可以取在基元的任何位置，但在进行晶体结构分析时，为了方便，一般都选取在基元中对称性最高的位置。

空间点阵确切反映了晶体内长程有序的特征，概括了晶体结构的周期性。整个晶体结构可以看作阵点沿空间三个不共面的方向、各按一定的距离周期性地平移而构成。把每个方向上平移的这个一定距离，称为该方向上的平移周期，不同方向的平移周期可能不同。

2. 晶格、格点

通过空间点阵中的阵点可以做许多平行的直线族或平行的平面族，这样三维的空间点阵形成网格状分布，它代表着晶体中基元的具体排列方式，人们称之为晶体格子，简称晶格。

代表基元的相应阵点称为格点。显然，一切格点都是等价的，也就是说每个格点的周围环境相同。由于历史上空间点阵学说是布拉维最早提出的，所以上述的点阵又称为布拉维点阵，相应的晶格称为布拉维晶格或布拉维格子。

晶格或空间点阵是晶体结构周期性的数学抽象，它忽略了晶体结构的具体内容，保留了晶体结构的周期性或平移对称性。

类比解释——晶格

通过空间点阵中的阵点可以做许多平行的直线族或平行的平面族，这样三维的空间点阵形成网格状分布，它代表着晶体中基元的具体排列方式，人们称之为晶体格子，简称晶格。

就像教室中同学们坐的椅子一样，椅子所在的位置就是晶格的位置格点。同学们就像基元一样，在教室中特定的位置上坐着，同学本人就是基元。椅子具有什么样的排列方式，它就有什么样的晶格。晶格包含两个部分：同学们所坐的椅子（格点）和同学本人（基元）。

（四）布拉维格子、简单晶格和复式晶格

1. 布拉维格子

格点的总体称为布拉维晶格，这种格子的特点是每点周围的情况完全相同。它是由空间排列和取向完全等同的一系列分立的格点在空间做无限的规则排列所构成的点阵。格点可以看作排列在一系列平行等距的直线族或平面族上的点阵，这样点阵构成网格，称为晶格或格子。因此，布拉维点阵也称为布拉维格子。

以上是从点阵出发给出了布拉维格子的定义，但在使用上并不方便，为此给出一种便于从数学上描述的布拉维格子的定义。

整个晶体结构可以看作是格点沿空间三个不共面的方向、各按一定的距离周期性地平移而构成的，为此人们选用三个不共面方向上的最小平移周期作为三个方向上的单位长度，其相应的矢量为初基平移矢量（简称基矢），并用 $\vec{a}_1$、$\vec{a}_2$、$\vec{a}_3$ 表示。如果选取任意一个格点为原点，则布拉维点阵中的所有格点都可由一个位置矢量，简称位矢，用 $\vec{R}_n$ 来描述。

由位矢 $\vec{R}_n = n_1 \vec{a}_1 + n_2 \vec{a}_2 + n_3 \vec{a}_3$ 描述的全部端点的集合，称为布拉维点阵，或布拉维格子。其中 n_1、n_2、n_3 为整数，$\vec{a}_1$、$\vec{a}_2$、$\vec{a}_3$ 是三个不共面的矢量，称为布拉维格子的基矢，它的大小代表格点在这三个方向规则性排列的最小周期。$\vec{R}_n$ 也称为格矢，其端点称为格点。

几点说明如下。

① 由定义可知，构成布拉维格子的所有格点是完全等价的，所有的格点周围环境相同；该特点也是判断某一格子是否为布拉维格子的依据。

② 布拉维格子是一个无限延展的理想点阵，它忽略了实际晶体中表面、结构缺陷的存在。但是它反映了晶体所具有的平移对称性，即平移任一格矢 $\vec{R}_n$，晶体保持不变的特性。

③ 理想晶体结构可等价于布拉维格子加上基元，即晶体结构＝布拉维格子＋基元。

④ 自然界中晶格类型很多，但是只可能有 14 种布拉维格子。

⑤ 对于同一晶格，基矢的选择是任意的，如图 2-2-3 所示。

为了直观表示晶体结构，人们常将组成晶体的各种原子以不同符号在图中一并标出来，这样晶格中基元的构成就清楚了。基元可以包含单个原子也可以包含多个原子，由此人们把晶格进一步分成简单晶格和复式晶格。

2. 简单晶格和复式晶格

简单晶格中，每个基元只包含一个原子，且每个原子周围的情况完全相同，此时晶体结构等同于晶格，也就是说原子形成的网格和格点形成的网格是重合的，如图 2-2-4（a）所示，Cu、Ag、Au、Al 等元素晶体都属于简单晶格。

如果基元中包括两个或两个以上原子或者离子，则相应的晶格称为复式晶格；这时基元中的每个原子或者离子各构成和格点相同的网格，称为子晶格，它们相对位移而形成复式晶格，如图 2-2-4（b）所示。所以，复式晶格可看成是由若干个相同的简单晶格相对错位套构而成的。

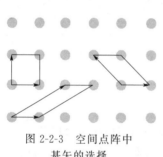

图 2-2-3　空间点阵中
基矢的选择

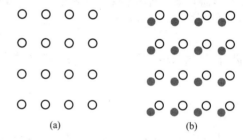

(a)　　　　　　(b)

图 2-2-4　简单晶格和
复式晶格

显然化合物晶体一定是复式晶格，但元素晶体或单质晶体，尽管是由同一种原子组成的晶格，也不一定都是简单晶格，如金刚石、锗和硅等晶体结构就是复式格子。此外，布拉维格子是一个纯粹的数学抽象，布拉维格子中的格点是一个基元；而复式格子进一步考虑了基元的构成，把基元中的每一个原子分开来处理。所以，布拉维格子和简单晶格、复式晶格间不能互相定义。根据定义可知，简单晶格一定是布拉维格子，但是复式晶格一定不是布拉维格子的说法不妥当。

二、原胞和晶胞

（一）原胞

晶格的共同特点就是具有平移对称性，也就是周期性，这种周期性的特点在固体物理学中常用原胞来描述。原胞也称固体物理学原胞，原胞是晶体中体积最小的周期性重复单元，整个晶格可看成是由无限多个原胞无间隙地紧密排列而成的，或者说将原胞平移一切可能的格矢量便可得到整个晶格。原胞也叫初基晶胞或固体物理学原胞。

对于三维晶格，在晶格中取一个格点为顶点，以三个不共面的方向上的周期为边长形成的平行六面体作为重复单元，这个平行六面体沿三个不同的方向进行周期性平移，就可以充满整个晶格，形成晶体，则这个平行六面体即为原胞，代表原胞三个边的矢量称为原胞的基本平移矢量，简称基矢。

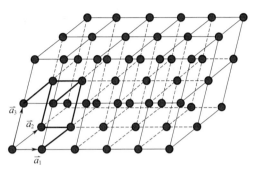

如图 2-2-5 所示，对于三维晶格 $\vec{R}_n = n_1\vec{a}_1 + n_2\vec{a}_2 + n_3\vec{a}_3$，以 $\vec{a}_1$、$\vec{a}_2$、$\vec{a}_3$ 为棱的平行六面体是晶格体积的最小重复单元——原胞，其体积为

$$\Omega = \vec{a}_1 \cdot (\vec{a}_2 \times \vec{a}_3)$$

二维晶格的原胞是平行四边形，其面积 $S = |\vec{a}_1 \times \vec{a}_2|$。一维晶格的原胞是线段，长度为最近邻格点的间距。

图 2-2-5　原胞和基矢

几点说明如下。

① 对于同一晶格，原胞的取法不唯一，由基矢而定，但无论如何选取，原胞均有相同的体积，每个原胞平均只包含一个格点。比如，正六面体的 8 个格点分别位于 8 个顶角，每个格点的贡献为八分之一。

② 格点对应基元，如果基元由 n 个原子组成，则每个原胞包含 n 个原子。

③ 原胞反映了晶格的周期性，各原胞中等价点的一切物理性质相同。也就是说，作为位置的函数的各种物理量应具有晶格的周期性，或平移对称性。

$$\Gamma(\vec{r} + \vec{R}_n) = \Gamma(\vec{r}) \tag{2-2-1}$$

由于原胞取法具有随意性，因而原胞通常只反映晶格的周期性，而不能反映晶格的对称性。为了弥补上述不足，人们常用维格纳-塞茨提出的原胞的取法。

（二）维格纳-塞茨原胞

以晶格中某一个格点为中心，从这个格点出发，引出到所有近邻和次近邻格点的连线，做出这些连线的垂直平分面，由这些垂直平分面所围成的以该格点为中心的最小多面体即为维格纳-塞茨原胞，记为 W-S 原胞，如图 2-2-6 所示。

几点注意：

① W-S 原胞既是晶格体积的最小重复单元，又能直观反映晶格全部宏观对称性，所以 W-S 原胞也称为对称化原胞。

② W-S 原胞的取法与倒格子空间中构成简约布里渊区的方法相同。

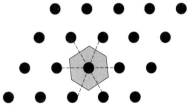

图 2-2-6　维格纳-塞茨原胞

③ W-S原胞所包含的格点位于原胞的中央。

本教材后面会提到面心立方的布里渊区，和体心立方的 W-S 原胞取法一致，要用到次近邻格点。

由于固体物理学原胞选取时，必须满足晶格的最小周期性单元的要求，而且格点都在顶角上，因此很多情况下原胞不能反映出晶格的宏观对称性。维格纳-塞茨原胞虽然能够反映对称性，但是其格点在中心的要求不利于描述点阵中格点的分布情况，而且图形复杂。

类比解释——维格纳-塞茨原胞

以教室中某个同学为例。该同学座位的前后左右都有一个同学，在两个同学的距离中间画一条线。可以想象拿刀在前后左右的距离中间垂直切一下，在头顶上和座位下面再分别垂直切一刀，这便组成一个封闭的空间。这个封闭空间里只有同学自己，相当于维格纳-塞茨原胞中央的格点。

（三）晶胞

在晶体学中，往往选择的不一定是体积最小且格点都在顶角上的原胞，而是选择格点不仅可在顶角上，而且还可以在体心、面心或底心上的原胞，人们把这种晶体学中选取的单元称为晶体学原胞，简称晶胞或单胞，也叫惯用单胞。习惯用 $\vec{a}$、$\vec{b}$、$\vec{c}$ 表示三维晶胞的基矢，其边长 a、b、c 称为晶格常数。

名词解释——晶格常数

晶格常数，指的就是晶胞的边长，也就是每一个平行六面体单元的边长，它是晶体结构的一个重要基本参数。晶格常数一般并不等于近邻原子的间距，除非单胞和原胞一致时，如简单立方晶体。晶格常数是晶体物质的基本结构参数，它与原子间的结合能有直接的关系，晶格常数的变化反映了晶体内部的成分、受力状态等的变化。晶格常数亦称为点阵常数。

晶胞的一般选取原则如下：
① 尽可能选取高次对称轴为晶轴方向。
② 晶胞的外形尽可能反映点阵的对称性。
③ 独立的晶胞参量最少，并尽可能使晶轴夹角为直角。
④ 在满足上述原则的前提下，尽可能使晶胞体积最小。

（四）晶胞和原胞的区别

对于常见晶体结构的原胞和晶胞，一般都有习惯取法。二者的区别如下：
① 原胞只含有一个格点，是体积最小的周期性重复单元。

② 单胞可含有一个或多个格点，体积可是原胞的一倍或数倍。

③ 原胞的基矢一般用 $\vec{a}_1$、$\vec{a}_2$、$\vec{a}_3$ 表示，单胞的基矢一般用 $\vec{a}$、$\vec{b}$、$\vec{c}$ 表示。

④ 原胞的体积 $V = \vec{a}_1 \cdot (\vec{a}_2 \times \vec{a}_3) = \Omega$；而单胞的体积 $V = \vec{a} \cdot (\vec{b} \times \vec{c}) = n\Omega$。

⑤ 原胞的格点一般只出现在平行六面体的顶角上；单胞不仅在平行六面体顶角上有格点，面上及内部亦可有格点。

注意：本教材后面要讲的晶面、晶向和基元位置的标记，在实际工作中，通常以晶胞为准。

固体物理学原胞往往不能直观地反映点阵的宏观对称性，但能完全反映点阵的平移对称性。维格纳-塞茨原胞（W-S 原胞）既能完全反映点阵的平移对称性，又能充分反映点阵的宏观对称性，因此在固体理论研究中应用最广，但是 W-S 原胞的图形复杂，不好直观想象。晶胞能直观地反映点阵的宏观对称性，但有时不能完全反映点阵的平移对称性。所以，它们各有各的优缺点，三种表示在固体物理学中并存。

在晶体学中人们已经对各种类型的布拉维格子选取原胞和晶胞的方式做了统一的规定。人们已知，对于某些晶体，尽管构成这些晶体的原子、离子或分子各异，只要这些晶体之间原子、离子或分子的规则排列方式相同，人们就说它们具有相同的晶体结构。

拓展阅读——晶胞

在材料科学研究中，为了便于分析晶体中粒子排列，可以从晶体的点阵中取出一个具有代表性的基本单元（通常是最小的平行六面体）作为点阵的组成单元，称为晶胞。晶胞不一定是最小的重复单元，其一般是原胞（一般认为原胞是组成晶体的最小单元）体积的整数倍。

文献中经常出现一些晶体结构的符号表示，比如元素晶体（或单质晶体）常用符号 A_n 表示，二元化合物晶体则用 B_n（AB 型化合物）或 C_n（AB_2 型或 A_2B 型化合物）表示等。为此，在下面晶格实例中按照这些符号进行排序。

三、一些单质和化合物晶体的结构

（一）简立方结构

如图 2-2-7 所示，简立方结构晶体的原胞和晶胞一致，是一个立方体，以顶点相连接的三个边互相垂直，即 $\vec{a} \perp \vec{b}$、$\vec{a} \perp \vec{c}$、$\vec{b} \perp \vec{c}$。原子都分布在立方体的顶角上，三个边的长度一致，$|\vec{a}| = |\vec{b}| = |\vec{c}| = a$，即三个边的晶格常数为 a。总之，简立方结构晶体的三个基矢相等并互相垂直。

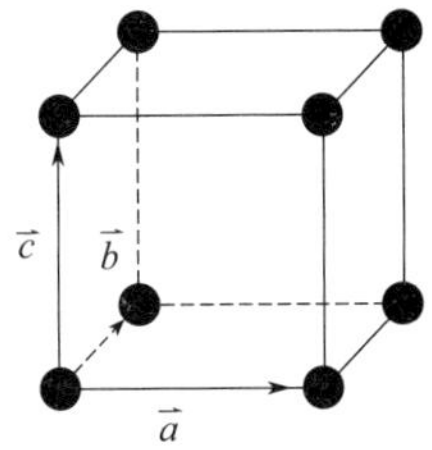

取 $\hat{i}$、$\hat{j}$、$\hat{k}$ 为坐标轴的单位矢量，则晶胞的基矢表达为

$$\vec{a} = a\hat{i} , \vec{b} = a\hat{j} , \vec{c} = a\hat{k} \tag{2-2-2}$$

图 2-2-7 简立方结构晶体的原胞和晶胞

原胞的基矢表达为

$$\begin{cases} \vec{a}_1 = a\,\hat{i} \\ \vec{a}_2 = a\,\hat{j} \\ \vec{a}_3 = a\,\hat{k} \end{cases} \qquad (2\text{-}2\text{-}3)$$

简立方结构每个固体物理学原胞包含 1 个格点，晶胞也只包含 1 个格点；固体物理学原胞的体积与晶胞体积相同，即 $\Omega = a^3$。几乎没有实际元素晶体属于简立方结构，但是一些化合物晶体的布拉维格子是简立方晶格，如氯化铯结构和钙钛矿结构等。

（二）面心立方结构——A₁ 型结构

A₁ 型面心立方（FCC）结构的晶体，晶胞除在立方体的顶角上分布原子外，立方体的六个面的中心也各有一个原子（如图 2-2-8 所示）。从整个晶格来看，每个顶角上的原子对一个晶胞的贡献是 1/8，每个面心上的原子对一个晶胞的贡献是 1/2，所以，每个晶胞包含原子数

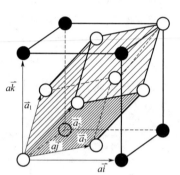

图 2-2-8　面心立方晶格的原胞和晶胞

$$n = 8 \times \frac{1}{8} + 6 \times \frac{1}{2} = 4 \qquad (2\text{-}2\text{-}4)$$

晶胞（单胞）的基矢为：

$$\begin{cases} \vec{a} = a\,\hat{i} \\ \vec{b} = a\,\hat{j} \\ \vec{c} = a\,\hat{k} \end{cases} \qquad (2\text{-}2\text{-}5)$$

原胞的基矢为：

$$\begin{cases} \vec{a}_1 = \dfrac{a}{2}(\hat{j} + \hat{k}) \\[2mm] \vec{a}_2 = \dfrac{a}{2}(\hat{i} + \hat{k}) \\[2mm] \vec{a}_3 = \dfrac{a}{2}(\hat{i} + \hat{j}) \end{cases} \qquad (2\text{-}2\text{-}6)$$

原胞的体积为：

$$\Omega = \vec{a}_1 \cdot (\vec{a}_2 \times \vec{a}_3) = \frac{1}{4}a^3 \qquad (2\text{-}2\text{-}7)$$

每个单胞包含 4 个格点，单胞体积是原胞体积的 4 倍。

属于 A₁ 型面心立方结构（或 Cu 型结构）的单质有近二十种，如金属铜、银、金、铂、铝、镍、钙、锶、钯、铑、铱、铅等。惰性元素在低温下形成的晶体也属于 A₁ 型面心立方结构。

（三）体心立方结构——A_2 型结构

A_2 型体心立方（BCC）结构的晶体，晶胞除在立方体的顶角上分布原子外，立方体的中心也有一个原子（图 2-2-9）。所以，每个晶胞包含 2 个原子。

$$n = 8 \times \frac{1}{8} + 1 = 2 \qquad (2\text{-}2\text{-}8)$$

晶胞（单胞）的基矢和式（2-2-5）一样，原胞的基矢为

$$\begin{cases} \vec{a}_1 = \dfrac{a}{2}(-\hat{i} + \hat{j} + \hat{k}) \\[2mm] \vec{a}_2 = \dfrac{a}{2}(\hat{i} - \hat{j} + \hat{k}) \\[2mm] \vec{a}_3 = \dfrac{a}{2}(\hat{i} + \hat{j} - \hat{k}) \end{cases} \qquad (2\text{-}2\text{-}9)$$

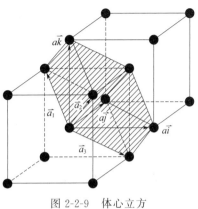

图 2-2-9 体心立方
晶格的原胞和晶胞

原胞的体积为

$$\Omega = \vec{a}_1 \cdot (\vec{a}_2 \times \vec{a}_3) = \frac{1}{2}a^3 \qquad (2\text{-}2\text{-}10)$$

单胞体积是原胞体积的 2 倍。

属 A_2 型体心立方结构的单质有十多种，包括钨、铁、锂、钠、钾、铷、铯、钒、铌、钽、铬、钼等。

（四）六方密堆积结构——A_3 型结构

A_3 型六方密堆积结构，也称六方密排结构（HCP）的晶体，它是由相同原子构成的一种复式晶格，也就是说它由两组简单六角晶格套构而成，基元包含两个原子，如图 2-2-10 所示。

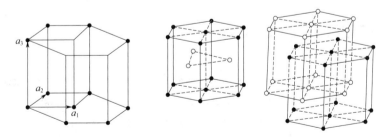

图 2-2-10 六方密堆积晶格的原胞和晶胞

其布拉维晶格是简单六角晶格，因而晶胞和原胞一样，其基矢为

$$\begin{cases} \vec{a} = \vec{a}_1 = a\,\hat{i} \\ \vec{b} = \vec{a}_2 = \dfrac{a}{2}\,\hat{i} + \dfrac{\sqrt{3}\,a}{2}\,\hat{j} \\ \vec{c} = \vec{a}_3 = c\,\hat{k} \end{cases} \qquad (2\text{-}2\text{-}11)$$

其体积为

$$\Omega = \vec{a}_1 \cdot (\vec{a}_2 \times \vec{a}_3) = \frac{\sqrt{3}}{2} a^2 c \qquad (2\text{-}2\text{-}12)$$

基元中两个原子的坐标可表示为（0,0,0）和（2/3,1/3,1/2），属 A_3 型六角密排结构的金属单质有很多，如铍、镁、钴、锌、镉、铊、钪、钇、钛、锆、铪，以及很多镧系元素等。

（五）金刚石结构——A_4 型结构

金刚石结构是由两个面心立方子晶格沿体对角线位移 1/4 的长度套构而成的，其晶胞为面心立方。由面心立方单胞的中心到顶角引 8 条连线，在互不相邻的 4 条连线的中点各加一个原子就得到了金刚石晶格结构。

金刚石结构属面心立方，每个晶胞包含 4 个格点。金刚石结构每个原胞包含 1 个格点，基元由两个碳原子组成，位于（0,0,0）和（1/4,1/4,1/4）处，所以晶胞包含 4 个格点、8 个原子（如图 2-2-11 所示），其原胞的基矢和面心立方原胞基矢相同。属 A_4 型金刚石结构的单质除了金刚石以外，还有硅、锗、灰锡等。

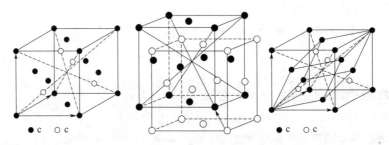

图 2-2-11 金刚石结构的原胞和晶胞

（六）β-钨结构——A-15 结构

β-钨结构由两个 B 原子和六个 A 原子各组成简立方，一个晶胞包含 2 个 B 原子和 6 个 A 原子，如图 2-2-12 所示。

β-钨结构由 8 个子晶格套构而成。在立方晶胞的顶角和体心上是 B 原子，A 原子位于 6 个面上，每个面上有两个原子，都在面的中线上，相对的面上 A 原子的排列互相平行，3 组相对面上 A 原子的排列互相垂直。

A-15 结构代表的化学组成一般为 A_3B 的形式，其中铌、钒等过

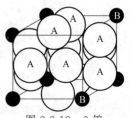

图 2-2-12 β-钨结构的原子堆积

渡元素为 A 组元，第Ⅲ或第Ⅳ主族的元素或其他过渡元素为 B 组元，如钒三硅（V_3Si）、铌三锡（Nb_3Sn）等高温超导材料。

（七）氯化钠结构——B_1型结构

氯化钠结构的晶体，是由不同元素构成的复式晶格，由两个面心立方子晶格沿体对角线位移 1/2 的长度套构而成；Cl^- 和 Na^+ 分别组成面心立方子晶格，氯化钠结构属面心立方，其晶胞为面心立方。氯化钠的原胞选取方法与面心立方简单格子的选取方法相同，每个原胞包含 1 个格点，每个单胞包含 4 个格点。基元由一个 Cl^- 和一个 Na^+ 组成。Na^+ 的坐标为（0，0，0），Cl^- 的坐标为（1/2，1/2，1/2）。氯化钠结构中每一个正（负）离子周围有 6 个最近邻的负（正）离子，其配位数为 6。配位数通常是指晶体中一个原子或离子周围的最近邻原子或离子数目。如图 2-2-13 所示，空心球代表 Na^+，实心球代表 Cl^-。

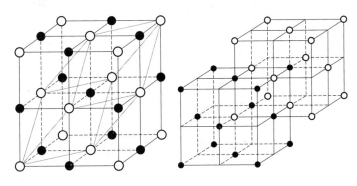

图 2-2-13　氯化钠结构的原胞和晶胞

配位数通常是指晶体中一个原子或离子周围的最近邻原子或离子数目。氯化钠结构或 B_1 型结构的晶体数目很多，数以百计的二元化合物，如卤化物（NaCl，KCl，AgCl）、氧化物（CaO，MnO，FeO）、硫化物（CaS，PbS，EuS）和硒化物（CaSe，EuSe，PbSe）中，许多都是氯化钠结构。

（八）氯化铯结构——B_2型结构

氯化铯（CsCl）结构的晶体，其布拉维格子是简立方结构，所以其晶胞和原胞的取法与简立方结构相同。不过，正离子和负离子分别组成简立方子晶格，其布拉维晶格为简立方，基元由一个坐标为（0，0，0）的正离子 Cs^+ 和一个坐标为（1/2，1/2，1/2）的负离子 Cl^- 组成，配位数为 8。氯化铯结构是由两个简立方子晶格沿体对角线位移 1/2 的长度套构而成的。氯化铯结构的每个原胞包含 1 个格点，每个单胞包含 1 个格点，如图 2-2-14 所示。

属氯化铯（B_2 型）结构的化合物有溴化铯、碘化铯、溴化铊、碘化铊、氯化铵、溴化铵、碘化铵等盐类，还有一大批的金属间化合物，如 AgCd、AgCe、AgMg、AgZn、AuMg、AuZn、CaTl、CdLa、MgLa、MgSr、TlBi 等。

（九）闪锌矿结构——B₃型结构

闪锌矿结构也叫立方硫化锌（ZnS）结构，它的结构和金刚石类似，只是其基元中含有两个不同元素的原子。其结构可看作S原子作立方最密堆积，Zn原子占据一半四面体空隙形成。两个不同元素的原子分别位于（0，0，0）和（1/4，1/4，1/4）处，各自组成面心立方子晶格，两组面心立方子晶格沿体对角线位移1/4的长度套构形成闪锌矿结构，其晶胞为面心立方。原胞的取法与面心立方晶格一样，原胞的基矢由面心立方给出。闪锌矿结构晶胞如图2-2-15所示，其中实心大球是Zn原子，空心小球是S原子。

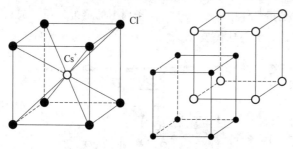

图 2-2-14　氯化铯结构的原胞和晶胞

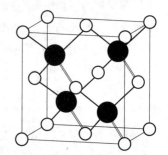

图 2-2-15　闪锌矿结构的晶胞

属于闪锌矿结构（B₃型结构）的化合物有硫化锌、硒化锌、氯化亚铜、溴化亚铜、碘化亚铜、碘化银、碳化硅、氮化硼、磷化硼、磷化铟、硫化镉、硫化铍、砷化镓、锑化镓、锑化铟等。

（十）纤锌矿结构——B₄型结构

纤锌矿结构也叫六方硫化锌（ZnS）结构，它是由两种不同元素的原子分别组成六角密排结构，两组六角密排结构适当错位套构形成的。六方硫化锌原子在晶胞中占据的坐标位置为：S原子，晶胞顶点（0，0，0），晶胞内部（2/3，1/3，1/2）；Zn原子，棱边（0，0，3/8），晶胞内部（2/3，1/3，7/8）。六方硫化锌的晶胞如图2-2-16所示，实心大球是S原子，空心小球是Zn原子。

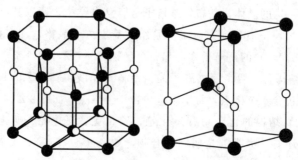

图 2-2-16　六方硫化锌的晶胞

属于纤锌矿结构（六方 ZnS，B4 型结构）的化合物有 Al、Ga、In 的氮化物，铜的卤化物，以及 Zn、Cd、Mn 的硫化物、硒化物。此外，还有氧化铍、碘化银、碳化硅等。与闪锌矿结构中的化合物比较可知，有些化合物兼有 B_3 或 B_4 两种类型的结构，如硫化镉、硫化锌等。

（十一）萤石（C_1 型)和反萤石（C_2 型)结构

萤石的主要成分是氟化钙（CaF_2），所以萤石结构是 AB_2 型离子晶体，晶体属等轴晶系的卤化物矿物；其布拉维格子是面心立方格子，晶胞和原胞的取法与面心立方晶格相同。基元中含有 1 个阳离子 A 和 2 个阴离子 B，其坐标为阳离子 A：(0,0,0)；阴离子 B：(1/4,1/4,1/4)，(3/4,3/4,3/4)，它们各自形成面心立方格子。所以，萤石结构是由 3 套面心立方子晶格套构而成的。阳离子的配位数为 8、阴离子的配位数为 4。萤石结构如图 2-2-17 所示，空心小球是 A 原子，实心大球是 B 原子。

属于萤石（C_1 型）结构的化合物有一些氟化物如 CaF_2、SrF_2、BaF_2、CdF_2、HgF_2、PbF_2；氢化物如 LaH_2、CeH_2、PrH_2、DyH_2、NbH_2；氧化物如 LiO_2、UO_2、NpO_2、CeO_2、PrO_2、ZrO_2、PuO_2、AmO_2；还有一些如 $PtAl_2$、$PtGa_2$、$PtSn_2$、$AuAl_2$ 等。

反萤石结构是 A_2B 型离子晶体，当在萤石型结构中阳离子 A、阴离子 B 位置全部互换，就得到反萤石型结构，它并没有改变结构形式，只是阴、阳离子位置对调了。阴离子按立方紧密方式堆积，阳离子则填充了其中所有的四面体空隙。由于阴、阳离子的这种排列方法恰恰与萤石结构相反，故名为反萤石结构。这种正负离子位置颠倒的结构，称为反同形体；阳离子的配位数为 4、阴离子的配位数为 8。反萤石（C_2 型）结构如图 2-2-18 所示，实心大球是 B 原子，空心小球是 A 原子。

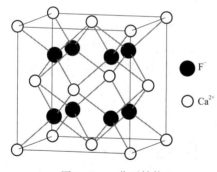

F⁻ (●)
Ca²⁺ (○)

图 2-2-17　萤石结构

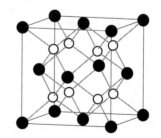

图 2-2-18　反萤石（C_2 型）结构

属于反萤石（C_2 型）结构的化合物有氧化锂、氧化钠、氧化钾和这些金属的硫属化合物，以及 Mg_2Si、Mg_2Ge、Mg_2Sn、Mg_2Pb 等。

（十二）钙钛矿结构——E_{21} 型结构

钙钛矿结构，常写成 ABO_3 的形式。如图 2-2-19 所示。其中 A 代表 2 价或 1 价的金属，B 代表 4 价或 5 价的金属。在立方晶胞的顶角上是 A，体心上是 B，面心上是 3 组 O：O_I、

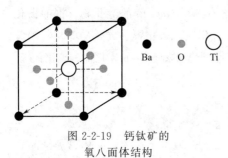

图 2-2-19　钙钛矿的
氧八面体结构

O_{II} 和 O_{III}，它们周围的情况各不相同，所以三组氧不等价。整个晶体是由 A、B、O_{I}、O_{II}、O_{III} 各自组成的简立方布拉维格子（共 5 套）套构而成。基元包含 5 个离子，阳离子 A：$(0,0,0)$；阳离子 B：$(1/2,1/2,1/2)$；3 组 O：$(0,1/2,1/2)$、$(1/2,0,1/2)$ 和 $(1/2,1/2,0)$。

属于钙钛矿（E_{21} 型）结构的物质有 $CaTiO_3$、$SrTiO_3$、$PbTiO_3$、$MnLaO_3$ 等。以钛酸钡为例，钡、钛和 3 个氧各组成简立方子晶格，钛酸钡是由 5 个简立方子晶格套构而成的，一个晶胞包含 1 个钡原子、1 个钛原子和 3 个氧原子。钙钛矿结构常写成 ABO_3 的形式。

四、配位数、致密度和密堆积

（一）配位数、致密度和密堆积的原子球模型解释

1. 配位数

为了直观研究晶格，人们常把格点看成原子球，然后用原子球规则堆积的模型来拟晶格的形成。配位数是指一个原子球周围的最近邻原子球数，此概念首先由阿尔弗雷德·维尔纳在 1893 年提出。对于实际晶体来说，配位数就是指一个原子（离子）周围的最近邻原子（离子）数目。配位数与晶体结构或晶胞类型有关，且决定原子堆积的紧密程度。最高的配位数（面心立方）为 12，存在于六方紧密堆积和立方紧密堆积结构中。氯化铯型结构的配位数是 8，氯化钠型结构的配位数是 6，金刚石型结构的配位数是 4，石墨层状结构的配位数是 3，链状结构的配位数是 2。即配位数可以描述晶体中粒子排列的紧密程度，粒子排列越紧密，配位数就越大。

2. 致密度

一个晶胞中原子所占体积与晶胞体积之比称为致密度（或堆积比率），也叫最大空间利用率。晶格的配位数和堆积比率（致密度）越高，原子构成晶体粒子排列得越紧密。所谓致密度，就是一个晶胞中原子所占体积与晶胞体积之比，也叫最大空间利用率或堆积比率。

如果晶体由完全相同的一种粒子组成，而粒子被看作小圆球，则这些全同的小圆球最紧密的堆积方式，称为密堆积。密堆积按照堆积方式不同分为六角密堆积（HCP）和立方密堆积（FCC）两种。原子球在一个平面内的最紧密的排列方式称为密排面，把密排面叠起来就可以形成三维结构。

3. 六角密堆积

为了堆积最密，上一层的球心必须对准下一层的球隙。第一层：每个球与 6 个球相切，

形成 6 个空隙，设空隙编号为 1、2、3、4、5、6；第二层：占据 1、3、5 空隙中心，或 2、4、6 空隙中心；第三层：在第一层球的正上方形成，也就是说形成…ABABAB…排列方式，由此便构成六角密堆积结构，如图 2-2-20 所示。

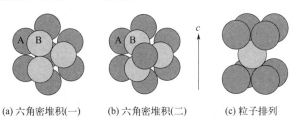

(a) 六角密堆积(一)　　(b) 六角密堆积(二)　　(c) 粒子排列

图 2-2-20　六角密堆积及其粒子排列

六角密堆积是复式晶格，其布拉维晶格是简单六角晶格，有 12 个最近邻，配位数为 12。基元由两个原子组成，一个位于 $(0,0,0)$，另一个原子位于 $(2/3,1/3,1/2)$，其位矢 $\vec{r} = \frac{2}{3}\vec{a} + \frac{1}{3}\vec{b} + \frac{1}{2}\vec{c}$。六角密堆积的晶体结构如图 2-2-21 所示。

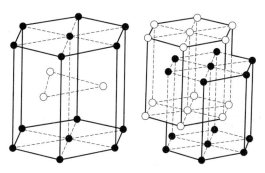

图 2-2-21　六角密堆积的晶体结构

4. 立方密堆积

如果第三层占据 2、4、6 空隙中心或 1、3、5 空隙中心，则形成…ABCABCABC…排列方式，此时对应的是面心立方结构，称为立方密堆积，如图 2-2-22 和图 2-2-23 所示。立方密堆积的密排面是立方体的空间对角面，堆积方向为空间对角线方向。

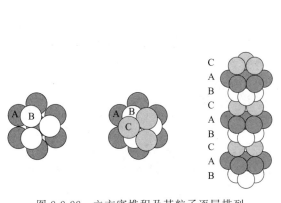

图 2-2-22　立方密堆积及其粒子逐层排列

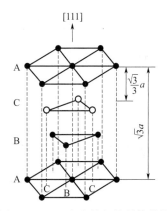

图 2-2-23　立方密堆积的晶体结构

六角密堆积和立方密堆积是自然界中最常见的两种密堆积方式，如图 2-2-24 所示。实际上，重复周期大于 3 层的密堆积方式有无穷多种，一般把重复周期大于 3 层的长重复周期的密堆积方式称为多型性。例如 SiC、PbI_2 和 CdI_2 晶体，可形成多种不同堆积顺序的样品，同种材料可对应多种不同的多型体。这类材料一般有层状结构，层与层之间的结合力远小于层内。

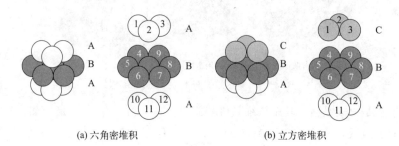

(a) 六角密堆积　　　　　　　　　　(b) 立方密堆积

图 2-2-24　六角密堆积和立方密堆积

显然，不管是六角密堆积（六方密堆积），还是立方密堆积，每个原子周围都有 12 个最近邻，所以配位数为 12。不过，六角密堆积 A 层和 B 层原子的周围环境不同，形成的三角形取向相差 180°，所以六角密堆积是复式晶格，而立方密堆积每个原子周围环境相同，是简单晶格。

（二）原子球模型下几种简单结构的配位数和致密度

1. 简单立方（SC）结构

一些简单结构的致密度是比较容易计算的。在原子球模型下（认为球和球都是相切的）的 SC 结构中，配位数为 6，晶胞只含 1 个原子球，球半径为 $a/2$，则致密度为

$$\rho_{sc} = 1 \times \frac{4}{3}\pi \left(\frac{a}{2}\right)^3 / a^3 = \frac{\pi}{6} \approx 0.52 \tag{2-2-13}$$

2. 体心立方（BCC）结构

配位数为 8，晶胞含 2 个原子球，球半径为立方体空间对角线的 $1/4$，则致密度为

$$\rho_{bcc} = 2 \times \frac{4}{3}\pi \left(\frac{\sqrt{3}\,a}{4}\right)^3 / a^3 = \frac{\sqrt{3}\,\pi}{8} \approx 0.68 \tag{2-2-14}$$

3. 面心立方（FCC）结构

配位数为 12，晶胞含 4 个原子球，球半径为立方体表面对角线的 $1/4$，则致密度为

$$\rho_{fcc} = 4 \times \frac{4}{3}\pi \left(\frac{\sqrt{2}\,a}{4}\right)^3 / a^3 = \frac{\sqrt{2}\,\pi}{6} \approx 0.74 \tag{2-2-15}$$

4. 密排六方（HCP）结构

配位数为 12，基元含 2 个原子球，球半径为 $a/2$。利用原胞的体积，基元含 2 个原子球，球半径为 $a/2$，致密度为

$$\rho_{\text{hcp}} = 2 \times \frac{4}{3}\pi \left(\frac{a}{2}\right)^3 / \frac{\sqrt{3}}{2}a^2 c = \frac{\sqrt{2}\pi}{6} \approx 0.74 \tag{2-2-16}$$

可见，FCC 结构和 HCP 结构的配位数和致密度是一样的。

5. 金刚石结构

金刚石结构如图 2-2-25 所示，顶角上的原子和体对角线 1/4 处的原子不等价（共价键的空间取向不同），它们各自组成 FCC 结构。所以，每个晶胞包含 4 个基元、8 个原子，每个原子有 4 个最近邻，形成正四面体配置。配位数为 4。由顶角上的原子和体对角线 1/4 处的原子之间的距离可知，球半径为立方体空间对角线的 1/8，致密度为

$$\rho_{\text{DIA}} = 8 \times \frac{4}{3}\pi \left(\frac{\sqrt{3}a}{8}\right)^3 / a^3 = \frac{\sqrt{3}\pi}{16} \approx 0.34 \tag{2-2-17}$$

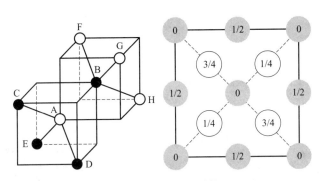

图 2-2-25　金刚石结构

以上计算都是元素晶体的类型，对于化合物晶体，原子球半径不再是一种规格，由球半径之间的比例关系可以确定其可能的晶体结构。下面以氯化铯型和氯化钠型两种结构为例，讨论它们的球半径之比。

（三）化合物晶体中球半径之比与结构

1. 氯化铯型结构

取大球中心为立方体的顶角，小球位于立方体的中心。显然当大、小球都相切时结构最稳定。设大小球半径分别为 R 和 r，且晶格常量为 a，当大小球相切时排列最紧密，结构最稳定。氯化铯大球（铯原子）和小球（氯原子）相切如图 2-2-26 所示。此时，满足如下关系：

$$\begin{cases} 2R = a \\ \sqrt{3}\,a = 2(R + r) \end{cases} \tag{2-2-18}$$

从而可得大球、小球半径之间的关系

$$r = (\sqrt{3} - 1)R = 0.732R \tag{2-2-19}$$

当

$$0.732 \leqslant \frac{r}{R} < 1 \tag{2-2-20}$$

氯化铯型结构的配位数为 8。

2. 氯化钠型结构

氯化钠大小球相切如图 2-2-27 所示，空心球是氯原子，实心球是钠原子。设大小球半径分别为 R 和 r，且晶格常量为 a，当大小球恰能相切时，有

$$2(R + r)^2 = (2R)^2 \tag{2-2-21}$$

从而

$$\frac{r}{R} = \sqrt{2} - 1 = 0.41 \tag{2-2-22}$$

当 $0.41 \leqslant \frac{r}{R} < 0.732$ 时，为配位数为 6 的氯化钠型结构；当 $0.732 \leqslant \frac{r}{R} < 1$ 时，为配位数为 8 的氯化铯型结构。

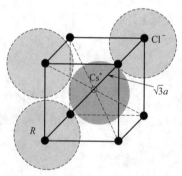

图 2-2-26　氯化铯大小球相切

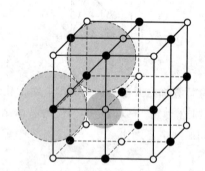

图 2-2-27　氯化钠大小球相切

五、晶列、晶面和它们的表征

在实际应用中，人们经常要对材料的物理性质进行表征，比如要加一定的电场或磁场，测量它们的电导率或剩余磁化强度等。人们发现，当沿不同方向测量时，得到的结果差别很大。因此，有必要对晶体的取向加以描述，这就是引入晶向、晶面的意义。

（一）晶列、晶向及其表征

在布拉维格子中，所有格点都是等价的，这些格点可看成分布在一系列相互平行等距的直线族上，那么这些直线族就称为晶列（如图 2-2-28 所示）。每一个晶列定义了一个方向，称为晶向。从一个原子沿晶向到最近的原子的格矢为

$$\vec{R}_l = l_1\vec{a}_2 + l_2\vec{a}_2 + l_3\vec{a}_3 \tag{2-2-23}$$

可用 l_1、l_2、l_3 来表示该晶列所对应的晶向，记为 $[l_1 l_2 l_3]$，称为晶向指数。由于式（2-2-22）是该晶向上的最近邻格矢，即该晶向的最短平移矢量，则 l_1、l_2、l_3 一定是互质的整数。考虑到 l_1、l_2、l_3 可以是正整数，也可以是负整数，则对于负整数的情形，按照惯例，用阿拉伯数字头顶上加一横表示。如 $\vec{a}_1$ 轴向，记为 $[100]$。$[1\bar{2}1]$ 表示 $l_1 = 1$、$l_2 = -2$、$l_3 = 1$。晶向指数一定要用方括号表示 $[\quad]$，且是一组互质的整数，如果式（2-2-23）表示的不是最近邻，而是任意格矢，则 l_1、l_2、l_3 不一定是互质的整数，此时需要把它们化成互质的整数。

对于用晶胞的基矢 $\vec{a}$、$\vec{b}$、$\vec{c}$ 表示的格矢量，晶向指数的定义和表示是类似的。此外，由于晶格的对称性，一些晶向不表现出各向异性的关系，比如在立方体中，沿立方边的晶列一共有 6 个不同的晶向，分别为 $[100]$、$[\bar{1}00]$、$[010]$、$[0\bar{1}0]$、$[001]$ 和 $[00\bar{1}]$。由于晶格的对称性，这 6 个晶向等价，晶体在这些方向上的性质是完全相同的，称为等效晶向。固体中常用 $<100>$ 来表示这六个等价的方向。同理 $<110>$ 代表 12 个等效的面对角线晶向，即 $[110]$、$[101]$、$[011]$、$[\bar{1}10]$、$[\bar{1}0\bar{1}]$、$[0\bar{1}\bar{1}]$、$[\bar{1}10]$、$[\bar{1}01]$、$[0\bar{1}1]$、$[\bar{1}01]$、$[0\bar{1}\bar{1}]$ 和 $[\bar{1}\bar{1}0]$；$<111>$ 代表 8 个等效的体对角线晶向，分别为 $[111]$、$[\bar{1}\bar{1}\bar{1}]$、$[\bar{1}11]$、$[11\bar{1}]$、$[\bar{1}1\bar{1}]$、$[1\bar{1}\bar{1}]$、$[\bar{1}\bar{1}1]$ 和 $[1\bar{1}1]$。体对角线晶向如图 2-2-29 所示。

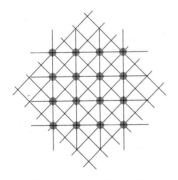

图 2-2-28　晶列、晶向

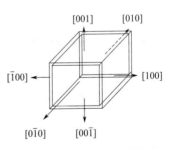

图 2-2-29　体对角线晶向

从晶列上一个格点沿晶向到任一格点的位矢 $\vec{R} = m'\vec{a} + n'\vec{b} + p'\vec{c}$；$\vec{a}$、$\vec{b}$、$\vec{c}$ 为晶胞的基矢。其中 m'、n'、p' 为有理数，将其化为互质的整数 m、n、p，记为 $[mnp]$，这就是该晶向的晶向指数。

【例题 1】　如图 2-2-30 所示立方体中 $\vec{a} = \vec{i}$，$\vec{b} = \vec{j}$，$\vec{c} = \vec{k}$，D 是 BC 的中点，求 BE、AD 的晶向指数。

解：$\overrightarrow{OB} = \vec{i}$　$\overrightarrow{OE} = \vec{i} + \vec{j} + \vec{k}$　$\overrightarrow{BE} = \overrightarrow{OE} - \overrightarrow{OB} = \vec{j} + \vec{k}$；

晶向 BE 的晶向指数为：$[011]$

$$\vec{OA} = \vec{k}, \quad \vec{OD} = \vec{i} + \frac{1}{2}\vec{j},$$

$$\vec{AD} = \vec{OD} - \vec{OA} = \vec{i} + \frac{1}{2}\vec{j} - \vec{k}$$

AD 的晶向指数为：$[21\bar{2}]$。

注意：

① 晶列指数一定是一组互质的整数。

② 晶列指数用方括号表示 [　]。

③ 遇到负数在该数上方加一横线。

④ 等效晶向。

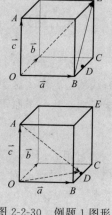

图 2-2-30　例题 1 图形

（二）晶面及其表征

布拉维格子的格点还可以看成是分布在一系列平行等距的平面族上，这样的平面称为一族晶面。一族晶面中的任何一个晶面上，应有无穷多个格点，而一族晶面应包括点阵中所有的格点，且晶面上格点分布具有周期性。

数学上为了描述一个平面的方位，通常在一个选定的坐标系中给出该平面的法线的方向余弦，或给出该平面在三个坐标轴上的截距。所以为了表征晶面，通常选择一个格点为原点，以三个基矢为坐标轴（这三个轴不一定互相垂直），以基矢的长度为各自方向上的天然长度单位，建立坐标系。

显然，晶面的表征与选取的坐标系有关。同一族晶面，不同坐标系中的指数往往并不相同。为此，固体物理中晶面的表征存在两种方法——原胞基矢法和晶胞基矢法。

1. 原胞基矢法——晶面指数

以原胞的三个基矢 $\vec{a}_1$、$\vec{a}_2$、$\vec{a}_3$ 为坐标轴，以它们的大小 a_1、a_2、a_3 为天然长度单位建立坐标系，并由此所确定的晶面的指数，称为晶面指数，记为 $(h_1h_2h_3)$。晶面指数实质上反映了晶面法线在点阵中的取向，亦即晶面上结点的分布特征。

2. 晶胞基矢法——米勒指数

以晶胞基矢 $\vec{a}$、$\vec{b}$、$\vec{c}$ 为坐标轴，以它们的大小 a、b、c 为天然长度单位建立坐标系，并由此所确定的晶面的指数，称为米勒指数，用 (hkl) 表示。米勒指数是一种用来描述某一种晶格点阵（布拉维格子）中某一晶面族的数组。

3. 晶面指数的确定方法

下面以原胞的三个基矢 $\vec{a}_1$、$\vec{a}_2$、$\vec{a}_3$ 为坐标轴，以它们的大小 a_1、a_2、a_3 为天然长度单位建立坐标系，看一下晶面指数是如何确立的。晶面指数的确定示意图如图 2-2-31 所示。

如图 2-2-31 所示，取一格点为原点，原胞的三个基矢 $\vec{a}_1$、$\vec{a}_2$、$\vec{a}_3$ 为坐标系的三个轴。设某一晶面与三个坐标轴分别交于 A_1、A_2、A_3。晶面的法线 ON 交晶面 $A_1A_2A_3$ 于 N，ON 的长度为 μd，d 为该晶面族相邻晶面间的距离，μ 为整数。

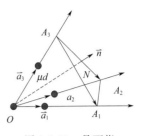

图 2-2-31　晶面指数的确定

该晶面法线方向的单位矢量用 $\hat{n}$ 表示，则晶面 $A_1A_2A_3$ 的方程为

$$\vec{X} \cdot \hat{n} = \mu d \qquad (2\text{-}2\text{-}24)$$

晶面方程式（2-2-24）中，$\vec{X}$ 为晶面 $A_1A_2A_3$ 上的任意格矢。设该晶面与三个坐标轴的截距为 $\overrightarrow{OA_1} = r\,\vec{a}_1$，$\overrightarrow{OA_2} = s\,\vec{a}_2$，$\overrightarrow{OA_3} = t\,\vec{a}_3$，它们在晶面上应满足晶面方程：

$$\begin{cases} ra_1\cos(\vec{a}_1,\hat{n}) = \mu d \\ sa_2\cos(\vec{a}_2,\hat{n}) = \mu d \\ ta_3\cos(\vec{a}_3,\hat{n}) = \mu d \end{cases} \Rightarrow \begin{cases} r\,\vec{a}_1 \cdot \hat{n} = \mu d \\ s\,\vec{a}_2 \cdot \hat{n} = \mu d \\ t\,\vec{a}_3 \cdot \hat{n} = \mu d \end{cases} \qquad (2\text{-}2\text{-}25)$$

取 a_1、a_2、a_3 为天然长度单位，可得

$$\cos(\vec{a}_1,\hat{n}):\cos(\vec{a}_2,\hat{n}):\cos(\vec{a}_3,\hat{n}) = \frac{1}{r}:\frac{1}{s}:\frac{1}{t} \qquad (2\text{-}2\text{-}26)$$

即晶面的法线方向与三个坐标轴（基矢）的夹角的余弦之比，等于晶面在三个轴上的截距 r、s、t 的倒数之比。说明用方向余弦和截距去标志晶面是等价的。通常可用晶面在三个坐标轴上截距的倒数去表征晶面。根据阿羽依的晶面有理数定理，以 a_1、a_2、a_3 为天然长度单位表征的晶面的截距 r、s、t 必是一组有理数。

4. 阿羽依的晶面有理指数定律的证明

考虑到所有格点都包容在同一族晶面上，因此给定晶面族中必有一个晶面通过坐标系的原点。在基矢 $\vec{a}_1$、$\vec{a}_2$、$\vec{a}_3$ 末端上的格点也一定落在该晶面族的三个晶面上，特殊情况下可以是两个或一个。由于同一晶面族中的晶面平行且相邻晶面间距相等，故在原点与基矢的末端间一定只有整数个晶面。

设基矢 $\vec{a}_1$、$\vec{a}_2$、$\vec{a}_3$ 末端的三个晶面分别对应从原点算起的第 h_1、h_2、h_3 个晶面，则 $\vec{a}_1$、$\vec{a}_2$、$\vec{a}_3$ 的末端上的格点分别在离原点距离 h_1d、h_2d、h_3d 的晶面上，这里的 h_1、h_2、h_3 为整数。

根据上述假定和分析，可得

$$\begin{cases} \vec{a}_1 \cdot \hat{n} = h_1 d \\ \vec{a}_2 \cdot \hat{n} = h_2 d \\ \vec{a}_3 \cdot \hat{n} = h_3 d \end{cases} \Rightarrow \begin{cases} a_1\cos(\vec{a}_1,\hat{n}) = h_1 d \\ a_2\cos(\vec{a}_2,\hat{n}) = h_2 d \\ a_3\cos(\vec{a}_3,\hat{n}) = h_3 d \end{cases} \qquad (2\text{-}2\text{-}27)$$

以 a_1、a_2、a_3 为天然长度单位，则得

$$\cos(\vec{a}_1,\hat{n}):\cos(\vec{a}_2,\hat{n}):\cos(\vec{a}_3,\hat{n}) = h_1:h_2:h_3 \qquad (2\text{-}2\text{-}28)$$

所以，晶面的法线与三个基矢的夹角余弦之比等于三个整数之比。

又有
$$\cos(\vec{a}_1, \hat{n}):\cos(\vec{a}_2, \hat{n}):\cos(\vec{a}_3, \hat{n})=\frac{1}{r}:\frac{1}{s}:\frac{1}{t} \qquad (2\text{-}2\text{-}29)$$

所以
$$h_1:h_2:h_3=\frac{1}{r}:\frac{1}{s}:\frac{1}{t} \qquad (2\text{-}2\text{-}30)$$

从而
$$r:s:t=\frac{1}{h_1}:\frac{1}{h_2}:\frac{1}{h_3}=\frac{\mu}{h_1}:\frac{\mu}{h_2}:\frac{\mu}{h_3} \qquad (2\text{-}2\text{-}31)$$

表明 r、s、t 可以表示为两个整数之比，所以 r、s、t 必为一组有理数。晶体中任一晶面，在基矢天然坐标系中的截距必是有理数，这就是阿羽依的晶面有理指数定律。

从式（2-2-31）可以看出，$1/h_1$、$1/h_2$、$1/h_3$ 相当于 $A_1A_2A_3$ 晶面族中从原点算起的第一个晶面（$\mu=1$）的截距。由于晶面指数可用三个坐标轴上截距的倒数去表征，所以晶面指数可以表示为 $(h_1h_2h_3)$，h_1、h_2、h_3 一定是互质的整数。

5. h_1、h_2、h_3 一定是互质整数的证明

设 $\mu=1$ 的晶面上某格点的格矢为

$$\vec{R}_l=l_1\vec{a}_1+l_2\vec{a}_2+l_3\vec{a}_3 \qquad (2\text{-}2\text{-}32)$$

l_1、l_2、l_3 为整数；根据晶面方程，以 a_1、a_2、a_3 为天然长度单位，有

$$l_1\cos(\vec{a}_1, \hat{n})+l_2\cos(\vec{a}_2, \hat{n})+l_3\cos(\vec{a}_3, \hat{n})=d \qquad (2\text{-}2\text{-}33)$$

此外，由于

$$\begin{cases} a_1\cos(\vec{a}_1, \hat{n})=h_1d \\ a_2\cos(\vec{a}_2, \hat{n})=h_2d \\ a_3\cos(\vec{a}_3, \hat{n})=h_3d \end{cases} \qquad (2\text{-}2\text{-}34)$$

以 a_1、a_2、a_3 为天然长度单位，有

$$\begin{cases} \cos(\vec{a}_1, \hat{n})=h_1d \\ \cos(\vec{a}_2, \hat{n})=h_2d \\ \cos(\vec{a}_3, \hat{n})=h_3d \end{cases} \qquad (2\text{-}2\text{-}35)$$

所以有

$$h_1l_1+h_2l_2+h_3l_3=1 \qquad (2\text{-}2\text{-}36)$$

假设 h_1、h_2、h_3 不是互质的整数，则有公因子 m 存在，且 $m>1$ 为整数。则可令 $h_1=mh'_1$，$h_2=mh'_2$，$h_3=mh'_3$，h_1、h_2、h_3 为互质整数。从而有

$$m(h'_1l_1+h'_2l_2+h'_3l_3)=1 \qquad (2\text{-}2\text{-}37)$$

由于式（2-2-37）中括号内为非零整数，因此 m 不能取大于1的整数，亦即假设不成立，从而 h_1、h_2、h_3 必为互质整数。

从上面的讨论中可知：晶面指数 $(h_1h_2h_3)$ 代表基矢 $\vec{a}_1$、$\vec{a}_2$、$\vec{a}_3$ 被平行的晶面等间距地分割成 h_1、h_2、h_3 等份；晶面指数 $(h_1h_2h_3)$ 代表以基矢 $\vec{a}_1$、$\vec{a}_2$、$\vec{a}_3$ 为各轴的长度单位所求得

的晶面在坐标轴上的截距倒数的互质比；晶面指数 $(h_1h_2h_3)$ 代表晶面的法线与基矢夹角的方向余弦的比值。

为了求得晶面指数，首先找出任一晶面在三个基矢坐标轴上以天然长度单位量度的截距，求这些截距的倒数，把它们化为三个互质整数 h_1、h_2、h_3 用圆括号表示出来，记为 $(h_1h_2h_3)$，这就是晶面指数。

对于负整数的情形，也是在对应的阿拉伯数字头顶上加一横表示。如果晶面和某一基矢平行，其截距为∞，则相应的指数取为零。由于对称性而等价的晶面，称为等效晶面（如图 2-2-32 所示），用花括号 $\{h_1h_2h_3\}$ 来表示。

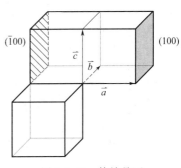

图 2-2-32　等效晶面

如立方晶系 $\{100\}$ 表示 6 个等价的晶面：(100)、(010)、(001)、$(\overline{1}00)$、$(0\overline{1}0)$、$(00\overline{1})$。对于符号相反的晶面，如 (100)、$(\overline{1}00)$，实际上代表的是同一晶面系（平行）。不过，在区分晶体外表时，负号表示的晶面还是有意义的。

米勒指数的求法与此类似，不再讨论。需要说明的是：

① 同一族晶面的晶面指数 $(h_1h_2h_3)$ 和米勒指数 (hkl) 可能是不同的。

② 由于晶胞的体心和面心也有格点，所以由米勒指数所确定的晶面族可能会遗漏部分晶面。

③ 互质的晶面指数 $(h_1h_2h_3)$ 一定代表最靠近原点的晶面，而互质的米勒指数 (hkl) 则不一定代表该族晶面中最靠近原点的那个晶面。例如 fcc 格子中米勒指数为 (100) 的晶面族中最靠近原点的那个晶面是 (200)。

6. 确定米勒指数 (hkl) 的几个例子

【例题 2】　如图 2-2-33 所示，$A\perp B\perp C$，I 和 H 分别为 BC、EF 之中点，试求晶面 AEG、$ABCD$、$DIHG$ 的米勒指数。

晶面在三个坐标轴上的截距见表 2-2-1。

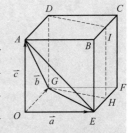

图 2-2-33　例题 2 图形

表 2-2-1　晶面在三个坐标轴上的截距

项目		AEG	$ABCD$	$DIHG$
在三个坐标轴上的截距	h'	1	∞	2
	k'	1	∞	1
	l'	1	1	∞
$h:k:l=\dfrac{1}{h'}:\dfrac{1}{k'}:\dfrac{1}{l'}$		$1:1:1$	$\dfrac{1}{\infty}:\dfrac{1}{\infty}:\dfrac{1}{1}$	$\dfrac{1}{2}:\dfrac{1}{1}:\dfrac{1}{\infty}$
(hkl)		(111)	(001)	(120)

AEG、$ABCD$、$DIHG$ 的米勒指数分别是 (111)、(001)、(120)。

【例题 3】 如图 2-2-34 所示，在立方晶系中画出（210）、（1$\bar{2}$1）晶面。

晶面在三个坐标轴上的截距见表 2-2-2。

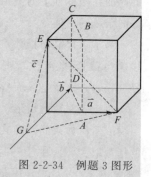

表 2-2-2　晶面在三个坐标轴上的截距

晶面	$\vec{a}$	$\vec{b}$	$\vec{c}$
（210）	$\dfrac{1}{2}$	1	∞
（1$\bar{2}$1）	1	$-\dfrac{1}{2}$	1

图 2-2-34　例题 3 图形

米勒指数是（210）的晶面是 $ABCD$ 面；米勒指数是（1$\bar{2}$1）的晶面是 EFG 面。

7. HCP 结构的一种常用的晶面标记方法

如图 2-2-35 所示，用 3 个 $x-y$ 面内的最短格矢 [100]、[010]、[$\bar{1}$10] 和 z 方向的格矢 [001] 来定义新的晶面指数 $(uvwz)$，其中 u、v、w 不完全独立，$u+v=-w$，所以，有时写为 (u, v, z)。

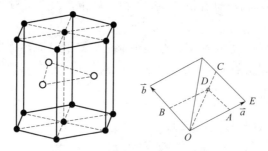

图 2-2-35　六角密积中原子坐标计算

六角密积中原子坐标的说明：基元由两个原子组成，一个位于 $(0,0,0)$，另一个原子位于 $(\dfrac{2}{3}, \dfrac{1}{3}, \dfrac{1}{2})$，即

$$\vec{r} = \frac{2}{3}\vec{a} + \frac{1}{3}\vec{b} + \frac{1}{2}\vec{c} \tag{2-2-38}$$

如图 2-2-35 所示，点 D 为 $c/2$ 格点处的投影，位于等边三角形的重心。

$$\frac{OA}{OE} = \frac{OD}{OC} = \frac{AD}{EC} \tag{2-2-39}$$

$$\frac{OA}{a} = \frac{2OC/3}{OC} = \frac{AD}{a/2} \Rightarrow OA = \frac{2}{3}a, AD = \frac{1}{3}a \tag{2-2-40}$$

对于六方密堆积结构，其晶面标记方法如图 2-2-36 所示。

总之，六方密堆积和立方密堆积是原子的排列方式，也是晶体结构中的点阵形式（如图 2-2-37 所示）。其中，六方密堆积是有对称性的一种金属晶体的堆积方式属于六方密堆积结构，配位数是 12。

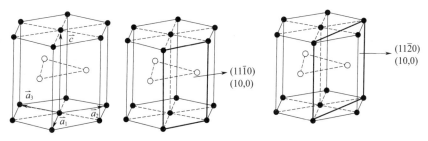

图 2-2-36   HCP 结构晶面标记方法

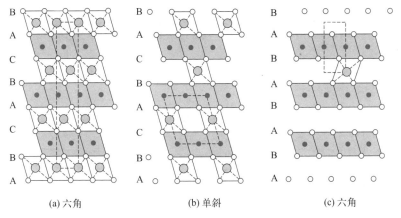

(a) 六角   (b) 单斜   (c) 六角

图 2-2-37   六角密堆积和立方密堆积

习题

（1）固体物理学原胞（原胞）与布拉维原胞（晶胞、结晶学原胞）的区别是什么？

（2）指出下列晶体的晶格是简单晶格还是复式晶格，并写出其布拉维格子的类型：晶体铜、单晶硅、氯化钠、氯化铯、金属钠、砷化镓。

（3）画出二维石墨平面的结构示意图，并标出基元和原胞，指出原胞中包含多少个原子。

（4）什么是晶面指数？什么是米勒指数？对于面心立方晶格，如果取晶胞的三边为基矢，某一族晶面的米勒指数为 (hkl)，如果取原胞的三边为基矢，那么该族晶面的面指数是多少？

（5）六角密堆积结构属于何种晶系？各类晶体的配位数是多少？

（6）试证明体心立方格子和面心立方格子互为正倒格子。

（7）试计算 SC、BCC、FCC 和金刚石结构元素晶体的配位数、密堆积时的原子半径、晶胞中的原子数目和堆积密度。

（8）对金刚石结构，说明金刚石结构是一个复式格子，由两个面心立方的布拉维格子沿其空间对角线位移 1/4 长度套构而成；计算金刚石结构的四面体键角。

（9）证明点阵平面上的阵点密度为 d/V_c，其中 V_c 是原胞的体积，d 是该点阵平面所属的平面族中相邻两个平面的面间距，并由此分析指出体心立方和面心立方结构中格点最密的面。

（10）证明二维布拉维格子的 W-S 原胞只能是矩形或六角形。

（11）计算晶格常数为 a、b、c 的晶体中，密勒指数为 $(h_1k_1l_1)$ 和 $(h_2k_2l_2)$ 的两个晶面之间的夹角 β；计算一个晶向 $R = ua + vb + wc$ 与密勒指数为 (hkl) 的晶面之间的夹角 γ。

（12）计算简单立方、体心立方、面心立方晶格的致密度。

（13）在简单立方中标出晶向指数 [311]。

（14）带轴为 [001] 的晶带各晶面，其面指数有何特点？

第三节　晶体的对称性和分类

一、晶体的宏观对称性和宏观对称操作

（一）概念解释

1. 对称性

物体的性质在不同方向或位置上有规律地重复出现的现象称为对称性。对称性的本质是指系统中的一些要素是等价的，它可使复杂物理现象的描述变得简单、明了；对称性越高的系统，需要独立表征的系统要素就越少，因而描述起来就越简单，且能大大简化某些计算工作量。

2. 宏观对称性

晶体外形上（宏观上）的规律性，突出地表现在晶面的对称排列，从而显示出晶体有规律的外形。例如，把立方体的岩盐晶体绕其中心每转动 90° 后，晶体自身重合；又如，六面柱体的石英晶体，绕其轴每转 60° 后，晶体亦自身重合。在一定的几何操作下，晶体保持不变的特性称为晶体的宏观对称性。

换句话说，晶体的宏观对称性就是晶体外形所包围的点阵结构的对称性，来源于点阵结构的对称性；相应的宏观对称操作是一种非平移对称操作。这种对称性不仅表现在晶体的几何外形上，而且反映在晶体的宏观物理性质中。

3. 对称操作

若一个空间图形经过一空间操作（线性变换），其性质复原，即操作前后晶体保持自身重合的操作，则称此空间操作为对称操作。由于晶体的宏观对称操作不包含平移，所以宏观对称操作时，晶体至少保持有一个点不动，相应的对称操作又称为点对称操作。由于对称操作前后图形中任意两点间的距离保持不变，因此此线性变换为正交变换。

4. 对称元素

描述晶体对称性的方法，就是列举出使它自身重合的所有对称操作，进行对称操作所依据的几何元素称为对称素。晶体借以进行对称操作的轴、平面或点，称为对称元素（简称对称素）。操作要素包括：点，即对称中心；线，即对称轴；面，即对称面。

5. 晶体的对称性

本节要讨论的主要是晶体（晶格或点阵）的对称性。晶体的对称性可以从晶体外形的规则性上反映出来，如 BCC、FCC 结构的立方晶体，绕晶胞的任一基矢轴旋转 $\pi/2$ 或 $\pi/2$ 的整数倍的操作，都能使晶体的外形保持不变，这就是晶体的对称性。晶体有四种对称要素：旋转、中心反演、镜像、旋转反演。

（二）对称操作的变换矩阵

从数学角度来看，晶体的点对称操作实质上是对晶体进行一定的几何变换，它使得晶体中的某一点

$$\vec{r}(x,y,z) \rightarrow \vec{r}'(x',y',z') = \boldsymbol{A}\vec{r}(x,y,z) \tag{2-3-1}$$

写成矩阵形式，则有

$$\begin{pmatrix} x \\ y \\ z \end{pmatrix} \rightarrow \begin{pmatrix} x' \\ y' \\ z' \end{pmatrix} = \begin{pmatrix} a_{11} & a_{12} & a_{13} \\ a_{21} & a_{22} & a_{23} \\ a_{31} & a_{32} & a_{33} \end{pmatrix} \begin{pmatrix} x \\ y \\ z \end{pmatrix} \tag{2-3-2}$$

其中

$$r = \begin{pmatrix} x \\ y \\ z \end{pmatrix}, r' = \begin{pmatrix} x' \\ y' \\ z' \end{pmatrix}, \boldsymbol{A} = \begin{pmatrix} a_{11} & a_{12} & a_{13} \\ a_{21} & a_{22} & a_{23} \\ a_{31} & a_{32} & a_{33} \end{pmatrix} \tag{2-3-3}$$

$\boldsymbol{A}$ 为变换矩阵，由于点对称操作不改变两点间的距离，因此易证 $\boldsymbol{A}$ 是一个正交矩阵，亦即满足

$$\boldsymbol{A}^{\mathrm{T}}\boldsymbol{A} = \boldsymbol{E} \tag{2-3-4}$$

由于点对称操作时两点间的距离不变，即

$$x^2 + y^2 + z^2 = x'^2 + y'^2 + z'^2 \tag{2-3-5}$$

用矩阵表示即

$$\vec{r}^{\mathrm{T}}\vec{r} = \vec{r}'^{\mathrm{T}}\vec{r}'$$

因为 $\qquad \vec{r}'(x',y',z') = \boldsymbol{A}\vec{r}(x,y,z) \tag{2-3-6}$

所以 $\qquad \vec{r}^{\mathrm{T}}\vec{r} = \vec{r}'^{\mathrm{T}}\vec{r}' = (\boldsymbol{A}\vec{r})^{\mathrm{T}}(\boldsymbol{A}\vec{r}) = \vec{r}^{\mathrm{T}}\boldsymbol{A}^{\mathrm{T}}\boldsymbol{A}\vec{r}$

得证：上面公式中，$\vec{E}$ 为单位矩阵。

以上证明显示，如果晶体在某正交变换下不变，就称这个正交变换是晶体的一个点对称操作。三维晶体的点对称操作通常可以表示为绕某一轴的旋转、对某中心的反演和它们的组合。以下为这些对称操作对应的变换矩阵 $\boldsymbol{A}$ 的具体形式。

1. 绕某一轴的旋转

比如，绕 x 轴的旋转，设转角为 θ，则有

$$\begin{cases} x' = x \\ y' = y\cos\theta - z\sin\theta \\ z' = y\sin\theta + z\cos\theta \end{cases} \Rightarrow \begin{pmatrix} x' \\ y' \\ z' \end{pmatrix} = \begin{pmatrix} 1 & 0 & 0 \\ 0 & \cos\theta & -\sin\theta \\ 0 & \sin\theta & \cos\theta \end{pmatrix} \begin{pmatrix} x \\ y \\ z \end{pmatrix} \tag{2-3-7}$$

则绕 x 轴旋转的变换矩阵为

$$\boldsymbol{A}_x = \begin{pmatrix} 1 & 0 & 0 \\ 0 & \cos\theta & -\sin\theta \\ 0 & \sin\theta & \cos\theta \end{pmatrix} \tag{2-3-8}$$

同理可得绕 y 轴和绕 z 轴的变换矩阵为

$$\boldsymbol{A}_y = \begin{pmatrix} \cos\theta & 0 & \sin\theta \\ 0 & 1 & 0 \\ -\sin\theta & 0 & \cos\theta \end{pmatrix}, \boldsymbol{A}_z = \begin{pmatrix} \cos\theta & -\sin\theta & 0 \\ \sin\theta & \cos\theta & 0 \\ 0 & 0 & 1 \end{pmatrix} \tag{2-3-9}$$

且矩阵行列式均为

$$| \boldsymbol{A} | = 1$$

2. 中心反演

如果晶体有对称中心，则中心反演也是对称操作。对原点的反演使得 $(x,y,z) \rightarrow (-x, -y, -z)$，即

$$\begin{cases} x' = -x \\ y' = -y \\ z' = -z \end{cases} \tag{2-3-10}$$

其矩阵形式为

$$\begin{pmatrix} x' \\ y' \\ z' \end{pmatrix} = \begin{pmatrix} -1 & 0 & 0 \\ 0 & -1 & 0 \\ 0 & 0 & -1 \end{pmatrix} \begin{pmatrix} x \\ y \\ z \end{pmatrix} \tag{2-3-11}$$

所以，变换矩阵为

$$\boldsymbol{A} = \begin{pmatrix} -1 & 0 & 0 \\ 0 & -1 & 0 \\ 0 & 0 & -1 \end{pmatrix} \tag{2-3-12}$$

且矩阵行列式为

$$|A| = -1$$

3. 镜面反映

一个镜面反映对称操作意味着将点阵对应于某一个面进行反射，点阵保持不变。这表明一系列格点对应于这个反射面的位置是等价的，点阵具有镜面反射对称性。如以 xy 面为镜面，则 $(x,y,z) \rightarrow (-x,-y,-z)$；即

$$\begin{cases} x' = x \\ y' = y \\ z' = -z \end{cases} \tag{2-3-13}$$

用矩阵形式表示，则有

$$\begin{pmatrix} x' \\ y' \\ z' \end{pmatrix} = \begin{pmatrix} 1 & 0 & 0 \\ 0 & 1 & 0 \\ 0 & 0 & -1 \end{pmatrix} \begin{pmatrix} x \\ y \\ z \end{pmatrix} \tag{2-3-14}$$

变换矩阵为

$$A = \begin{pmatrix} 1 & 0 & 0 \\ 0 & 1 & 0 \\ 0 & 0 & -1 \end{pmatrix} \tag{2-3-15}$$

且矩阵行列式为

$$|A| = -1$$

当变换是纯转动时，矩阵的行列式等于 $+1$；当是空间反演或镜面反射时，矩阵的行列式等于 -1。前一种对应晶体的实际运动，另一种不能靠晶体的实际运动来实现。

（三）宏观对称元素和宏观对称操作

1. 宏观对称元素

绕固定轴的转动、中心反演和镜面反映是晶体中的三种基本的点对称操作。相应的对称元素包括对称轴、对称中心和对称面。

一个晶体的对称操作越多，就表明它的对称性越高。但是，由于晶体的宏观对称性受到微观周期性的制约和影响，因此晶体的宏观对称元素不是任意的。晶体只能具有有限个数的宏观对称操作或对称元素，对称元素的组合也是一定的，这称为晶体的宏观对称性破缺。

对于旋转对称操作来说，由于晶体周期性的限制，转角 θ 只能是 $2\pi/n$，$n=1$、2、3、4 和 6。如果一个晶体绕某轴旋转 $2\pi/n$ 及其倍数不变，称该轴为 n 次（或 n 度）旋转轴。晶体中允许的转动对称轴只能是 1、2、3、4 次和 6 次轴，称为晶体的对称性定律。

2. 晶体的对称性定律的证明

如图 2-3-1 所示，A 为格点，B 为离 A 最近的格点之一，则与 AB 平行的格点之间的距离一定是 AB 的整数倍。如果绕 A 转 θ 角，晶格保持不变（对称操作），则该操作将使 B 格点转到 B' 位置，则由于转动对称操作不改变格子，在 B' 处必定原来就有一个格点。因为 B 和 A 完全等价，所以旋转同样可以绕 B 进行，由此可设想绕 B 转 θ 角，这将使 A 格点转到 A' 的位置。同样 A' 处原来也必定有一个格点。

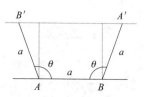

图 2-3-1　晶体的对称性

显然，AB 和 $A'B'$ 平行，代表同一晶向，设 AB 距离为 a，则与 AB 平行的格点之间的距离一定是 a 的整数倍。由于 $ABA'B'$ 组成等腰梯形，因此

$$\overleftrightarrow{A'B'} = m\overleftrightarrow{AB} = ma \tag{2-3-16}$$

m 为整数，亦即

$$2a\cos(\pi - \theta) + a = ma \Rightarrow m = 1 - 2\cos\theta \tag{2-3-17}$$

$$m = 1 - 2\cos\theta, \, -1 \leqslant \cos\theta \leqslant 1 \tag{2-3-18}$$

而且，m 必须为整数，只能取 -1、0、1、2、3，与之相对应的转角为：

$$\theta = 2\pi, \frac{2\pi}{6}, \frac{2\pi}{4}, \frac{2\pi}{3}, \frac{2\pi}{2} \Rightarrow n = 1, 6, 4, 3, 2 \tag{2-3-19}$$

上面的讨论表明晶体周期性只允许 1 重、2 重、3 重、4 重和 6 重这五种旋转对称轴存在。也就是说，由于晶体周期性的限制，晶体只能有 1、2、3、4 和 6 次旋转轴；即，长方形、正三角形、正方形和正六方形可以在平面内周期性重复排列；正五边形及其他正 n 边形则不能作周期性重复排列。

通常把晶体中轴次最高的转动轴称作主对称轴，简称主轴（立方晶系则以 3 次轴为主轴），其他为副轴。

3. 其他对称元素

晶体的对称操作除了旋转、中心反演和镜面反映 3 种基本对称操作外，在某些晶体中还存在着等价于相继进行两个基本对称操作而得到的独立对称操作，称为组合操作，从而出现新的对称元素。

（1）旋转反演轴

如果一个晶体先绕某轴旋转 $2\pi/n$，再进行中心反演后，晶体保持不变，称该轴为 n 次（或 n 度）旋转反演轴，记为 $\bar{n}$。上述操作称为非纯旋转操作，如图 2-3-2 所示。

由于晶体周期性的限制，旋转反演轴也必须遵循晶体的对称性定律，即

$$\bar{n} = \bar{1}, \bar{2}, \bar{3}, \bar{4}, \bar{6} \tag{2-3-20}$$

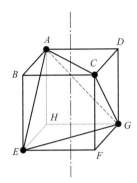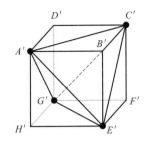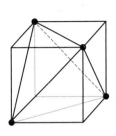

图 2-3-2　旋转反演轴

显然，由于晶体周期性的限制，晶体中也只能有 $\bar{1}$、$\bar{2}$、$\bar{3}$、$\bar{4}$ 次和 $\bar{6}$ 次旋转反演轴。但是，旋转—反演对称轴并不都是独立的基本对称素。$\bar{1}$ 次旋转反演轴就等价于对称中心 i，即 $\bar{1}=i$；$\bar{2}$ 次旋转反演轴就等价于垂直于该轴的对称镜面 m，即 $\bar{2}=m$；$\bar{3}$ 次旋转反演轴就等价于 3 次纯旋转轴加上对称中心，记为 $\bar{3}=3+i$。$\bar{6}$ 次旋转反演轴等价于 3 次纯旋转轴加上垂直于该轴的对称镜面 m，记为 $\bar{6}=3+m$。图 2-3-3 为 $\bar{1}$ 次、$\bar{2}$ 次、$\bar{3}$ 次和 $\bar{6}$ 次旋转反演轴的示意图。

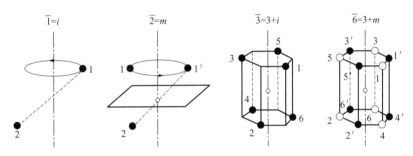

图 2-3-3　$\bar{1}$ 次、$\bar{2}$ 次、$\bar{3}$ 次、$\bar{6}$ 次旋转反演轴

只有具有 $\bar{4}$ 次旋转反演轴的晶体，既没有 4 次纯旋转轴，也没有对称中心 i，但包括一个与 $\bar{4}$ 次旋转反演轴重合的 2 次轴，所以旋转反演轴中只有 $\bar{4}$ 是独立的对称素。图 2-3-4 所示为 $\bar{4}$ 次旋转反演轴。

（2）其他组合操作

还有一些其他的组合操作，如旋转＋镜面反映，但不再给出新的对称元素。晶体中独立的宏观对称操作或对称元素只有 8 种，即 1、2、3、4、6、i、m、$\bar{4}$。其中数字 n（1、2、3、4、6）表示纯转动对称操作（或转动轴）；i 表示中心反演（或对称中心）；m 表示镜面反映

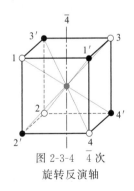

图 2-3-4　$\bar{4}$ 次旋转反演轴

（或对称镜面）。这种表示方法属于国际符号标记法，是 20 世纪初由德国物理学家赫尔曼（Hermann）和法国物理学家毛古因（Mauguin）制定的，在晶体结构分析中经常使用。

还有一套标记法，是固体物理学中惯用的标记，是德国犹太结晶学家熊夫利（也有翻译为圣佛利斯）制定的，因此称为熊夫利符号。熊夫利符号中 C_n 表示旋转轴，S_n 表示旋转反演轴，C_i 表示中心反演，C_s 表示镜面反映。晶体中 8 种独立的宏观对称元素（或对称操作）

用熊夫利符号标记则为 C_1、C_2、C_3、C_4、C_6、C_i、C_s、S_4。总之，晶体的所有点对称操作都可由这 8 种操作或它们的组合来完成。

名词补充——晶体的对称轴定理

若一晶体绕一直线至少转过 α 角或 α 角的整数倍，其性质复原，称 α 为基转角，称 $n=360/\alpha$ 为对称轴的轴次。

晶体的对称轴定理：晶体中只有 1、2、3、4、6 五种对称轴。

名词解释——晶体中 8 种独立的对称要素

除了旋转对称轴 C_n（真旋转），还有旋转反演轴 S_n（旋转与反映的复合操作）晶体绕一直线转过一基转角（此时晶体未复原），紧接着对一垂直于此直线的平面反映，使晶体复原。

---

4. 晶体中独立的对称要素

$C_1(1)$、$C_2(2)$、$C_3(3)$、$C_4(4)$、$C_6(6)$、$C_i(i)$、$C_s(m)$ 和 S_4 为晶体中独立的对称要素。图 2-3-5 所示为晶体中独立的对称要素示意图。

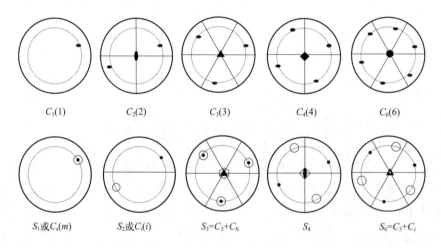

图 2-3-5　晶体中独立的对称要素

总之，晶体的所有点对称操作都可由这 8 种操作或它们的组合来完成。例如立方对称有三条 4 次轴 <100>，绕每个 4 次轴旋转 $\pi/2$、π、$3\pi/2$ 都是对称操作，这样对于三条 4 次轴，共有 9 个对称操作；还有四条 3 次轴 <111>（空间对角线），绕每个 3 次轴旋转 $2\pi/3$、$4\pi/3$ 都是对称操作，这样对于四条 3 次轴，共有 8 个对称操作；再就是六条 2 次轴 <110>（面对角线），绕每个 2 次轴旋转 π 都是对称操作，这样对于六条 2 次轴，共有 6 个对称操作；不动（旋转 2π）本身也是 1 个对称操作。所以纯旋转操作加起来共 24 个，由于立方对称有对称中心，因此纯旋转操作加上中心反演的组合操作，即非纯旋转操作共 24 个，合起来 48 个。

由于把立方体相间的四个顶点连接起来就构成了正四面体，因此正四面体所有对称要素和对称操作包含于立方体中。由于正四面体没有对称中心，立方对称的三条 4 次轴＜100＞和对称中心退化为四次旋转反演轴，6 个非纯转动（转动 π/2 或 3π/2）加上 3 个纯转动（转动 π）。同理，四条 3 次轴＜111＞和对称中心退化为三次旋转反演轴（等价于 8 个纯转动），六条 2 次轴＜110＞和对称中心退化为二次旋转反演轴（6 个非纯转动），加上不动，共 24 个对称操作。它保留了立方体的 12 个纯旋转操作和 12 个非纯旋转操作，如图 2-3-6 所示。

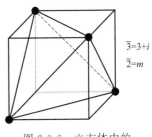

图 2-3-6　立方体中的
二次轴和三次轴

（四）宏观对称操作和物理性质

1. 诺依曼原则

作为一个公理性的基本假设，诺依曼原理指出：晶体物理性能的对称性，至少不低于在其外部物理场和晶体本身两者之对称性中都共同存在的那些对称要素的集合。对于一个具体的晶体材料，如果知道了它的点对称性，那么它的某种物理性质就可以确定，这称为 Neumann 原理（也称诺依曼原则）。诺依曼原则是表达晶体的物理性质和晶体对称性之间关系的原则，即晶体的任何物理性质的对称性必须包含该晶体点群的对称元素，本质是物理量在晶体对称性操作下不变。这就是说，如果晶体具有某些确定的对称要素，则该晶体的物理性质也具有这些对称要素所规定的对称性质。

物理学中的"性能"，是指具有特定结构的事物或系统在其内部与外部的联系及关系中所表现的性质和能力，而相应所呈现的对称性即为功能对称。对于晶体的物理性能，在此可以把它表述为：晶体在外部物理场的作用下，对之所作出的可测量或可观察的响应。在这一系统中，外部的物理场是原因，晶体所表现的物理性能是结果，而晶体则是两者间的介质。所以晶体物理性能的对称性不仅受到晶体本身固有对称性的制约，而且还与晶体所处物理场的对称性紧密相关。

2. 诺依曼原则的应用

在判定某一种点群是否具有某种张量性质时，可以用诺依曼原则进行判定，即通过诺依曼原则可以判断点群是否存在某种材料性能。换言之，根据诺依曼原则，在对称操作下，材料性能不变，即对于具有某种对称性的材料而言，其相关性能也符合对应的对称操作。比如可以由点群对称性判断晶体有无对映体、旋光性、压电效应、热电效应、倍频效应等。不同的物理性质出现在含不同对称性的点群中，所以反过来，在晶体结构分析中，可以借助物理性质的测量结果判定晶体是否具有对称中心。

① 一个晶体如果具有镜像反映对称性，则该对称操作变矢量左旋为右旋，因而该晶体无旋光性。

② 一个晶体如果具有中心反演对称性，则该对称操作使矢量改变符号，因而该晶体无固

有偶极矩。

为了更加清楚地认识晶体的宏观对称性和宏观物理性质之间的关系，本节以晶体的介电常量为例来讨论。

3. 宏观对称操作和晶体的介电常数

介电常数的一般表达式为

$$\varepsilon = \begin{bmatrix} \varepsilon_{11} & \varepsilon_{12} & \varepsilon_{13} \\ \varepsilon_{21} & \varepsilon_{22} & \varepsilon_{23} \\ \varepsilon_{31} & \varepsilon_{32} & \varepsilon_{33} \end{bmatrix} \tag{2-3-21}$$

介电常数是一个二阶张量，但是对于具有立方对称和正四面体对称的晶体材料，介电常数退化为一个标量。

$$\varepsilon_{\alpha\beta} = \varepsilon_0 \delta_{\alpha\beta} \tag{2-3-22}$$

对于六角对称的晶体，介电常数为

$$\varepsilon = \begin{bmatrix} \varepsilon_{11} & 0 & 0 \\ 0 & \varepsilon_{22} & 0 \\ 0 & 0 & \varepsilon_{33} \end{bmatrix} = \begin{bmatrix} \varepsilon_{\perp} & 0 & 0 \\ 0 & \varepsilon_{\perp} & 0 \\ 0 & 0 & \varepsilon_{//} \end{bmatrix} \tag{2-3-23}$$

为了证明上述关系，本节首先给出介电常数在点对称操作后的形式。电位移矢量 $\vec{D}$ 与电场强度矢量 $\vec{E}$ 满足：$\vec{D} = \varepsilon \vec{E}$，其中 ε 为介电常数。

【例题 1】设晶体有点对称操作（变换矩阵）A，现在对晶体实施该对称操作，则有

$$\vec{E}' = A\vec{E}; \vec{D}' = A\vec{D} \tag{2-3-24}$$

所以

$$\vec{E} = A^{-1}\vec{E}' = A^{\mathrm{T}}\vec{E}' \tag{2-3-25}$$

即

$$A^{-1} = A^{\mathrm{T}} \tag{2-3-26}$$

从而

$$\vec{D}' = A\vec{D} = A\varepsilon\vec{E} = A\varepsilon A^{\mathrm{T}}\vec{E}' = \varepsilon'\vec{E}' \tag{2-3-27}$$

所以介电常数在点对称操作后的形式为

$$\varepsilon' = A\varepsilon A^{\mathrm{T}} \tag{2-3-28}$$

由于 A 是点对称操作，所以介电常数在操作前后不变。因而有

$$\varepsilon = \varepsilon' = A\varepsilon A^{\mathrm{T}} \tag{2-3-29}$$

对于具有立方对称的晶体，有三条 4 次轴，设某一条沿着 z 轴，由于转 180°晶体复原，因此

$$A_z = \begin{bmatrix} \cos\theta & -\sin\theta & 0 \\ \sin\theta & \cos\theta & 0 \\ 0 & 0 & 1 \end{bmatrix} = \begin{bmatrix} -1 & 0 & 0 \\ 0 & -1 & 0 \\ 0 & 0 & 1 \end{bmatrix} \qquad (2\text{-}3\text{-}30)$$

所以

$$\boldsymbol{\varepsilon} = \boldsymbol{A}_z \boldsymbol{\varepsilon} \boldsymbol{A}_z^{\mathrm{T}} = \begin{bmatrix} -1 & 0 & 0 \\ 0 & -1 & 0 \\ 0 & 0 & 1 \end{bmatrix} \begin{bmatrix} \varepsilon_{11} & \varepsilon_{12} & \varepsilon_{13} \\ \varepsilon_{21} & \varepsilon_{22} & \varepsilon_{23} \\ \varepsilon_{31} & \varepsilon_{32} & \varepsilon_{33} \end{bmatrix} \begin{bmatrix} -1 & 0 & 0 \\ 0 & -1 & 0 \\ 0 & 0 & 1 \end{bmatrix}$$
$$\qquad (2\text{-}3\text{-}31)$$
$$= \begin{bmatrix} \varepsilon_{11} & \varepsilon_{12} & -\varepsilon_{13} \\ \varepsilon_{21} & \varepsilon_{22} & -\varepsilon_{23} \\ -\varepsilon_{31} & -\varepsilon_{32} & \varepsilon_{33} \end{bmatrix} = \begin{bmatrix} \varepsilon_{11} & \varepsilon_{12} & \varepsilon_{13} \\ \varepsilon_{21} & \varepsilon_{22} & \varepsilon_{23} \\ \varepsilon_{31} & \varepsilon_{32} & \varepsilon_{33} \end{bmatrix}$$

最终

$$\varepsilon_{13} = \varepsilon_{23} = \varepsilon_{31} = \varepsilon_{32} = 0 \qquad (2\text{-}3\text{-}32)$$

类似沿着 x 轴，转 180°晶体复原，所以

$$A_x = \begin{bmatrix} 1 & 0 & 0 \\ 0 & -1 & 0 \\ 0 & 0 & -1 \end{bmatrix} \qquad (2\text{-}3\text{-}33)$$

代入式（2-3-29），可得

$$\begin{bmatrix} \varepsilon_{11} & -\varepsilon_{12} & 0 \\ -\varepsilon_{21} & \varepsilon_{22} & 0 \\ 0 & 0 & \varepsilon_{33} \end{bmatrix} = \begin{bmatrix} \varepsilon_{11} & \varepsilon_{12} & 0 \\ \varepsilon_{21} & \varepsilon_{22} & 0 \\ 0 & 0 & \varepsilon_{33} \end{bmatrix}$$
$$\Rightarrow \varepsilon_{12} = \varepsilon_{21} = 0 \qquad (2\text{-}3\text{-}34)$$
$$\boldsymbol{\varepsilon} = \begin{bmatrix} \varepsilon_{11} & \varepsilon_{12} & 0 \\ \varepsilon_{21} & \varepsilon_{22} & 0 \\ 0 & 0 & \varepsilon_{33} \end{bmatrix}$$

进一步选择沿着<111>方向转 120°晶体复原，所以以<111>轴为坐标系的变换矩阵为

$$A_z = \begin{bmatrix} \cos\theta & -\sin\theta & 0 \\ \sin\theta & \cos\theta & 0 \\ 0 & 0 & 1 \end{bmatrix} = \begin{bmatrix} -1/2 & -\sqrt{3}/2 & 0 \\ \sqrt{3}/2 & -1/2 & 0 \\ 0 & 0 & 1 \end{bmatrix} \qquad (2\text{-}3\text{-}35)$$

代入式（2-3-29），可得 $\varepsilon_{11} = \varepsilon_{22}$。进一步选择

$$A_x = \begin{bmatrix} 1 & 0 & 0 \\ 0 & -1/2 & -\sqrt{3}/2 \\ 0 & \sqrt{3}/2 & -1/2 \end{bmatrix} \qquad (2\text{-}3\text{-}36)$$

可得 $\varepsilon_{11} = \varepsilon_{22} = \varepsilon_{33} = \varepsilon_0$，则有 $\varepsilon_{\alpha\beta} = \varepsilon_0 \delta_{\alpha\beta}$。亦即对于具有立方对称的晶体，介电常数退化为一个标量。对于具有正四面体对称的晶体，证明方法相同，可在上面的证明中指出所选对称操作完全适用于正四面体。

【例题 2】 对于具有六角对称的晶体，即对六角晶系，绕 x（即 a）轴旋 $180°$ 和绕 z（即 c）轴旋转 $120°$ 都是对称操作。

$$A_x = \begin{bmatrix} 1 & 0 & 0 \\ 0 & -1 & 0 \\ 0 & 0 & -1 \end{bmatrix} \tag{2-3-37}$$

$$A_z = \begin{bmatrix} -1/2 & -\sqrt{3}/2 & 0 \\ \sqrt{3}/2 & -1/2 & 0 \\ 0 & 0 & 1 \end{bmatrix} \tag{2-3-38}$$

代入式（2-3-29）即可证明；注意有的题解上将式（2-3-29）写成 $A^{\mathrm{T}} \varepsilon A = \varepsilon$，则矩阵 A 需要转置。

二、晶体的微观对称性和微观对称操作

（一）微观对称性

晶体内部结构具有比较复杂的规律性。人们最初认识晶体是从它们丰姿多彩的、完全有规律的外部形状开始的，后来人们逐渐认识到它们外形上的规律性以及宏观物理性质的对称性，乃是与其微观结构的对称性有密切关系。

宏观对称操作因为不包含平移，所以又称为点对称操作。晶体具有平移对称性，考虑平移后的对称性，称为晶体的微观对称性。晶体结构可以用布拉维格子或布拉维点阵来描述。由于晶体可以抽象为无限大的空间点阵，因而晶体具有了平移对称性，借助于点阵平移矢量，晶格能够完全复位。考虑平移后的对称性，称为晶体的微观对称性。

（二）微观对称操作

对于晶体的微观对称性而言，除了前面所讲的宏观对称操作完全适用于微观对称，微观对称操作中还应包含三种新的对称操作，即平移、螺旋旋转和滑移反映；对应三种新的对称元素，即平移轴、螺旋轴和滑移面。

1. 平移轴

空间点阵中各点按一矢量进行移动的操作称为平移，进行平移所凭借的直线称为平移轴。

显然，空间点阵应是无限的情形，才会有平移对称性。有限的晶体从微观来看满足无限的空间点阵的要求，所以含有平移的对称操作都是晶体的微观对称操作所特有的。

2. 螺旋轴

由螺旋和平移构成的复合操作称为螺旋旋转。若将晶体绕轴旋转 $2\pi/n$ 角以后，再沿轴方向平移 $l(T/n)$，晶体能自身重合，则称此轴为 n 度螺旋轴，相应的对称操作称为螺旋旋转对称操作。其中 T 是轴方向的周期，l 是小于 n 的整数；n 只能取 1、2、3、4、6。

3. 滑移面

由平移和反映构成的复合操作称为滑移反映，进行此操作所凭借的平面称为滑移面。若经过某面进行镜像操作后，再沿平行于该面的某个方向平移 T/n 后，晶体能自身重合，则称此面为滑移反映面，相应的操作称为滑移反映对称操作。T 是平移方向的周期，n 可取 2 或 4，如图 2-3-7 所示。

总之，平移、螺旋旋转和滑移反映对称操作无需凭借一个保持不动的点来完成，它们都包含平移操作，适用于无限大点阵。无限大点阵和晶体的微观结构一致，所以上述操作称为微观对称操作。

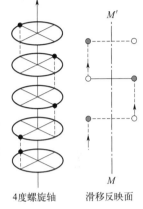

4度螺旋轴　　滑移反映面

图 2-3-7　4 度螺旋轴
和滑移反映面

三、群和晶体结构的分类

（一）群论基础知识

定量研究对称操作集合的性质要用群论的知识。群论作为数学的分支，是处理有一定对称性的物理体系的有力工具。它可以简化复杂的计算，也可以预言物理过程的发展趋势，还可以对体系的许多性质作出定性的了解。本节简单补充必要的群论的知识和概念，并在此基础上直接给出布拉维格子和晶体结构按照点群和空间群的分类结果。

群代表一组元素或操作的集合，常用符号 G 来表示；$G=\{A,B,C,D,E,\cdots\cdots\}$，这些元素被赋予一定的乘法法则，满足下列性质：

① 集合 G 中任意两个元素的乘积仍为集合内的元素，即若 A 和 $B\in G$，则 $AB=C\in G$，叫做群的封闭性。

② 存在单位元素 E，使得所有元素满足：$AE=A$。

③ 对于任意元素 A，存在逆元素 A^{-1}，有 $AA^{-1}=E$。

④ 元素间的"乘法运算"满足结合律：$A(BC)=(AB)C$。

一个物体全部对称操作的集合满足上述群的定义，其运算法则就是连续操作，即对称操作群中，乘法规则就是连续操作。单位元素 E 为不动操作；逆元素为转角和平移矢量大小相

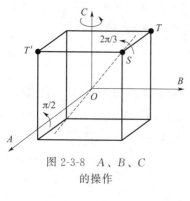

图 2-3-8 A、B、C
的操作

等、方向相反的操作；由于都是对称操作，每一个操作之后晶体都能够复原，因此组合定则显然成立。保持空间某一点固定不动的对称操作，称为点对称操作。任意元素的逆元素是绕转轴转动 θ 角度，其逆操作为绕转轴 $-\theta$ 角度，可见，中心反演的逆操作仍然是中心反演。连续进行 A 和 B 操作，相当于 C 操作。A 操作就是，绕 OA 轴转动 90°，S 点转到 T' 点；B 操作就是，绕 OC 轴转动 90°，T' 点转到 S 点；上述操作中 S 和 O 没动，而 T 点转到 T' 点；相当于 C 操作，绕 OS 轴转动 120°，表示为 $C=BA$，如图 2-3-8 所示。

（二）点群和七大晶系

1. 8 种宏观对称操作

在晶体的几何对称性研究中，每一个能使晶体复原的对称操作，都满足上述群中的元素的要求，由这些元素（或操作）所构成的群叫对称操作群，包括点群和空间群。晶体中独立的宏观对称操作（或对称元素）只有 8 种，即 1、2、3、4、6、i、m、$\bar{4}$。

宏观对称操作也称为点对称操作，在点对称操作基础上构成的对称操作群称为点群。具体分析证明实际晶体中的对称性就是由以上 8 种独立对称要素的组合组成，共有 32 种不同的组合方式，称为 32 种点群。

2. 七大晶系的来源

如果一些晶体具有相同的一组群元素，那么从对称性来说，这些晶体属于同一类晶体。晶体结构等于布拉维格子加上基元。为此，晶体结构的分类可以考虑基元的对称性（晶体结构），也可以忽略基元的对称性（布拉维格子）。理论和实验证明，在点对称操作基础上，如果忽略基元的对称性，也就是仅仅从三维空间点阵（或布拉维格子）角度来说，只存在 7 种不同的点群，称为七个晶系。

3. 熊夫利符号表示

用熊夫利符号表示的话，7 大晶系隶属的点群从低到高排序分别是三斜晶系属 C_i（或 S_1）群、单斜晶系属 C_{2h} 群、正交晶系属 D_{2h} 群、三角晶系属 D_{3d} 群、四方晶系属 D_{4h} 群、六角晶系属 D_{6h} 群、立方晶系属 O_h 群，如图 2-3-9 所示。

为了便于大家看懂晶体学点群，下面简单给出符号的说明。主轴：C_n、D_n、S_n、T 和 O；C_n：n 次旋转轴；S_n：n 次旋转—反映轴；D_n：n 次旋转轴加上一个与之垂直的二次轴；T：四面体群；O：八面体群。脚标：h、v、d；h：垂直于 n 次轴（主轴）的水平面为对称面；v：含 n 次轴（主轴）在内的竖直对称面；d：垂直于主轴的两个二次轴的平分面为对称面。

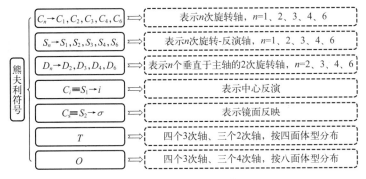

图 2-3-9　熊夫利符号表示

为了表明对称面相对于旋转轴的位置，还有一些附加指标，如图 2-3-10 所示。

图 2-3-10　熊夫利符号表示的附加指标

4. 国际符号表示

国际符号以不超过 3 个几何上的从优方向来描述晶体的对称类型，这些方向或平行于对称轴或垂直于对称面。

总之，在不考虑基元的对称性时，以上的操作构成七大晶系。7 个晶系相应的点群是：S_1，C_{2h}，D_{2h}，D_{4h}，D_{3d}，D_{6h}，O_h。国际符号表示的示意图如图 2-3-11 所示。

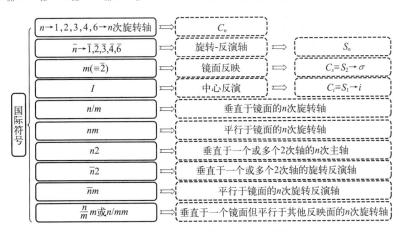

图 2-3-11　国际符号表示的示意图

5. 32 种点群的来源

如果考虑基元的对称性，则同一个晶系，可能会出现若干种不同的结构。如 A_1 型 FCC 结构和 B_3 型立方 ZnS 结构，按照点阵来说，它们都属于立方晶系 O_h 群。但是 ZnS 结构，由于基元中两种原子不同，当考虑基元的对称性时，它的对称性降低，属于正四面体 T_d 群。通常晶体结构的对称性低于它所对应的点阵的对称性，从而导致新的群的产生。可以证明七大晶系，考虑基元的对称性后，在点对称操作基础上，可以另外衍生出 25 种新点群。也就是说，晶体结构的宏观对称性，可概括为 32 种晶体点群。

6. 七大晶系的名称和特征

另外，七大晶系也可以从几何图形上来考虑。晶体的三维周期性结构可由 $\vec{a}$、$\vec{b}$、$\vec{c}$ 三个基矢的方向（夹角）和长度来决定，如图 2-3-12 所示。

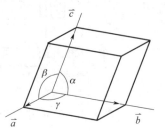

图 2-3-12 　$\vec{a}$、$\vec{b}$、$\vec{c}$ 三个基矢

规定 $\vec{a}$、$\vec{b}$ 间的夹角为 γ；$\vec{b}$、$\vec{c}$ 间的夹角为 α；$\vec{a}$、$\vec{c}$ 间的夹角为 β。按照 $\vec{a}$、$\vec{b}$、$\vec{c}$ 三个基矢的大小和夹角之间的关系，在点阵对称性的制约下，存在 7 类不同的组合，即七大晶系。从几何结构划分七大晶系，其晶体结构的演化如图 2-3-13 所示。

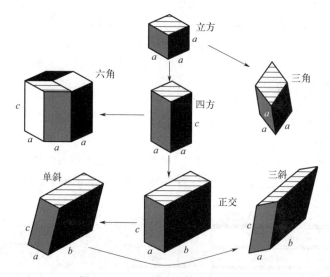

图 2-3-13　七大晶系的对称性转化

① 三斜晶系：$a \neq b \neq c$，$\alpha \neq \beta \neq \gamma$；$C_i$ 群，无任何对称轴，不过由于中心反演 i 是点阵的属性，因此有 2 个群元素不动 E 和 i。

② 单斜晶系：$a \neq b \neq c$，$\alpha = \gamma = 90° \neq \beta$；$C_{2h}$ 群，具有一条 2 次轴和 i，所以有 4 个群元素；因为它只有 a 和 c 互相不垂直，所以称为单斜晶系。

③ 正交晶系：$a \neq b \neq c$，$\alpha = \beta = \gamma = 90°$；$D_{2h}$ 群，具有三条 2 次轴和 i，所以有 8 个群元素；正交晶系又称斜方晶系。

④ 三角晶系：$a = b = c$，$\alpha = \beta = \gamma \neq 90° < 120°$；$D_{3d}$ 群，具有一条 3 次轴、三条与 3 次轴垂直的 2 次轴和 i，所以有 12 个群元素；三角晶系又称三方晶系。

⑤ 四方晶系：$a = b \neq c$，$\alpha = \beta = \gamma = 90°$；$D_{4h}$ 群，具有一条 4 次轴、四条 2 次轴和 i，所以有 16 个群元素；四方晶系又称正方晶系或四角晶系。

⑥ 六角晶系：$a = b \neq c$，$\alpha = \beta = 90°$，$\gamma = 120°$；D_{6h} 群，具有一条 6 次轴、六条与 6 次轴

垂直的 2 次轴和 i，所以有 24 个群元素；六角晶系又称六方晶系。

⑦ 立方晶系：$a=b=c$，$\alpha=\beta=\gamma=90°$；O_h 群，具有三条 4 次轴、四条 3 次轴、六条 2 次轴和 i，所以有 48 个群元素。

四、空间群和 14 种布拉维格子

（一）空间群

从晶体的宏观对称操作出发给出了 7 种布拉维格子，也就是七大晶系；晶体结构对应 32 种晶体点群。把微观对称操作也考虑进来，进一步讨论点阵和晶体结构的对称类型。点对称操作加上平移操作构成空间群。晶体内部结构中全部对称要素的集合称为"空间群"；具体地说是晶胞中全部对称要素的组合。

空间群可以分为两类：一类称为简单空间群或称点空间群；另一类称为复杂空间群或非点空间群。所谓点空间群，是由一个平移群和一个点群对称操作组合而成的。具体分析表明，共有 73 种不同的点空间群。

（二）布拉维格子和空间群

严格的群理论证明，如果忽略基元的对称性，也就是仅仅从点阵角度来说，仅仅存在 14 种不同的空间群，称为 14 种布拉维格子。考虑基元的对称性后，全部晶体结构的宏观对称操作和微观对称操作可以构成 230 种空间群，即有 230 种对称类型。

七大晶系对应的格点都在晶胞的顶角上。点阵晶胞通常是一个扩大了的原胞。晶胞的体心和面心上都可以有格点。例如 SC、BCC、FCC 点阵，从宏观对称性（点群）来看，都属于立方晶系（O_h 群）。但是，三者的原胞基矢不同，所以 SC、BCC、FCC 点阵具有不同的平移对称性，也就是说属于不同的空间群；可以通过对七大晶系采取加心（体心、面心、底心）的方法得到新的点阵类型。

布拉维格子要求每一个格点周围的环境必须一致，也就是格点必须完全等同，所以七大晶系加心方式受到限制，有些点阵加心后没有形成新格子，还有一些根本不属于布拉维格子。

把不加心的格子记为 P（简单格子）、加体心记为 I（体心格子）、加面心记为 F（面心格子）、在 a 和 b 形成的底面加心记为底心 C、在 a 和 c 形成的底面加心记为底心 B、在 c 和 b 形成的底面加心记为底心 A。加心后七大晶系构成 14 种布拉维格子；七大晶系的参数见表 2-3-1。

表 2-3-1　七大晶系的参数

晶系	对称性特征	晶胞参数	所属点群	布拉维格子
三斜	只有 C_1 或 C_i	$a\neq b\neq c$、$\alpha\neq\beta\neq\gamma$	C_1、C_i	P
单斜	唯一 C_2 或 C_s	$a\neq b\neq c$、$\alpha=\gamma=90°\neq\beta$	C_2、C_s、C_{2h}	P、C
正交	三个 C_2 或 C_s	$a\neq b\neq c$、$\alpha=\beta=\gamma=90°$	D_2、C_{2V}、D_{2h}	P、C、I、F

晶系	对称性特征	晶胞参数	所属点群	布拉维格子
三方	唯一 C_3 或 S_6	$a=b=c$，$\alpha=\beta=\gamma\neq90°<120°$	C_3、S_6、D_3、C_{3V}、D_{3d}	R
四方	唯一 C_4 或 S_4	$a=b\neq c$、$\alpha=\beta=\gamma=90°$	C_4、S_4、C_{4h}、D_4、C_{4V}、D_{2d}、D_{4h}	P、I
六方	唯一 C_6 或 S_3	$a=b\neq c$、$\alpha=\beta=90°$、$\gamma=120°$	C_6、C_{3h}、C_{6h}、D_6、C_{6V}、D_{3h}、D_{6h}	H
立方	四个 C_3	$a=b=c$、$\alpha=\beta=\gamma=90°$	T、T_h、T_d、O、O_h	P、I、F

1. 三斜晶系

由于 $a\neq b\neq c$，$\alpha\neq\beta\neq\gamma$，该晶系只有简单三斜 P 点阵，如图 2-3-14 所示。

2. 单斜晶系

由于 $a\neq b\neq c$，$\alpha=\gamma=90°\neq\beta$，该晶系有一个简单单斜格子和一个底心单斜格子。即单斜晶系有简单单斜 P 点阵和底心单斜 B 点阵。可以证明底心单斜 C 点阵等价于简单单斜 P 点阵；体心单斜 I 点阵、面心单斜 F 点阵和底心单斜 A 点阵等价于底心单斜 B 点阵；所以单斜晶系只有简单单斜 P 点阵和底心单斜 B 点阵。如图 2-3-15 所示。

3. 三角晶系

由于 $a=b=c$，$\alpha=\beta=\gamma\neq90°<120°$，该晶系仅有一个简单三斜格子。三角晶系只有 P 点阵。因为 $P\equiv I\equiv F$，加底心将失去 3 次轴，所以三角晶系只有 P 点阵，如图 2-3-16 所示。

图 2-3-14 简单三斜

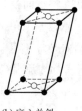

(a) 简单单斜　　　(b) 底心单斜

图 2-3-15 单斜晶系

图 2-3-16 三角晶系

4. 正交晶系

由于 $a\neq b\neq c$，$\alpha=\beta=\gamma=90°$，该晶系有一个简单正交格子、一个底心正交格子、一个体心正交格子和一个面心正交格子。正交晶系有 P、I、F、C 四种点阵，即简单正交、底心正交、体心正交、面心正交三类底心等价，如图 2-3-17 所示。

5. 四方晶系

由于 $a=b\neq c$，$\alpha=\beta=\gamma=90°$，该晶系有一个简单四方格子和一个体心四方格子。四方晶系有 P、I 两种点阵，即简单四方和体心四方。因为 $C\equiv P$，$I\equiv F$，A 点阵和 B 点阵将失

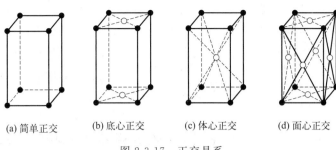

|(a) 简单正交|(b) 底心正交|(c) 体心正交|(d) 面心正交|

图 2-3-17   正交晶系

去 4 次轴，所以四方晶系只有 P、I 两种点阵，如图 2-3-18 所示。

6. 六角晶系

由于 $a=b \neq c$，$\alpha=\beta=90°$，$\gamma=120°$，该晶系有一个六角格子。六角晶系只有 P 点阵，因为加底心、体心、面心都将失去 6 次轴，如图 2-3-19 所示。

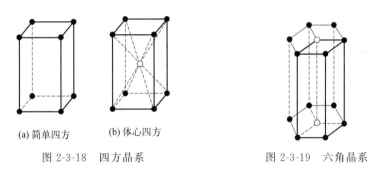

(a) 简单四方   (b) 体心四方

图 2-3-18   四方晶系

图 2-3-19   六角晶系

7. 立方晶系

由于 $a=b=c$，$\alpha=\beta=\gamma=90°$，该晶系有一个简立方格子、一个体心立方格子和一个面心立方格子。立方晶系有 P、I、F 三种点阵，即简立方、体心立方、面心立方；立方晶系加底心将失去四条 3 次轴，只保留一条 4 次轴，实际上变成了简单四方点阵，如图 2-3-20 所示。

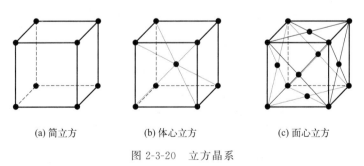

(a) 简立方   (b) 体心立方   (c) 面心立方

图 2-3-20   立方晶系

从表面上来看，上述布拉维格子似乎还可以增加一些体心、面心或底心格子。但实际上，这样做所得的格子仍是 14 种之一，或者不是布拉维格子。如四方晶系只有简单四方和体心四方；如果增加一个面心四方，结果仍是体心四方，如图 2-3-21 所示。

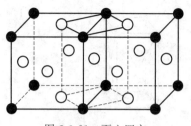

图 2-3-21　面心四方
（仍是体心四方）

空间格子与晶体结构这两个概念含义并不相同，"格子"纯属几何概念，是晶体结构的数学抽象；而"晶体结构"则具有物理意义。总之，布拉维格子按照点群来分有 7 类，按空间群来分有 14 类；晶体结构按照点群来分有 32 类，按空间群来分有 230 类。

（三）230 种空间群国际符号说明

空间群国际符号的第一个字母表示布拉维格子的类型。P—简单格子；I—体心格子；F—面心格子；C—底心（a 和 b 形成的底面）；B—底心（a 和 c 形成的底面）；A—底心（b 和 c 形成的底面）；R—三角格子。

其余符号与点群相同，如 $Pm3m$ 空间群，对应的布拉维格子是简立方（CsCl）；$Fm3m$ 空间群，对应的布拉维格子是面心立方（NaCl 和 CaF$_2$）；$Fd3m$ 复杂空间群（金刚石）；$F3m$（闪锌矿）简单空间群；两个 FCC 晶格套构；$P6_3/mmc$。

（四）晶体结构的群表示符号的用处

1942 年，美国材料试验协会出版了一套卡片，约 1300 张，通常称为 ASTM 卡片，用来标记人们已经发现的材料的晶体学性质，以后逐步增加和修改。1969 年改由粉末衍射标准联合委员会（JCPDS）负责卡片的编辑出版，改称 PDF 卡片。至 1977 年止，已有 4 万余张卡片，其中无机物 3 万余张。每张卡片的第 4 栏标明材料晶系、空间群、晶格常数等。卡片的第 4 栏的这些标记，很方便人们查找得到新的材料的大体结构。因为，毕竟只有 14 种布拉维格子。

（五）举例

如图 2-3-22 所示，得出面心立方 FCC 晶系的基矢

$$a_1 = \frac{1}{2}(b+c) = \frac{a}{2}(j+k)$$

$$a_2 = \frac{1}{2}(c+a) = \frac{a}{2}(k+i)$$

$$a_3 = \frac{1}{2}(a+b) = \frac{a}{2}(i+j)$$

如图 2-3-23 所示，得出体心立方 BCC 晶系的基矢

$$a_1 = \frac{1}{2}(-a+b+c) = \frac{a}{2}(-i+j+k)$$

$$a_2 = \frac{1}{2}(a-b+c) = \frac{a}{2}(i-j+k)$$

$$a_3 = \frac{1}{2}(a+b-c) = \frac{a}{2}(i+j-k)$$

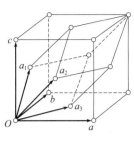

图 2-3-22　面心立方

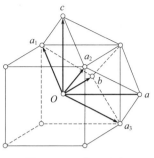

图 2-3-23　体心立方

五、点阵、晶系、点群和布拉维格子的关系汇总

表 2-3-2 采用国际符号，国际符号按字符顺序表示的内容依次是 a、b 和 c 轴的对称性。采用国际符号，不仅可以表示出各种晶类中有哪些对称元素，而且还能表示出这些对称元素在空间的方向。国际符号根据各种晶类的对称性是三项或两项或一项符号组成，分别表示晶体某三个或两个或一个方向上的对称元素。如果在某一个方向上，同时具有对称轴和垂直于此轴的对称面，则写成分数形式。

表 2-3-2　点阵、晶系、点群和布拉维格子的关系（国际符号）

晶系	点群	布拉维点阵	73 种点式空间群
三斜	1，$\bar{1}$	P	P1，P$\bar{1}$
单斜	2，m，2/m	P B	P2，Pm，P2/m B2，Bm，B2/m
正交	222，mm2，mmm	P C I F	P222，Pmm2，Pmmm C222，Cmm2，Cmmm，Amm2 1222，Imm2，Immm F222，Fmm2，Fmmm
四方	4，4/m，4mm，422， $\bar{4}$，$\bar{4}$2m，4/mmm	P I	P4，P4/m，P4mm，P4/mmm，P422，P$\bar{4}$，P$\bar{4}$2m，P$\bar{4}$m2 I4，I4/m，I4mm，I4/mmm，I422，I$\bar{4}$，I$\bar{4}$2m，I$\bar{4}$m2
三方	3，3m，32 $\bar{3}$，$\bar{3}$m	P R	P3，P3m1，P312，P$\bar{3}$，P$\bar{3}$1m，P31m，P321，P$\bar{3}$m1 R3，R3m，R32，R$\bar{3}$，R$\bar{3}$m
六方	6，6/m，6mm，622， $\bar{6}$，$\bar{6}$2m，6/mmm	P	P6，P6/m，P6mm，P6/mmm，P622，P$\bar{6}$，P$\bar{6}$m2，P$\bar{6}$2m
立方	23，m3，$\bar{4}$3m，432，m3m	P I F	P23，Pm3，P$\bar{4}$3m，P432，Pm3m 123，Im3，I$\bar{4}$3m，I432，Im3m F23，Fm3，F$\bar{4}$3m，F432，Fm3m

熊夫利为标记点群和空间群建立了一套符号体系，用大写字母 T、O、C、D、S 分别代表四面体群、八面体群、回转群、双面群和反轴群。下标中第一位阿拉伯数代表主轴轴次，

小写字母 i、s、v、h 和 d 相应代表对称中心、镜面、通过主轴镜面、垂直于主轴镜面与等分两个相邻副轴的镜面。32 种点群按晶系分组的记号依次为 C_1、C_i、C_2、C_s、C_{2h}；C_{2v}、D_2、D_{2h}；C_3、C_{3i}、C_{3v}、D_3、D_{3d}；C_{3h}、C_6、C_{6v}、C_{6h}、D_{3h}、D_6、D_{6h}；C_4、C_{4h}、C_{4v}、S_4、D_{2d}、D_4、D_{4h}；T、T_h、T_d、O_{432}、O_h。七大晶系的点群和空间群全表见表 2-3-3，七大晶系国际符号与熊夫利符号对比见表 2-3-4。

表 2-3-3　七大晶系的点群和空间群全表

晶系	点群 国际符号	点群 熊夫利符号	空间群							
三斜晶系	1	C_1	P1							
	$\bar{1}$	C_i	P$\bar{1}$							
单斜晶系	2	$C_2^{(1-3)}$	P2	P21	C2					
	m	$C_3^{(1-4)}$	Pm	Pc	Cm	Cc				
	2/m	$C_{2h}^{(1-6)}$	P2/m	P21/m	C2/m	P2/c	P21/c	C2/c		
正交晶系	222	$D_2^{(1-9)}$	P222	P2221	P21212	P212121	C2221	C222	F222	I222
			I212121							
	mm2	$C_{2v}^{(1-22)}$	Pmm2	Pmc21	Pcc2	Pma2	Pca21	Pnc2	Pmn21	Pba2
			Pna21	Pnn2	Cmm2	Cmc21	Ccc2	Amm2	Abm2	Ama2
			Aba2	Fmm2	Fdd2	Imm2	Iba2	Ima2		
	mmm	$D_{2h}^{(1-28)}$	Pmmm	Pnnn	Pccm	Pban	Pmma	Pnna	Pmna	Pcca
			Pbam	Pccn	Pbcm	Pnnm	Pmmn	Pbcn	Pbca	Pnma
			Cmcm	Cmca	Cmmm	Cccm	Cmma	Ccca	Fmmm	Fddd
			Immm	Ibam	Ibca	Imma				
四方晶系	4	$C_4^{(1-6)}$	P4	P41	P42	P43	I4	I41		
	$\bar{4}$	$S_4^{(1-2)}$	P$\bar{4}$	I$\bar{4}$						
	4/m	$C_{4h}^{(1-6)}$	P4/m	P42/m	P4/n	P42/n	I4/m	I41/a		
	422	$D_4^{(1-10)}$	P422	P4212	P4122	P41212	P4222	P42212	P43222	P43212
			I422	I4122						
	4mm	$C_{4v}^{(1-12)}$	P4mm	P4bm	P42cm	P42nm	P4cc	P4nc	P42mc	P42bc
			I4mm	I4cm	I41md	I41cd				
	$\bar{4}2m$	$D_{2d}^{(1-12)}$	P$\bar{4}$2m	P$\bar{4}$2c	P$\bar{4}$21m	P$\bar{4}$21c	P$\bar{4}$m2	P$\bar{4}$c2	P$\bar{4}$b2	P$\bar{4}$n2
			I$\bar{4}$m2	I$\bar{4}$c2	I$\bar{4}$2m	I$\bar{4}$2d				
	4/mmm	$D_{2d}^{(1-20)}$	P4/mmm	P4/mcc	P4/nbm	P4/nnc	P4/mbm	P4/mnc	P4/nmm	P4/ncc
			P42/mcc	P42/mcm	P42/nbc	P42/nnm	P42/mbc	P42/mnm	P42/nmc	P42/ncm
			I4/mmm	I4/mcm	I41/amd	I41/acd				

晶系	点群 国际符号	点群 熊夫利符号	空间群								
三方晶系	3	$C_3^{(1-4)}$	P3	P31	P32	R3					
	$\bar{3}$	$C_{3i}^{(1-2)}$	P$\bar{3}$	R$\bar{3}$							
	32	$D_3^{(1-7)}$	P312	P321	P3112	P3121	P3212	P3221	R32		
	3m	$D_{3v}^{(1-6)}$	P3m1	P31m	P3c1	P31c	R3m	R3c			
	$\bar{3}$m	$D_{3d}^{(1-6)}$	P$\bar{3}$1m	P$\bar{3}$1c	P$\bar{3}$m1	P$\bar{3}$c1	R$\bar{3}$m	R$\bar{3}$c			
六方晶系	6	$C_6^{(1-6)}$	P6	P61	P65	P62	P64	P63			
	$\bar{6}$	$C_{3h}^{(1)}$	P$\bar{6}$								
	6/m	$D_{6h}^{(1-2)}$	P6/m	P63/m							
	622	$D_6^{(1-6)}$	P622	P6122	P6522	P6222	P6422	P6322			
	6mm	$C_{6v}^{(1-4)}$	P6mm	P6cc	P63cm	P63mc					
	$\bar{6}$m2	$D_{3h}^{(1-4)}$	P$\bar{6}$m2	P$\bar{6}$c2	P$\bar{6}$2m	P$\bar{6}$2c					
	6/mmm	$D_{6h}^{(1-4)}$	P6/mmm	P6/mcc	P63/mcm	P63/mmc					
立方晶系	23	$T^{(1-5)}$	P23	F23	I23	P213	I213				
	m$\bar{3}$	$T_h^{(1-7)}$	Pm3	Pn3	Fm3	Fd3	Im3	Pa3	Ia3		
	432	$O^{(1-8)}$	P432	P4232	F432	F4132	I432	P4332	P4132	I4132	
	$\bar{4}$3m	$T_d^{(1-6)}$	P$\bar{4}$3m	F$\bar{4}$3m	I$\bar{4}$3m	P$\bar{4}$3n	F$\bar{4}$3c	I$\bar{4}$3d			
	m$\bar{3}$m	$O_h^{(1-10)}$	Pm$\bar{3}$m	Pn$\bar{3}$n	Pm$\bar{3}$n	Pn$\bar{3}$m	Fm$\bar{3}$m	Fm$\bar{3}$c	Fd$\bar{3}$m	Fd$\bar{3}$c	Im$\bar{3}$m
			Ia$\bar{3}$d								

表 2-3-4　七大晶系国际符号（括号外）与熊夫利符号（括号中）对比

点对称条件	晶系	点群	布拉维点阵
1(E)或$\bar{1}$(i)	三斜	1(C_1)，$\bar{1}$(C_i)	P
2(C)或$\bar{2}$(m)	单斜	2(C_2)，m(C_{1h})，2/m(C_{2h})	P，B
两个2(C_2)或$\bar{2}$(m)	正交	222(D_2)，mm2(C_{2V})，mmm(D_{2h})	P，C，I，F
4(C_4)或$\bar{4}$(S_4^3)	四方	4(C_4)，4/m(C_{4h})，4mm(C_{4v})，4/mmm(D_{4h})，422(D_4)，$\bar{4}$(S_4)，$\bar{4}$2m(D_{2d})	P，I
3(C_3)或$\bar{3}$(S_6^5)	三方	3(C_3)，3m(C_{3v})，32(D_3) $\bar{3}$(S_6)，$\bar{3}$m(D_{3d})	P
6(C_6)或$\bar{6}$(S_3^5)	六方	6(C_6)，6/m(C_{6h})，6mm(C_{6v})，6/mmm(D_{6h})，622(D_6)，$\bar{6}$(C_{3h})，$\bar{6}$2(D_{3h})	P
四个三次轴	立方	23(T)，m3(T_h)，$\bar{4}$3m(T_d) 432(O)，m3m(O_h)	P，I，F

习题

(1) 什么是宏观对称素和微观对称素？晶体可能有的独立的点对称元素有几种？布拉维格子按照点群来分有几种？按照空间群来分有几种？晶体结构按照点群来分有几种？按照空间群来分有几种？

(2) 写出体心立方和面心立方晶格结构中，最近邻和次近邻的原子数，若立方边长为 a，写出最近邻和次近邻原子间距。

(3) 画出体心立方和面心立方晶格结构的金属在（100）、（110）、（111）面上原子排列。

(4) 指出立方晶格（111）面与（100）面、（111）面与（110）面的交线的晶向。

(5) 说出立方体和正四面体对称的对称要素和对称操作。如何理解正四面体所有对称要素和对称操作包含于立方体中？讨论对称性的意义。

(6) 证明：如果一个布拉维格子（或点阵）有一个对称平面，则存在平行该对称面的点阵平面系。

(7) 按对称类型分类，布拉维格子的点群类型有几种？空间群类型有几种？晶体结构的点群类型有几种？空间群类型有几种？

(8) 举例说明：①具有 4 次旋转反演对称性的体系不一定具有 4 次旋转轴，也不一定具有反演对称性。②具有 3 次旋转反演对称性的体系既具有 3 次旋转轴，还具有反演对称性。

(9) 证明：晶体的旋转对称轴只能是 1、2、3、4、6 五种。

(10) ①正交晶系的晶格常数为 a、b、c，推导正交晶系晶面 (hkl) 的面间距 d 的表达式。②在正交晶系晶面间距公式基础上，给出四方晶系和立方晶系的晶面间距公式。

第四节　倒格子

为了修正索末菲自由电子费米气体模型的不足，需要考虑离子实对电子的束缚作用；此时，电子相当于在晶格势场中运动，满足量子力学的波动方程，电子的行为可用波函数来描述。第一章引入了波矢 $\vec{k}$ 空间，在波矢 $\vec{k}$ 空间中，电子的能量图像很简单。

布拉维格子具有平移对称性或周期性，它是以坐标空间中的布拉维格矢 $\vec{R}_n$ 来描述的。既然电子等微观粒子在波矢 $\vec{k}$ 空间中描述起来很方便，那么是否可以把晶格所在的坐标空间转变为波矢 $\vec{k}$ 空间呢？换言之，晶体结构的周期性是否也可以在波矢 $\vec{k}$ 空间中进行描述呢？

一、点阵傅里叶变换与倒格子

晶体结构的周期性，可以用坐标空间（$\vec{r}$ 空间）的布拉维格子来描述，这是本书前几节的内容，也是人们易于理解的实物粒子的普遍描述。

量子力学指出，任何基本粒子都具有波粒二象性，亦即具有一定能量和动量的微观粒子，同时也具有一定的波长和频率的波。波是物质存在的一种基本形式，而波矢 $\vec{k}$ 可用来描述波的传播方向。那么晶体结构的周期性是否也可以用波矢 $\vec{k}$ 来描述呢？如果可以，在波矢 $\vec{k}$ 空间，$\vec{k}$ 应满足什么条件呢？

布拉维格子具有平移对称性，因而相应的只有与位置有关的物理量；另外由于布拉维格点的等价性，均应是布拉维格矢 $\vec{R}_n$ 的周期函数，如格点密度、质量密度、电子云密度、离子实产生的势场等都是如此。不失一般性，上述函数可统一写为

$$F(\vec{r}) = F(\vec{r} + \vec{R}_n) \tag{2-4-1}$$

1. 周期函数的傅里叶展开

由于 $F(\vec{r})$ 是布拉维格矢 $\vec{R}_n$ 的周期函数，所以可以将其展开成傅里叶级数

$$F(\vec{r}) = \sum_{\vec{g}} A(\vec{g}) e^{i\vec{g} \cdot \vec{r}} \tag{2-4-2}$$

式中，$A(\vec{g})$ 为展开系数。

$$A(\vec{g}) = \frac{1}{\Omega} \int_{\Omega} F(\vec{r}) e^{-i\vec{g} \cdot \vec{r}} d\vec{r} \tag{2-4-3}$$

一定存在某些 $\vec{g}$，当 $e^{i\vec{g} \cdot \vec{R}_n} = 1$ 成立时，$F(\vec{r}) = F(\vec{r} + \vec{R}_n)$ 成立。

由于 $\vec{g}$ 与 $\vec{R}_n$ 存在上述对应关系，且 $\vec{R}_n$ 可以描述布拉维格子，因此 $\vec{g}$ 也可以描述同样的布拉维格子，且 $\vec{g}$ 与第一章讨论自由电子的波函数中的波矢类似。因而，凡是波矢 $\vec{g}$ 和布拉维格矢满足 $e^{i\vec{G}_h \cdot \vec{R}_n} = 1$ 的波矢，一定也可以描述布拉维格子。这就是倒格子的由来。

由于波矢的单位是坐标空间中长度单位的倒数，因此，在固体物理学中，通常把坐标空间称为正空间，而把波矢空间称为倒易空间或倒空间。从而对应上述矢量 $\vec{g}$ 描述的布拉维格子称为倒格子（倒易点阵），而把 $\vec{R}_n$ 所描述的布拉维格子称为正格子（正点阵）。

名词解释——倒易点阵

为了研究衍射波的特性，1921 年德国物理学家厄瓦尔德（P. P. Ewald）引入了倒易点阵的概念。倒易点阵是相对于正空间中的晶体点阵而言的，它是衍射波的方向与强度在空间的分布。倒易点阵是由被称为倒易点的点所构成的一种点阵，它也是描述晶体结构的一种几何方法，它和空间点阵具有倒易关系。倒易点阵中的一倒易点对应着空间点阵中一组晶面间距相等的点格平面。

由于衍射波是由正空间中的晶体点阵与入射波作用形成的，正空间中的一组平行晶面就可以用倒空间中的一个矢量或阵点来表示。用倒易点阵处理衍射问题时，能使几何概念更清楚、数学推理简化。可以简单地想象，每一幅单晶的衍射花样就是倒易点阵在该花样平面上的投影。

2. 倒格子的定义

对布拉维格子中所有格矢 $\vec{R}_n$，满足 $i\vec{G}_h \cdot \vec{R}_n = 1$ 或 $\vec{G}_h \cdot \vec{R}_n = 2\pi m$（$m$ 为整数）的全部 $\vec{G}_h$ 端点的集合，也可以描述该布拉维格子。如果把 $\vec{R}_n$ 描述的布拉维格子称为正格子，则 $\vec{G}_h$ 所描述的布拉维格子称为正格子的倒格子，也叫倒易点阵或简称为倒点阵；$\vec{G}_h$ 称为倒格矢。

从倒格子的引入可知，对于坐标空间中与布拉维格子有相同平移对称性的某物理量的傅里叶展开中，只存在波矢为倒格矢的分量，其他分量的系数为零。利用倒格矢，满足 $F(\vec{r}) = F(\vec{r} + \vec{R}_n)$ 的傅里叶展开为

$$\begin{cases} F(\vec{r}) = \sum_{\vec{G}_h} A(\vec{G}_h) \mathrm{e}^{i\vec{G}_h \cdot \vec{r}} \\ A(\vec{G}_h) = \dfrac{1}{\Omega} \int_{\Omega} F(\vec{r}) \mathrm{e}^{-i\vec{G}_h \cdot \vec{r}} \, \mathrm{d}\vec{r} \end{cases} \tag{2-4-4}$$

意义：把上述满足坐标空间中的某物理量转变为倒格子空间，且只存在波矢为倒格矢的分量。

3. 倒格子的基矢

将

$$\vec{R}_n = n_1 \vec{a}_1 + n_2 \vec{a}_2 + n_3 \vec{a}_3 \tag{2-4-5}$$

代入 $\vec{G}_h \cdot \vec{R}_n = 2\pi m$，得

$$n_1 \vec{G}_h \cdot \vec{a}_1 + n_2 \vec{G}_h \cdot \vec{a}_2 + n_3 \vec{G}_h \cdot \vec{a}_3 = 2\pi m \tag{2-4-6}$$

欲使式（2-4-6）恒成立，且考虑到 n_1、n_2、n_3 为任意整数，则要求：h_1、h_2、h_3 为整数，即

$$\vec{G}_h \cdot \vec{a}_1 = 2\pi h_1 \; ; \; \vec{G}_h \cdot \vec{a}_2 = 2\pi h_2 \; ; \; \vec{G}_h \cdot \vec{a}_3 = 2\pi h_3 \tag{2-4-7}$$

显然，如果令

$$\vec{G}_h = h_1 \vec{b}_1 + h_2 \vec{b}_2 + h_3 \vec{b}_3 \tag{2-4-8}$$

当满足

$$\vec{b}_i \cdot \vec{a}_j = 2\pi \delta_{ij} = \begin{cases} 2\pi, & i = j \\ 0, & i \neq j \end{cases} \quad i,j = 1,2,3 \tag{2-4-9}$$

其中，δ_{ij} 称为克罗内克函数。则下式自然成立：

$$n_1 \vec{G}_h \cdot \vec{a}_1 + n_2 \vec{G}_h \cdot \vec{a}_2 + n_3 \vec{G}_h \cdot \vec{a}_3 = 2\pi m \tag{2-4-10}$$

或

$$\vec{G}_h \cdot \vec{a}_1 = 2\pi h_1 \; ; \; \vec{G}_h \cdot \vec{a}_2 = 2\pi h_2 \; ; \; \vec{G}_h \cdot \vec{a}_3 = 2\pi h_3$$

由于 $\vec{a}_1$、$\vec{a}_2$、$\vec{a}_3$ 为基矢，互不共面，则由式（2-4-9），可知 $\vec{b}_1$、$\vec{b}_2$、$\vec{b}_3$ 亦应该不共面，从而可以用式（2-4-11）

$$\vec{G}_h = h_1 \vec{b}_1 + h_2 \vec{b}_2 + h_3 \vec{b}_3 \tag{2-4-11}$$

描述倒格子。

由于 $\vec{G}_h = h_1 \vec{b}_1 + h_2 \vec{b}_2 + h_3 \vec{b}_3$ 为倒格矢，如果把倒格矢所在的空间称为倒格子空间，或倒易空间，则由于 $\vec{b}_1$、$\vec{b}_2$、$\vec{b}_3$ 不共面，自然可以成为倒易空间的基矢。

和 $\vec{R}_n = n_1 \vec{a}_1 + n_2 \vec{a}_2 + n_3 \vec{a}_3$ 对比，表明 $\vec{G}_h = h_1 \vec{b}_1 + h_2 \vec{b}_2 + h_3 \vec{b}_3$ 对应的是倒易空间中的布拉维格子，亦即倒格子是倒易空间的布拉维格子。

从而 $\vec{G}_h = h_1 \vec{b}_1 + h_2 \vec{b}_2 + h_3 \vec{b}_3$，$\vec{b}_i \cdot \vec{a}_j = 2\pi \delta_{ij}$，$i = 1$，2，3；$j = 1$，2，3，也可作为以 $\vec{a}_1$、$\vec{a}_2$、$\vec{a}_3$ 为基矢的某一布拉维格子的倒格子的定义。

拓展阅读——克罗内克函数

在数学中，克罗内克函数（又称克罗内克 δ 函数、克罗内克 δ）是一个内链二元函数，得名于德国数学家利奥波德·克罗内克。克罗内克函数的自变量（输入值）一般是两个整数，如果两者相等，则其输出值为 1，否则为 0。克罗内克函数的值一般简写为 δ_{ij}。

4. 讨论

由 $\vec{b}_i \cdot \vec{a}_j = 2\pi \delta_{ij}$，$i = 1$，2，3；$j = 1$，2，3 可知：$\vec{b}_1$ 和 $\vec{a}_2$、$\vec{a}_3$ 垂直，因此 $\vec{a}_2 \times \vec{a}_3$ 与 $\vec{b}_1$ 平行，所以可令

$$\vec{b}_1 = \eta_1 (\vec{a}_2 \times \vec{a}_3) \tag{2-4-12}$$

两边同时点乘 $\vec{a}_1$

$$\vec{a}_1 \cdot \vec{b}_1 = \eta_1 \vec{a}_1 \cdot (\vec{a}_2 \times \vec{a}_3) = 2\pi \tag{2-4-13}$$

又因

$$\eta_1 = \frac{2\pi}{\vec{a}_1 \cdot (\vec{a}_2 \times \vec{a}_3)} = \frac{2\pi}{\Omega}$$

可得

$$\vec{b}_1 = \eta_1 (\vec{a}_2 \times \vec{a}_3) = \frac{2\pi (\vec{a}_2 \times \vec{a}_3)}{\Omega} \tag{2-4-14}$$

式中，Ω 为原胞的体积。

同理可得 $\vec{b}_2$、$\vec{b}_3$。

所以，倒格子基矢与正格子基矢的关系为

$$\vec{b}_1 = \frac{2\pi}{\Omega}(\vec{a}_2 \times \vec{a}_3)$$

$$\vec{b}_2 = \frac{2\pi}{\Omega}(\vec{a}_3 \times \vec{a}_1) \qquad (2\text{-}4\text{-}15)$$

$$\vec{b}_3 = \frac{2\pi}{\Omega}(\vec{a}_1 \times \vec{a}_2)$$

式中，$\vec{a}_1$、$\vec{a}_2$、$\vec{a}_3$ 为正格基矢；$\vec{b}_1$、$\vec{b}_2$、$\vec{b}_3$ 为该正格子的倒格子；Ω 为固体物理学原胞的体积，$\Omega = \vec{a}_1 \cdot (\vec{a}_2 \times \vec{a}_3)$。

固体物理学原胞体积 $\Omega = \vec{a}_1 \cdot (\vec{a}_2 \times \vec{a}_3)$ 与 $\vec{G}_h = h_1\vec{b}_1 + h_2\vec{b}_2 + h_3\vec{b}_3$ 所联系的各点的列阵即为倒格子（如图 2-4-1 所示）。一个倒格基矢是和正格原胞中一组晶面相对应的，它的方向是该晶面的法线方向，它的大小则为该晶面族面间距倒数的 2π 倍。由正格子可以定义倒格子，反之亦可。因此，它们互为倒易格子。

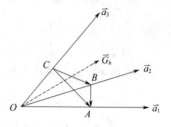

图 2-4-1　固体物理学原胞基矢及平面 ABC

二、倒格子与正格子的关系

1. 体积关系

$$\Omega^* = \frac{(2\pi)^3}{\Omega} \qquad (2\text{-}4\text{-}16)$$

式中，Ω 和 Ω^* 分别为正、倒格子原胞的体积。

除 $(2\pi)^3$ 因子外，正格子原胞体积 Ω 和倒格子原胞体积 Ω^* 互为倒数。

2. 倒格矢与晶面

倒格矢 $\vec{G}_h = h_1\vec{b}_1 + h_2\vec{b}_2 + h_3\vec{b}_3$ 和正格子中晶面族 $(h_1h_2h_3)$ 正交且其倒格矢长度

$$|\vec{G}_h| = \frac{2\pi}{d_{h_1h_2h_3}}$$

式中，$d_{h_1h_2h_3}$ 为正格子晶面族 $(h_1h_2h_3)$ 的面间距。

首先要证明倒格矢 $\vec{G}_h = h_1\vec{b}_1 + h_2\vec{b}_2 + h_3\vec{b}_3$ 和正格子中晶面族 $(h_1h_2h_3)$ 正交。设平面 ABC 为晶面族 $(h_1h_2h_3)$ 中离原点最近的晶面。

平面 ABC 在基矢 $\vec{a}_1$、$\vec{a}_2$、$\vec{a}_3$ 上的截距分别为

$$\frac{a_1}{h_1} \text{、} \frac{a_2}{h_2} \text{、} \frac{a_3}{h_3} \qquad (2\text{-}4\text{-}17)$$

由图 2-4-1 可知

$$\vec{CA} = \vec{OA} - \vec{OC} = \frac{\vec{a}_1}{h_1} - \frac{\vec{a}_3}{h_3} \tag{2-4-18}$$

$$\vec{CB} = \vec{OB} - \vec{OC} = \frac{\vec{a}_2}{h_2} - \frac{\vec{a}_3}{h_3} \tag{2-4-19}$$

$$\vec{G}_h \cdot \vec{CA} = (h_1\vec{b}_1 + h_2\vec{b}_2 + h_3\vec{b}_3) \cdot \left(\frac{\vec{a}_1}{h_1} - \frac{\vec{a}_3}{h_3}\right) = 2\pi - 2\pi = 0 \tag{2-4-20}$$

$$\vec{G}_h \cdot \vec{CB} = (h_1\vec{b}_1 + h_2\vec{b}_2 + h_3\vec{b}_3) \cdot \left(\frac{\vec{a}_2}{h_2} - \frac{\vec{a}_3}{h_3}\right) = 2\pi - 2\pi = 0 \tag{2-4-21}$$

所以，倒格矢 $\vec{G}_h = h_1\vec{b}_1 + h_2\vec{b}_2 + h_3\vec{b}_3$ 和正格子中晶面族（$h_1h_2h_3$）正交。

接着再证明倒格矢长度 $|\vec{G}_h| = \dfrac{2\pi}{d_{h_1h_2h_3}}$。由于倒格矢与晶面族（$h_1h_2h_3$）正交，因而，晶面族（$h_1h_2h_3$）的法线方向为 $\vec{G}_h$，则法线方向的单位矢量 $\hat{n} = \dfrac{\vec{G}_h}{|\vec{G}_h|}$。

因而，面间距

$$
\begin{aligned}
d_{h_1h_2h_3} &= \frac{\vec{a}_1}{h_1} \cdot \hat{n} = \frac{\vec{a}_2}{h_2} \cdot \hat{n} = \frac{\vec{a}_3}{h_3} \cdot \hat{n} \\
&= \frac{\vec{a}_1}{h_1} \cdot \frac{\vec{G}_h}{|\vec{G}_h|} = \frac{\vec{a}_1 \cdot \vec{G}_h}{h_1 |\vec{G}_h|} = \frac{2\pi h_1}{h_1 |\vec{G}_h|} = \frac{2\pi}{|\vec{G}_h|}
\end{aligned}
\tag{2-4-22}
$$

$d_{h_1h_2h_3} = \dfrac{2\pi}{|\vec{G}_h|}$ 表明，对任一倒格矢 $\vec{G}_h = h_1\vec{b}_1 + h_2\vec{b}_2 + h_3\vec{b}_3$，以其在倒易空间的坐标数（$h_1, h_2, h_3$）表征的正格子空间中的晶面族（$h_1h_2h_3$），一定以 $\vec{G}_h$ 为法线方向，且面间距为 $2\pi/|\vec{G}_h|$。这个关系很重要，后面分析 XRD 时要用。

3. 倒格子基矢的方向和长度

$$\vec{b}_1 = \frac{2\pi}{\Omega}(\vec{a}_2 \times \vec{a}_3); \quad \vec{b}_2 = \frac{2\pi}{\Omega}(\vec{a}_3 \times \vec{a}_1); \quad \vec{b}_3 = \frac{2\pi}{\Omega}(\vec{a}_1 \times \vec{a}_2) \tag{2-4-23}$$

倒格矢的示意图如图 2-4-2 所示。设 d_1 是 $\vec{a}_2 \times \vec{a}_3$ 所在晶面族的面间距；d_2 是 $\vec{a}_3 \times \vec{a}_1$ 所在晶面族的面间距；d_3 是 $\vec{a}_1 \times \vec{a}_2$ 所在晶面族的面间距。

利用体积＝底面积×高，则有

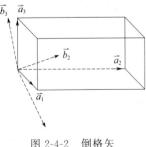

图 2-4-2　倒格矢

$$|\vec{b}_1| = 2\pi \frac{|\vec{a}_2 \times \vec{a}_3|}{\Omega} = \frac{2\pi}{d_1}; \quad |\vec{b}_2| = \frac{2\pi}{d_2}; \quad |\vec{b}_3| = \frac{2\pi}{d_3} \tag{2-4-24}$$

一个倒格子基矢是和正格子原胞中一组晶面相对应的，它的方向是该晶面的法线方向，它的大小则为该晶面族面间距倒数的 2π 倍。

4. 正格子与倒格子的比较

晶体结构

正格子	倒格子
① $\vec{R}_n = n_1\vec{a}_1 + n_2\vec{a}_2 + n_3\vec{a}_3$	① $\vec{G}_h = h_1\vec{b}_1 + h_2\vec{b}_2 + h_3\vec{b}_3$
② 与晶体中原子位置相对应；	② 与晶体中一族晶面相对应；
③ 是真实空间中点的周期性排列；	③ 是与真实空间相联系的倒格子空间中点的周期性排列；
④ 线度量纲为［长度］	④ 线度量纲为［长度］$^{-1}$

已知晶体结构，求其倒格子的方法为：晶体结构→正格子→正格子基矢→倒格子基矢→倒格子。

$$\vec{b}_1 = \frac{2\pi}{\Omega}(\vec{a}_2 \times \vec{a}_3); \vec{b}_2 = \frac{2\pi}{\Omega}(\vec{a}_3 \times \vec{a}_1); \vec{b}_3 = \frac{2\pi}{\Omega}(\vec{a}_1 \times \vec{a}_2) \tag{2-4-25}$$

$$\vec{b}_i \cdot \vec{a}_j = 2\pi\delta_{ij} = \begin{cases} 2\pi(i=j) \\ 0(i \neq j) \end{cases} \tag{2-4-26}$$

$$\vec{G}_h = h_1\vec{b}_1 + h_2\vec{b}_2 + h_3\vec{b}_3 \tag{2-4-27}$$

三、布里渊区、倒格子的实例和对应晶胞

1. 布里渊区、布拉格平面

在倒格子空间中以任意一个倒格点为原点，做原点和其他所有倒格点连线的中垂面或中垂线，这些中垂面或中垂线将倒格子空间分割成许多区域，这些区域称为布里渊区。把两个倒格点连线之间的垂直平分面称为布拉格平面。

（1）第一布里渊区

在倒格子空间中，以一个倒格点为原点，从原点出发，不经过任何布拉格平面所能到达的所有点的集合，称为第一布里渊区，也叫简约布里渊区。显然，它是围绕原点的最小闭合区域。容易看出，第一布里渊区和前面所讲的维格纳-塞茨原胞的取法一样，所以通常人们把第一布里渊区定义为倒格子空间中的维格纳-塞茨原胞。

（2）高布里渊区

除第一布里渊区外，还有第二，第三，……所谓高布里渊区。从第 $n-1$ 个布里渊区出发，只经过一个布拉格平面所能到达的所有点的集合，称为第 n 布里渊区。或者说，从原点出发经过 $n-1$ 个中垂面（或中垂线）才能到达的区域（n 为正整数）称为第 n 布里渊区。除第一布里渊区以外，高布里渊区均由一些小块组成；每个布里渊区的总体积相等，均为倒格

子空间中一个原胞的体积。布里渊区尤其是简约布里渊区在能带论电子和晶格振动的讨论中非常重要。

2. 常见倒格子、布里渊区的实例

（1）二维正方晶格的倒格子和布里渊区

图 2-4-3 所示为二维晶体结构图，试画出其倒格点的排列和布里渊区图。

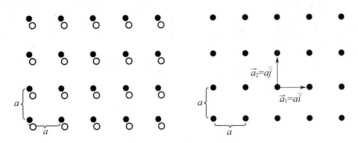

图 2-4-3　二维晶体结构

$$\begin{cases} \vec{a}_1 = a\,\hat{i} \\ \vec{a}_2 = a\,\hat{j} \end{cases} \vec{b}_i \cdot \vec{a}_j = 2\pi\delta_{ij} = \begin{cases} 2\pi\,(i=j) \\ 0\,(i \neq j) \end{cases} \tag{2-4-28}$$

$$\begin{cases} \vec{a}_1 \cdot \vec{b}_1 = 2\pi \\ \vec{a}_1 \cdot \vec{b}_2 = 0 \\ \vec{a}_2 \cdot \vec{b}_1 = 0 \\ \vec{a}_2 \cdot \vec{b}_2 = 2\pi \end{cases} \tag{2-4-29}$$

$$\begin{cases} \vec{b}_1 = \dfrac{2\pi}{a}\,\hat{i} \\ \vec{b}_2 = \dfrac{2\pi}{a}\,\hat{j} \end{cases} \tag{2-4-30}$$

$$\vec{G}_h = h_1\,\vec{b}_1 + h_2\,\vec{b}_2 + h_3\,\vec{b}_3 \tag{2-4-31}$$

边长为 a 的二维正方晶格，其倒格子仍然是二维正方晶格，倒格子基矢 $\vec{b}_1$、$\vec{b}_2$ 的长度为 $2\pi/a$，即倒格子是边长为 $2\pi/a$ 的正方形格子；其布里渊区如图 2-4-4 所示，图中给出了三个布里渊区。布里渊区的面积＝倒格子原胞的面积，如图 2-4-5 所示。

第一至第十布里渊区的示意图如图 2-4-6 所示。高序号布里渊区的各个分散的碎片平移一个或几个倒格矢进入简约布里渊区，形成布里渊区的简约区图，如图 2-4-7 所示。

（2）二维矩形格子的倒格子和布里渊图

二维矩形格子的倒格子仍为矩形。设矩形边长分别为 a 和 b，二维矩形格子的倒格子如图 2-4-8 所示。

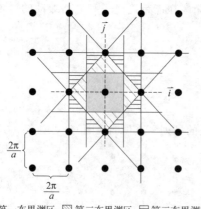

□ 第一布里渊区　▨ 第二布里渊区　☰ 第三布里渊区

图 2-4-4　二维正方晶格的布里渊区

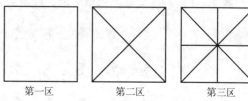

第一区　　　第二区　　　第三区

图 2-4-5　图 2-4-4 中布里渊区的简约区

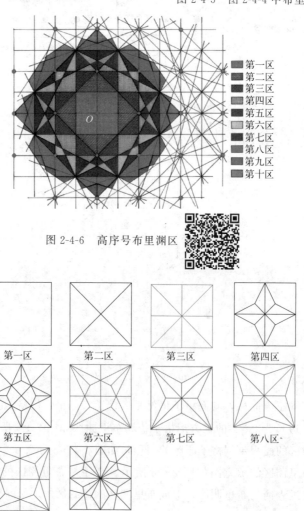

■ 第一区
■ 第二区
■ 第三区
■ 第四区
■ 第五区
■ 第六区
■ 第七区
■ 第八区
■ 第九区
■ 第十区

图 2-4-6　高序号布里渊区

第一区　　第二区　　第三区　　第四区

第五区　　第六区　　第七区　　第八区·

第九区　　第十区

图 2-4-7　二维正方晶格的布里渊区的简约区

$$\begin{cases} \vec{a}_1 = a\,\vec{i} \\ \vec{a}_2 = b\,\vec{j} \end{cases} \qquad (2\text{-}4\text{-}32)$$

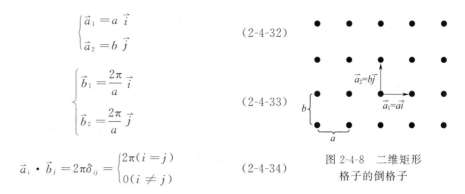

$$\begin{cases} \vec{b}_1 = \dfrac{2\pi}{a}\,\vec{i} \\ \vec{b}_2 = \dfrac{2\pi}{a}\,\vec{j} \end{cases} \qquad (2\text{-}4\text{-}33)$$

$$\vec{a}_i \cdot \vec{b}_j = 2\pi\delta_{ij} = \begin{cases} 2\pi\,(i=j) \\ 0\,(i \neq j) \end{cases} \qquad (2\text{-}4\text{-}34)$$

图 2-4-8　二维矩形
格子的倒格子

二维矩形格子的倒格子、第一和第二布里渊区的扩展区图和简约区如图 2-4-9 所示。

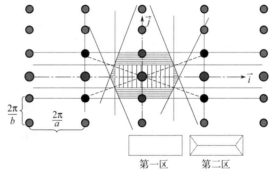

第一区　　第二区

图 2-4-9　二维矩形格子的倒格子、第一和
第二布里渊区的扩展区图和简约区

（3）体心立方的倒格子和第一布里渊区

体心立方的原胞基矢如式（2-4-35）所示，并推导出倒格子的基矢如式（2-4-36）所示。

$$\begin{cases} \vec{a}_1 = \dfrac{a}{2}(-\,\hat{i} + \hat{j} + \hat{k}) \\[2mm] \vec{a}_2 = \dfrac{a}{2}(\hat{i} - \hat{j} + \hat{k}) \\[2mm] \vec{a}_3 = \dfrac{a}{2}(\hat{i} + \hat{j} - \hat{k}) \end{cases} \qquad (2\text{-}4\text{-}35)$$

$$\begin{cases} \vec{b}_1 = \dfrac{2\pi}{\Omega}(\vec{a}_2 \times \vec{a}_3) \\[2mm] \vec{b}_2 = \dfrac{2\pi}{\Omega}(\vec{a}_3 \times \vec{a}_1) \\[2mm] \vec{b}_3 = \dfrac{2\pi}{\Omega}(\vec{a}_1 \times \vec{a}_2) \end{cases} \qquad (2\text{-}4\text{-}36)$$

$$\vec{a}_2 \times \vec{a}_3 = \begin{vmatrix} \hat{i} & \hat{j} & \hat{k} \\ \dfrac{a}{2} & -\dfrac{a}{2} & \dfrac{a}{2} \\ \dfrac{a}{2} & \dfrac{a}{2} & -\dfrac{a}{2} \end{vmatrix} \tag{2-4-37}$$

$$= \hat{i} \begin{vmatrix} -\dfrac{a}{2} & \dfrac{a}{2} \\ \dfrac{a}{2} & -\dfrac{a}{2} \end{vmatrix} + \hat{j} \begin{vmatrix} \dfrac{a}{2} & \dfrac{a}{2} \\ -\dfrac{a}{2} & \dfrac{a}{2} \end{vmatrix} + \hat{k} \begin{vmatrix} \dfrac{a}{2} & -\dfrac{a}{2} \\ \dfrac{a}{2} & \dfrac{a}{2} \end{vmatrix} \tag{2-4-38}$$

$$= \frac{a^2}{2}\hat{j} + \frac{a^2}{2}\hat{k} \tag{2-4-39}$$

$$\vec{a}_2 \times \vec{a}_3 = \frac{a^2}{2}\hat{j} + \frac{a^2}{2}\hat{k} \tag{2-4-40}$$

$$\Omega = \vec{a}_1 \cdot (\vec{a}_2 \times \vec{a}_3) = \frac{1}{2}a^3 \tag{2-4-41}$$

$$\vec{b}_1 = \frac{2\pi}{\Omega}(\vec{a}_2 \times \vec{a}_3) = \frac{2\pi}{a^3/2}\frac{a^2}{2}(\hat{j}+\hat{k}) = \frac{2\pi}{a}(\hat{j}+\hat{k}) \tag{2-4-42}$$

同理得

$$\vec{b}_2 = \frac{2\pi}{a}(\hat{i}+\hat{k}) \; ; \; \vec{b}_3 = \frac{2\pi}{a}(\hat{i}+\hat{j}) \tag{2-4-43}$$

倒格矢

$$\begin{cases} \vec{b}_1 = \dfrac{2\pi}{a}(\hat{j}\times\hat{k}) \\[2mm] \vec{b}_2 = \dfrac{2\pi}{a}(\hat{i}\times\hat{k}) \\[2mm] \vec{b}_3 = \dfrac{2\pi}{a}(\hat{i}\times\hat{j}) \end{cases} \tag{2-4-44}$$

已知面心立方正格子基矢

$$\begin{cases} \vec{a}_1 = \dfrac{a}{2}(\hat{j}+\hat{k}) \\[2mm] \vec{a}_2 = \dfrac{a}{2}(\hat{i}+\hat{k}) \\[2mm] \vec{a}_3 = \dfrac{a}{2}(\hat{i}+\hat{j}) \end{cases} \tag{2-4-45}$$

比较可知，体心立方倒格子是边长为 $4\pi/a$ 的面心立方。所以，体心立方的倒格子有 12 个最近邻；这 12 个倒格点位置是：$\dfrac{2\pi}{a}(1,1,0)$；$\dfrac{2\pi}{a}(-1,-1,0)$；$\dfrac{2\pi}{a}(1,-1,0)$；$\dfrac{2\pi}{a}(-1,1,$

$0)$;$\frac{2\pi}{a}(1,0,1)$;$\frac{2\pi}{a}(1,0,-1)$;$\frac{2\pi}{a}(-1,0,1)$;$\frac{2\pi}{a}(-1,0,-1)$;$\frac{2\pi}{a}(0,1,1)$;$\frac{2\pi}{a}(0,-1,$

$-1)$;$\frac{2\pi}{a}(0,1,-1)$;$\frac{2\pi}{a}(0,-1,1)$。

以一个倒格点为中心,做这个中心与 12 个最近邻倒格点连线的中垂面,它们恰好围成一个封闭的菱形十二面体,这就是体心立方结构的简约布里渊区,如图 2-4-10 所示。

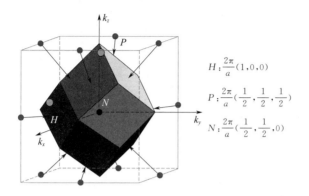

$$H:\frac{2\pi}{a}(1,0,0)$$

$$P:\frac{2\pi}{a}\left(\frac{1}{2},\frac{1}{2},\frac{1}{2}\right)$$

$$N:\frac{2\pi}{a}\left(\frac{1}{2},\frac{1}{2},0\right)$$

图 2-4-10 体心立方结构的简约布里渊区

图 2-4-10 中标出了一些对称点和对称轴,在能带论计算中这些对称要素(对应波矢的取值)处的能量较易计算。这些要素的常用符号如下:

① 布里渊区体中心(原点)标记为 $\varGamma:\frac{2\pi}{a}(0,0,0)$;

② 立方体的面心记为 H,有 6 个等价点,分别是 $\frac{2\pi}{a}(\pm 1,0,0)$;$\frac{2\pi}{a}(0,\pm 1,0)$;$\frac{2\pi}{a}(0,0,$ $\pm 1)$;

③ 布里渊区体中心 $\varGamma$ 点和面心 H 点的连线(沿<100>方向)用 Δ 表示;$\varGamma$ 点和 P 点的连线(沿<111>方向)记为 Λ;$\varGamma$ 点和 N 点的连线(沿<110>方向)记为 Σ。

利用倒格矢,体心立方结构倒格子的任一倒格矢可以表示为

$$\vec{G}_h = h_1\vec{b}_1 + h_2\vec{b}_2 + h_3\vec{b}_3 = \frac{2\pi}{a}\left[(h_2+h_3)\hat{i}+(h_1+h_3)\hat{j}+(h_1+h_2)\hat{k}\right] \quad (2\text{-}4\text{-}46)$$

从而体心立方正格子中晶面指数为 $(h_1h_2h_3)$ 晶面族的面间距为

$$d_{h_1h_2h_3} = \frac{2\pi}{|\vec{G}_h|} = \frac{a}{\sqrt{(h_2+h_3)^2+(h_1+h_3)^2+(h_1+h_2)^2}} \quad (2\text{-}4\text{-}47)$$

（4）面心立方的倒格子和第一布里渊区

如图 2-2-8 所示,面心立方正格基矢为

$$\begin{cases} \vec{a}_1 = \dfrac{a}{2}(\hat{j} + \hat{k}) \\[2mm] \vec{a}_2 = \dfrac{a}{2}(\hat{i} + \hat{k}) \\[2mm] \vec{a}_3 = \dfrac{a}{2}(\hat{i} + \hat{j}) \end{cases} \tag{2-4-48}$$

$$\Omega = \vec{a}_1 \cdot (\vec{a}_2 \times \vec{a}_3) = \frac{1}{4}a^3 \tag{2-4-49}$$

倒格基矢

$$\begin{cases} \vec{b}_1 = \dfrac{2\pi}{\Omega}(\vec{a}_2 \times \vec{a}_3) = \dfrac{2\pi}{a}(-\hat{i} + \hat{j} + \hat{k}) \\[2mm] \vec{b}_2 = \dfrac{2\pi}{\Omega}(\vec{a}_3 \times \vec{a}_1) = \dfrac{2\pi}{a}(\hat{i} - \hat{j} + \hat{k}) \\[2mm] \vec{b}_3 = \dfrac{2\pi}{\Omega}(\vec{a}_1 \times \vec{a}_2) = \dfrac{2\pi}{a}(\hat{i} + \hat{j} - \hat{k}) \end{cases} \tag{2-4-50}$$

倒格子基矢

$$\begin{cases} \vec{b}_1 = \dfrac{2\pi}{a}(-\hat{i} + \hat{j} + \hat{k}) \\[2mm] \vec{b}_2 = \dfrac{2\pi}{a}(\hat{i} - \hat{j} + \hat{k}) \\[2mm] \vec{b}_3 = \dfrac{2\pi}{a}(\hat{i} + \hat{j} - \hat{k}) \end{cases} \tag{2-4-51}$$

已知体心立方正格子基矢

$$\begin{cases} \vec{a}_1 = \dfrac{a}{2}(-\hat{i} + \hat{j} + \hat{k}) \\[2mm] \vec{a}_2 = \dfrac{a}{2}(\hat{i} - \hat{j} + \hat{k}) \\[2mm] \vec{a}_3 = \dfrac{a}{2}(\hat{i} + \hat{j} - \hat{k}) \end{cases} \tag{2-4-52}$$

比较得出，面心立方的倒格子是边长为 $4\pi/a$ 体心立方。所以，面心立方的倒格子有 8 个最近邻。这 8 个倒格点位置分别为：$\dfrac{2\pi}{a}(1,1,1)$；$\dfrac{2\pi}{a}(-1,1,1)$；$\dfrac{2\pi}{a}(1,-1,1)$；$\dfrac{2\pi}{a}(1,1,-1)$；$\dfrac{2\pi}{a}(1,-1,-1)$；$\dfrac{2\pi}{a}(-1,1,-1)$；$\dfrac{2\pi}{a}(-1,-1,1)$；$\dfrac{2\pi}{a}(-1,-1,-1)$；还有 6 个次近邻倒格点，分别为：$\dfrac{4\pi}{a}(\pm 1,0,0)$；$\dfrac{4\pi}{a}(0,\pm 1,0)$；$\dfrac{4\pi}{a}(0,0,\pm 1)$。

从原点出发向这些近邻、次近邻作连线，这些连线的垂直平分面构成面心立方的简约布里渊区，它是一个截角八面体（十四面体）。其中一些对称要素的常用符号为：布里渊区体中心 Γ 点和其他点间的连线——ΓX 用 Δ 表示；ΓL 记为 Λ；ΓK 记为 Σ。其中一些对称要素的常用符号如图 2-4-11 所示。

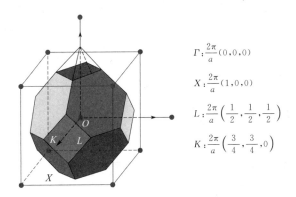

$$\Gamma : \frac{2\pi}{a}(0,0,0)$$

$$X : \frac{2\pi}{a}(1,0,0)$$

$$L : \frac{2\pi}{a}\left(\frac{1}{2},\frac{1}{2},\frac{1}{2}\right)$$

$$K : \frac{2\pi}{a}\left(\frac{3}{4},\frac{3}{4},0\right)$$

图 2-4-11　面心立方结构的布里渊区

利用 b_1、b_2、b_3，面心立方结构倒格子的任一倒格矢可以表示为

$$\vec{G}_h = \frac{2\pi}{a}\left[(-h_1+h_2+h_3)\,\hat{i}+(h_1-h_2+h_3)\,\hat{j}+(h_1+h_2-h_3)\,\hat{k}\right] \tag{2-4-53}$$

从而，面心立方正格子中晶面指数为 $(h_1h_2h_3)$ 晶面族的面间距为

$$d_{h_1h_2h_3}=\frac{2\pi}{|\vec{G}_h|}=\frac{a}{\sqrt{(h_2+h_3)^2+(h_1+h_3)^2+(h_1+h_2)^2}} \tag{2-4-54}$$

（5）简立方的倒格子和第一布里渊区

简立方的基矢

$$\vec{a}_1=a\,\hat{i}\,,\ \vec{a}_2=a\,\hat{j}\,,\ \vec{a}_3=a\,\hat{k}$$

$$\begin{cases}\vec{b}_1=\dfrac{2\pi}{\Omega}(\vec{a}_2\times\vec{a}_3)=\dfrac{2\pi}{a}\,\hat{i}\\[2mm]\vec{b}_2=\dfrac{2\pi}{\Omega}(\vec{a}_3\times\vec{a}_1)=\dfrac{2\pi}{a}\,\hat{j}\\[2mm]\vec{b}_3=\dfrac{2\pi}{\Omega}(\vec{a}_1\times\vec{a}_2)=\dfrac{2\pi}{a}\,\hat{k}\end{cases} \tag{2-4-55}$$

$$\begin{cases}\vec{b}_1=\dfrac{2\pi}{a}\,\hat{i}\\[2mm]\vec{b}_2=\dfrac{2\pi}{a}\,\hat{j}\\[2mm]\vec{b}_3=\dfrac{2\pi}{a}\,\hat{k}\end{cases} \tag{2-4-56}$$

比较得出简立方的倒格子是边长为 $2\pi/a$ 简立方。

$$\vec{G}_h = h_1\vec{b}_1 + h_2\vec{b}_2 + h_3\vec{b}_3 = \frac{2\pi}{a}(h_1\hat{i} + h_2\hat{j} + h_3\hat{k})$$

$$= \frac{a}{\sqrt{h_1{}^2 + h_2{}^2 + h_3{}^2}} \qquad (2\text{-}4\text{-}57)$$

$$d_{h_1 h_2 h_3} = \frac{2\pi}{|G_h|} \qquad (2\text{-}4\text{-}58)$$

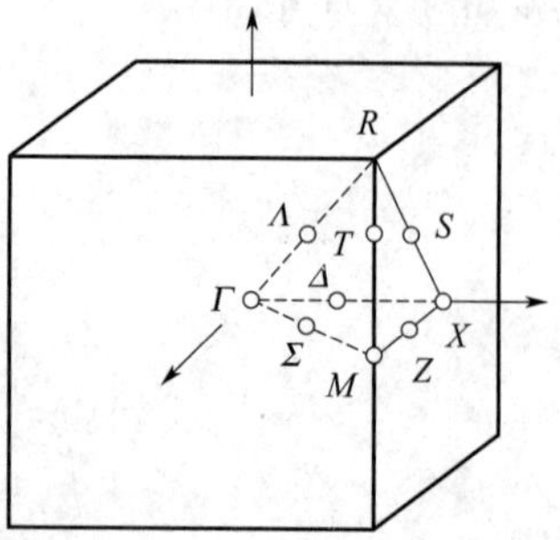

其简约布里渊区是边长为 $2\pi/a$ 的立方体，其中一些对称要素的常用符号如图 2-4-12 所示。

图 2-4-12　简立方对称
要素的常用符号

（6）简单六角布拉维格子的倒格子和第一布里渊区

简单六角正格子的三个基矢可以取为

$$\begin{cases} \vec{a}_1 = \dfrac{\sqrt{3}}{2}a\,\hat{i} + \dfrac{a}{2}\,\hat{j} \\[2mm] \vec{a}_2 = -\dfrac{\sqrt{3}}{2} + \dfrac{a}{2}\,\hat{j} \\[2mm] \vec{a}_3 = c\hat{k} \end{cases} \qquad (2\text{-}4\text{-}59)$$

$$\Omega = \vec{a}_1 \cdot (\vec{a}_2 \times \vec{a}_3) = \frac{\sqrt{3}}{2}a^2 c \qquad (2\text{-}4\text{-}60)$$

所以相应的倒格子的三个基矢

$$\begin{cases} \vec{b}_1 = \dfrac{2\pi}{\sqrt{3}\,a}\,\hat{i} + \dfrac{2\pi}{a}\,\hat{j} \\[2mm] \vec{b}_2 = -\dfrac{2\pi}{\sqrt{3}\,a}\,\hat{i} + \dfrac{2\pi}{a}\,\hat{j} \\[2mm] \vec{b}_3 = \dfrac{2\pi}{c}\,\hat{k} \end{cases} \qquad (2\text{-}4\text{-}61)$$

比较得出，简单六角布拉维格子的倒格子还是简单六角布拉维格子，其倒格子的晶格常数为 $4\pi/3a$ 和 $2\pi/c$；简单六角布拉维格子的简约布里渊区也是六角格子形状。相应的倒格矢为

$$\vec{G}_h = \frac{2\pi}{\sqrt{3}\,a}(h_1 - h_2)\,\hat{i} + \frac{2\pi}{a}(h_1 + h_2)\,\hat{j} + \frac{2\pi}{c}h_3\hat{k}$$

$$(2\text{-}4\text{-}62)$$

从而简单六角正格子中晶面指数为 $(h_1 h_2 h_3)$ 晶面族的面间距为

$$d_{h_1 h_2 h_3} = \frac{1}{\sqrt{\dfrac{4}{3a^2}(h_1{}^2 + h_1 h_2 + h_2{}^2) + \dfrac{h_3{}^2}{c^2}}} \qquad (2\text{-}4\text{-}63)$$

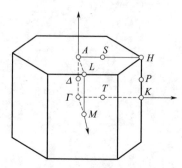

图 2-4-13　简单六角
对称要素的常用符号

简单六角对称要素的常用符号如图 2-4-13 所示。布里渊

区的形状由晶体结构的布拉维晶格决定；布里渊区的体积（或面积）等于倒格原胞的体积（或面积）。

3. 倒格子的晶胞

前文针对倒格子的讨论都是基于正格子原胞的三个基矢 $\vec{a}_1$、$\vec{a}_2$、$\vec{a}_3$ 展开的，对应的由 $\vec{b}_1$、$\vec{b}_2$、$\vec{b}_3$ 三个基矢描述的倒格子也可以称为倒格子的原胞。人们也可以由正格子晶胞的三个基矢 $\vec{a}$、$\vec{b}$、$\vec{c}$ 展开讨论，此时对应的由三个基矢 $\vec{a}^*$、$\vec{b}^*$、$\vec{c}^*$ 描述的倒格子称为倒格子的晶胞。

$$\begin{cases} \vec{a}^* = \dfrac{2\pi}{\vec{a} \cdot (\vec{b} \times \vec{c})}(\vec{b} \times \vec{c}) \\[3mm] \vec{b}^* = \dfrac{2\pi}{\vec{a} \cdot (\vec{b} \times \vec{c})}(\vec{c} \times \vec{a}) \\[3mm] \vec{c}^* = \dfrac{2\pi}{\vec{a} \cdot (\vec{b} \times \vec{c})}(\vec{a} \times \vec{b}) \end{cases} \tag{2-4-64}$$

相应的倒格矢为

$$\vec{G}_{hkl} = h\vec{a}^* + k\vec{b}^* + l\vec{c}^* \tag{2-4-65}$$

引入倒格子的晶胞有时便于问题的讨论。比如同一晶面族中晶面指数 $(h_1 h_2 h_3)$ 和米勒指数 (hkl) 的互换问题。

对于同一晶面族而言，其法线方向不会因为坐标系的选择而改变，而法线方向对应着相应的倒格子矢量方向。所以，对于同一族晶面来说，倒格子原胞的倒格矢和倒格子晶胞的倒格矢平行，且两者应成比例。

对于立方晶系来说，SC、BCC、FCC 其正格子晶胞的三个基矢 $\vec{a}$、$\vec{b}$、$\vec{c}$ 相等，因此对应的倒格子晶胞的三个基矢 $\vec{a}^*$、$\vec{b}^*$、$\vec{c}^*$ 也相等。

米勒指数为 (hkl) 的晶面族，可由相应的晶胞的倒格矢来描述。

$$\begin{cases} \vec{a}^* = \dfrac{2\pi}{a}\hat{i} \\[3mm] \vec{b}^* = \dfrac{2\pi}{a}\hat{j} \\[3mm] \vec{c}^* = \dfrac{2\pi}{a}\hat{k} \end{cases} \tag{2-4-66}$$

$$\vec{G}_{hkl} = \frac{2\pi}{a}(h\hat{i} + k\hat{j} + l\hat{k}) \tag{2-4-67}$$

对于面心立方结构来说，倒格子的原胞的倒格矢为

$$\vec{G}_h = \frac{2\pi}{a}\left[(-h_1 + h_2 + h_3)\hat{i} + (h_1 - h_2 + h_3)\hat{j} + (h_1 + h_2 - h_3)\hat{k}\right] \tag{2-4-68}$$

如果晶面指数 $(h_1 h_2 h_3)$ 和米勒指数 (hkl) 对应同一晶面族，则有

$$\vec{G}_h = p\vec{G}_{hkl} \tag{2-4-69}$$

从而有

$$\begin{cases} -h_1 + h_2 + h_3 = ph \\ h_1 - h_2 + h_3 = pk \\ h_1 + h_2 - h_3 = pl \end{cases} \Rightarrow \begin{cases} h_1 = p\dfrac{k+l}{2} \\ h_2 = p\dfrac{h+l}{2} \\ h_3 = p\dfrac{h+k}{2} \end{cases} \tag{2-4-70}$$

式中，p 为比例系数。

对于体心立方，如果晶面指数 $(h_1 h_2 h_3)$ 和米勒指数 (hkl) 对应同一晶面族，类似的可以得到

$$\begin{cases} -h_1 + h_2 + h_3 = ph \\ h_1 - h_2 + h_3 = pk \\ h_1 + h_2 - h_3 = pl \end{cases} \Rightarrow \begin{cases} h_1 = p\dfrac{k+l-h}{2} \\ h_2 = p\dfrac{h+l-k}{2} \\ h_3 = p\dfrac{h+k-l}{2} \end{cases} \tag{2-4-71}$$

其中比例系数 p 的选择要使 h_1、h_2、h_3 三个数互质。此外，利用倒格矢和晶面之间的关系，很容易求两个晶面之间或晶向与晶面之间的夹角。

比如米勒指数为 $(h_1 k_1 l_1)$ 和 $(h_2 k_2 l_2)$ 的两个晶面之间的夹角为 β，实际上就是求两个倒格矢 $G_{h_1 k_1 l_1}$ 和 $G_{h_2 k_2 l_2}$ 之间的夹角。

由于

$$\vec{G}_{h_1 k_1 l_1} = h_1 \vec{a}^* + k_1 \vec{b}^* + l_1 \vec{c}^* \tag{2-4-72}$$

$$\vec{G}_{h_2 k_2 l_2} = h_2 \vec{a}^* + k_2 \vec{b}^* + l_2 \vec{c}^* \tag{2-4-73}$$

利用上面两个矢量的点乘，很容易得到

$$\cos\beta = \frac{(h_1 \vec{a}^* + k_1 \vec{b}^* + l_1 \vec{c}^*) \cdot (h_2 \vec{a}^* + k_2 \vec{b}^* + l_2 \vec{c}^*)}{|\vec{G}_{h_1 k_1 l_1}| \, |\vec{G}_{h_2 k_2 l_2}|} \tag{2-4-74}$$

而正格子中的一个晶向 $R = ua + vb + wc$ 与米勒指数为 (hkl) 的晶面之间的夹角为 γ，则等于 $\pi/2$ 角减去该晶向与倒格矢 G_{hkl} 间的夹角 β，即 $\gamma = \dfrac{\pi}{2} - \beta$。

因为

$$\vec{R} \cdot \vec{G}_{hkl} = (u\vec{a} + v\vec{b} + w\vec{c}) \cdot (h\vec{a}^* + k\vec{b}^* + l\vec{c}^*) = |\vec{R}| \, |\vec{G}_{hkl}| \cos\beta \tag{2-4-75}$$

所以

$$\sin\gamma = \cos\beta = \frac{2\pi(uh + vk + wl)}{|\vec{R}| \, |\vec{G}_{hkl}|} \tag{2-4-76}$$

四、倒格子的点群对称性

1. 同一晶格的正格子和倒格子有相同的点群对称性

证明：

设 α 为正格子的一个点群的任取对称操作，亦即 $\vec{R}_n$ 为正格矢时，$\alpha \vec{R}_n$ 亦为正格矢，点群对称操作不会改变原有格点之间的距离。按照群的定义，当 α 为点群对称操作时，α^{-1} 亦为同一点群的对称操作，则 $\alpha^{-1} \vec{R}_n$ 亦为正格矢。

$$\vec{G}_n \cdot \vec{R}_n = 2\pi m \Rightarrow \vec{G}_n \cdot (\alpha^{-1} \vec{R}_n) = 2\pi m \tag{2-4-77}$$

由点群对称操作不会改变原有格点之间的距离可知：当 $\vec{G}_n$ 和 $\alpha^{-1} \vec{R}_n$ 接受同一点群对称操作时，空间任意两点之间的距离不变。

$$\alpha \vec{G}_n \cdot \alpha(\alpha^{-1} \vec{R}_n) = \vec{G}_n \cdot \alpha^{-1} \vec{R}_n = 2\pi m \tag{2-4-78}$$

$$\alpha \vec{G}_n \cdot \alpha(\alpha^{-1} \vec{R}_n) = \alpha \vec{G}_n \cdot \alpha\alpha^{-1} \vec{R}_n = \alpha \vec{G}_n \cdot \vec{R}_n \tag{2-4-79}$$

$$(\alpha \vec{G}_n) \cdot \vec{R}_n = 2\pi m \tag{2-4-80}$$

所以，对点群中任一 α 而言，$\alpha \vec{G}_n$ 亦为倒格矢，亦即对应正格子点群中的任一操作 α 相应的也是倒格子的对称操作。因而同一晶格的正格子和倒格子有相同的点群对称性。

2. W-S 原胞

倒格子空间中的 W-S 原胞，亦即第一布里渊区，也就是所谓的简约布里渊区，具有晶格点群的全部对称性。主要因为 W-S 原胞本身就是对称化原胞，所以，第一布里渊区具有特别重要的意义。

习题

（1）什么是倒格子？引入倒格子的意义是什么？

（2）布里渊区的概念，并画出下面点阵的第一、第二、第三布里渊区。

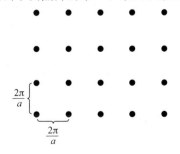

（3）某种元素晶体具有六方密堆积结构，试指出该晶体的布拉维格子类型和其倒格子的类型。

（4）某晶体的倒格子结构是体心立方，则该晶体的正格子是什么结构？

（5）证明：倒格子原胞的体积为 $(2\pi)^3/V_0$，其中 V_0 为正格子原胞体积。

（6）证明：倒格子矢量 $\vec{G}=h_1\vec{b}_1+h_2\vec{b}_2+h_3\vec{b}_3$ 垂直于密勒指数为 $(h_1h_2h_3)$ 的晶面系。

（7）证明：①面心立方的倒格子是体心立方；②体心立方的倒格子是面心立方；③倒格子原胞的体积与正格子原胞体积的乘积为常数 $8\pi^3$。

（8）阐述与晶列 $[uvw]$ 垂直的倒格面的面指数是什么。

（9）利用倒格子相关知识求解正交晶系的晶面间距公式。

（10）一个二维晶体点阵由边长 $AB=4$，$AC=3$，夹角 $BAC=60°$ 的平行四边形 $ABDC$ 重复而成，求其倒易点阵的基矢。

第五节　确定晶体结构的实验方法

一、X 射线衍射的历史回顾

物理学是一门实验科学，固体物理学更是如此。晶体结构的点阵理论提出以后，在德国慕尼黑大学任教的劳厄，受到厄瓦尔德的启发，在弗里德里希和尼平的协助下，得到了硫酸铜晶体的衍射斑。

大约在 1912 年 1 月底，德国物理学家、慕尼黑大学教授索末菲的一位博士生厄瓦尔德在准备题目为《有关双折射现象的微观解释的问题》博士论文的过程中，为研究光波在晶格中的行为而寻找数学处理方法时遇到了一些困难。他假定晶体中偶极子按点阵排列，在入射电磁波的作用下，偶极子振动将发射出次级电磁波。厄瓦尔德就这个假定的合理性向劳厄请教，在请教过程中劳厄得知厄瓦尔德计算的偶极子阵列的间距是 $10^{-8}\,\mathrm{cm}$ 量级，并联想到这正是 X 射线波长的量级，即晶体中一层原子和另一层原子之间的距离大约是 X 射线波长的大小。

劳厄酝酿出一个实验：把晶体当作一个三维光栅，让一束 X 射线穿过，由于空间光栅的间距与 X 射线波长的估计值在数量级上近似，可期望观察到衍射谱。虽然劳厄的想法受到索末菲和维恩等著名物理学家的怀疑，但是在索末菲的助手弗里德里希和伦琴的博士研究生克尼平的支持和参与下，劳厄等人完成了 X 射线衍射实验，最终成功地观察到 X 射线透过硫酸铜后的衍射斑点。通过改进仪器设备数周后他们照出更为清晰的 ZnS、PbS 和 NaCl 等晶体的 X 射线衍射图；劳厄也因此荣获了 1914 年的诺贝尔物理学奖。这个实验既证实了 X 射线具有波动性，又证实了晶体具有周期性，对科学的发展产生了不可估量的影响。

1913 年，英国的布拉格父子在劳厄的基础上制造出了第一台 X 射线摄谱仪，并测定了 NaCl、KCl 的晶体结构。布拉格父子二人拉开了晶体结构实验研究的序幕，他们也因此于

1915 年同获诺贝尔物理学奖。布拉格父子具有很高的科学和道德素养，他们的生平值得大家回忆。

二、分析晶体结构的其他方法

目前表征晶体结构的实验方法除了 X 射线衍射外，还有电子衍射和中子衍射等，这些方法都是通过衍射图谱来分析晶体结构的。

随着科技的进一步发展，现在已经能够直接观察原子排列和晶体结构了。如高分辨电子显微术、场离子显微术、扫描隧道显微镜、多功能扫描探针显微镜等。这是对原子规则排列的直接的实验证实。

不过，目前直接的实验观察局限性较大，对样品要求较高，且往往只能看到表面的或局部的原子排列。因而，在晶体结构分析方面，用得最多、最普及的仍然是 X 射线衍射，下面人们主要讨论 X 射线衍射。

三、X 射线衍射

1. X 射线基本知识

1895 年，德国物理学家威廉·康拉德·伦琴（1845—1923，首届诺贝尔物理学奖得主）在德国使用阴极射线管时，发现用阴极射线（电子束）轰击的管内的靶，有射线发出；这种射线能透过一般光线透不过的物质，并且在荧光屏上激发出荧光，或使照相底片感光。一切物质对这些射线来说，多少都是透明的，密度越大的物质，其透明度越小。就这样，伦琴无意中发现了 X 射线。医学上的 X 光片，就是根据人体组织对 X 光透明度的差异来发现病灶的。

进一步的研究表明，X 射线是电磁波的一种，其量子也是光子。X 射线波长范围是 0.001～10nm。X 射线的长波端与紫外线的短波端重叠，称为软 X 射线；X 射线的短波端与 γ 射线的长波端重叠，称为硬 X 射线。

电磁波从长波端到短波端依次为无线电波→微波→红外→可见光→紫外→X 射线→γ 射线，称为麦克斯韦彩虹，在真空中，以光速传播。

$$\nu = \frac{c}{\lambda} \tag{2-5-1}$$

$$h\nu = h\frac{c}{\lambda} \tag{2-5-2}$$

式中，h 为普朗克常数；c 为光速；λ 为波长；ν 为频率。

2. X 射线的产生

X 射线是由真空管阴极发射的电子（阴极射线），被高电压 U 加速后，打击在阳极的金属

"靶极"物质上而产生的一种电磁波，可看成是逆向的光电效应（高能电子落到金属靶中的低能态空位上，发出光子）。

晶体中原子之间的距离是 0.1nm 的量级，X 射线波长为 0.001～10nm，两者数量级相当。因此，X 射线技术成为物质结构分析的主要分析手段。

显然，为探测晶体结构，波长为 0.1nm 左右的 X 射线最为适合（如 Cu：0.154187nm）。此时，加速电压 U 为

$$U \approx \frac{1.24}{0.1} = 12.4(\text{kV}) = 1.24 \times 10^4 (\text{V}) \tag{2-5-3}$$

因此 X 射线光子能量约为 10^4eV 时最适合于探测晶体结构。不过，在晶体衍射中，常取工作电压为激发电压的 3～5 倍，如取 U 为 40kV，以便获取较高的特征 X 射线强度，避免其他谱线的干扰。

X 射线和晶体的相互作用体现在构成晶体的原子中的电子对入射 X 射线的散射。其基本机制为各原子中的电子受到 X 射线中电矢量的扰动而发生周期性的振动，结果发射出与入射 X 射线频率相同的电磁波。

一个原子所有电子的散射总和又可以归结为这个原子的一个散射中心的散射。对于一定的 X 射线，散射强度决定于原子中电子的数目和电子的分布，不同原子具有不同的散射能力。

由于晶体中原子之间的距离是 0.1nm 的量级，和 X 射线波长在同一数量级，因此，各个原子的散射又相互干涉，并在一定的方向上构成衍射极大。根据这些衍射极大之间的距离可以确定晶胞的尺寸；根据衍射谱线的强度可以确定原子在晶胞内的排列情况。因此 X 射线技术成为物质结构分析的主要分析手段。

下面讨论 X 射线衍射的条件——劳厄条件和布拉格条件。

3. 劳厄条件

劳厄把位于格点上的原子看作散射中心，劳厄衍射是不同散射中心对入射 X 射线的衍射。令入射波波矢为 $\vec{k}$，散射波波矢为 $\vec{k}'$。从量子力学角度来看，该过程相当于 X 光子从一个光子态跃迁到另一个光子态。假设散射势正比于晶体中的电子密度，即 $V(\vec{r}) = cn(\vec{r})$。

光子为平面波，其初、末态分别为

$$\psi_{\vec{k}} = e^{i\vec{k} \cdot \vec{r}} \tag{2-5-4}$$

$$\psi_{\vec{k}'} = e^{i\vec{k}' \cdot \vec{r}} \tag{2-5-5}$$

经推导，在散射波波矢 $\vec{k}'$ 方向散射波的振幅最后变为

$$u = A \sum_{\vec{G}_h} n(\vec{G}_h) \frac{1}{V} \int_V e^{-i(\vec{k}' - \vec{k} - \vec{G}_h) \cdot \vec{r}} \, dr = A \sum_{\vec{G}_h} n(\vec{G}_h) \delta_{\vec{k}' - \vec{k}, \vec{G}_h} \tag{2-5-6}$$

式（2-5-6）表明，散射波的振幅不为零的条件为

$$\vec{k}' - \vec{k} = \vec{G}_h \tag{2-5-7}$$

式（2-5-7）为劳厄条件，也叫劳厄方程。

式中，$\vec{k}$ 为入射 X 射线波矢；$\vec{k}'$ 为出射 X 射线波矢；$\vec{G}_h$ 是倒格矢。

劳厄条件和布拉格平面示意图如图 2-5-1 所示。由振幅表示式可知，一组倒易点阵矢量 $\vec{G}'_h$ 确定可能的 X 射线反射，衍射强度 I 正比于电子密度分布函数的傅里叶分量，即 $I = u^2 = A^2 n^2 G_h$，这称为劳厄定理。

劳厄条件实质上是 X 光子在晶体中传播时动量守恒的体现。

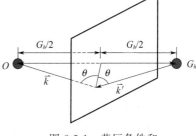

图 2-5-1　劳厄条件和布拉格平面

$$\hbar\vec{k}' - \hbar\vec{k} = \hbar\vec{G}_h \qquad (2\text{-}5\text{-}8)$$

式（2-5-8）表明，散射波的振幅不为零的条件为 X 光子和晶体碰撞后，转移给晶体的动量为 $\hbar G_h$，但是由于晶体质量太大，因此观察不到晶体的平动，因而可以认为 X 光子和晶体碰撞是弹性的。

晶体碰撞前后没有变化，所以 X 光子碰撞前后能量守恒，也就是 X 光的频率（或波矢的大小）在入射前后没有变化。故有

$$\frac{2\pi}{\lambda} = |\vec{k}| = |\vec{k}'| \qquad (2\text{-}5\text{-}9)$$

由于满足相长干涉的劳厄条件为

$$\vec{k} \cdot \hat{\vec{G}}_h = \frac{1}{2}\vec{G}_h \qquad (2\text{-}5\text{-}10)$$

又

$$k = |\vec{k}| = |\vec{k}'| \qquad (2\text{-}5\text{-}11)$$

则当 $\vec{k}$ 和 $\vec{k}'$ 满足相长干涉的劳厄条件时，它们与布拉格面应有相同的夹角，即布拉格角，设为 θ。

4. 布拉格条件

倒格矢 $\vec{G}_h$ 与正格子空间中（$h_1 h_2 h_3$）晶面垂直。由劳厄条件可知，相干散射可看作正格子中与 $\vec{G}_h$ 垂直的一组晶面对 X 射线的布拉格反射。

考虑到波矢值

$$k = \frac{2\pi}{\lambda} \qquad (2\text{-}5\text{-}12)$$

$$|\vec{G}_h| = n|\vec{G}_0| \qquad (2\text{-}5\text{-}13)$$

所以，由

$$\vec{G}_h = 2k\sin\theta \qquad (2\text{-}5\text{-}14)$$

得

$$| \vec{G}_h | = 2k \sin\theta = 2 \cdot \frac{2\pi}{\lambda} \sin\theta = n | \vec{G}_0 | = n \cdot \frac{2\pi}{d} \Rightarrow 2d \sin\theta = n\lambda \tag{2-5-15}$$

其中

$$2d \sin\theta = n\lambda \tag{2-5-16}$$

式中，n 为 X 射线衍射的级数；θ 为布拉格角；d 为以倒格矢为法向的平面之间的面间距；λ 为 X 射线波长。

式（2-5-16）就是布拉格条件。

布拉格条件也叫布拉格方程。

说明：

① 从推导过程可以看出劳厄条件和布拉格条件是一致的。

② 一个由倒格矢 $\vec{G}_h$ 确定的劳厄衍射峰对应于一族正点阵平面的一个布拉格反射，该族晶面垂直于 $\vec{G}_h$，布拉格反射的级数恰好等于 $\vec{G}_h$ 的长度与该方向最短倒格矢 $\vec{G}_0$ 的长度之比。

③ 由于 $\vec{G}_h$ 不是最短倒格矢，所以以倒格矢 $\vec{G}_h$ 为法向的晶面（uvw）发生衍射时，衍射面的面间距 d_{uvw} 可能并不等于该族晶面的面间距 d，这样的晶面的面指数（uvw）可能不是互质的，称为衍射面指数。

因为

$$| \vec{G}_h | = \frac{2\pi}{d_{uvw}} \tag{2-5-17}$$

$$| \vec{G}_h | = 2k \sin\theta = 2 \cdot \frac{2\pi}{\lambda} \sin\theta = n | \vec{G}_0 | = n \cdot \frac{2\pi}{d} \tag{2-5-18}$$

$$| \vec{G}_h | = \frac{2\pi}{d_{uvw}} = 2 \cdot \frac{2\pi}{\lambda} \sin\theta \Rightarrow 2d_{uvw} \sin\theta = \lambda \tag{2-5-19}$$

其中，$2d_{uvw} \sin\theta = \lambda$ 是分析 X 射线衍射实验的常用形式。表明高级衍射实际上是同一族晶面不同角度的衍射，高级衍射的衍射角对应的是大于一级衍射的衍射角。

布拉格条件还可以直接从经典反射定律得到。X 光经过面间距为 d 的平行的平面点阵的反射过程如图 2-5-2 所示。相邻平面的反射线间的光程差为 $2d \sin\theta$。

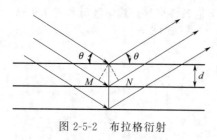

图 2-5-2　布拉格衍射

当光程差是波长 λ 的整数倍时，来自相继平面的辐射就发生相长干涉，从而出现强的衍射束。所以发生衍射的条件为

$$2d_{uvw} \sin\theta = \lambda \tag{2-5-20}$$

n 确实为衍射级数

$$2d \sin\theta = n\lambda \tag{2-5-21}$$

由布拉格条件可知，布拉格角 θ 受到严格的限制。由于布拉格条件左边最大为 $2d$，所以对于 $\lambda \gg d$ 的电磁波是不合适的，此时可见光的波长就不满足布拉格条件。此外，由 $d_{uvw} \sin\theta = \lambda/2 \sin\theta \geqslant \lambda/2$ 可知，只有晶面间距大于半波长的那些晶面才能产生衍射斑点。

对于给定的某类布拉维格子来说，劳厄条件和布拉格条件给出了可能发生衍射束的方向，但是这些方向上的衍射强度会由于晶体中原子种类和相对排列的不同而变弱或为零，也就是出现消光现象。

因此，从某种程度来说，劳厄条件和布拉格条件只是发生 X 射线衍射的必要条件。为此必须考虑基元的构成，从而引入几何结构因子和原子形状因子。

5. 几何结构因子和原子形状因子

当基元中原子数目 $P>1$ 时，对 X 射线衍射的讨论，需要引进几何结构因子，或简称结构因子。当基元中原子种类不同时，要考虑不同原子对 X 射线散射强弱的差异，需要引进原子形状因子。

（1）几何结构因子

几何结构因子的定义为一个原胞内所有原子的散射波振幅的几何和与一个电子散射波的振幅之比。对于 N 个原胞的晶体，采用劳厄条件式（2-5-8），一个原胞内所有原子的散射波振幅的几何和为

$$u = A \sum_j^p e^{-i\vec{G}_h \cdot d_j} \int_{\text{cell}} n_j(\vec{\eta}) e^{-i\vec{G}_h \cdot \vec{\eta}} \, d\vec{\eta} \tag{2-5-22}$$

式（2-5-22）表示一个原胞内所有原子的总的散射振幅。取原胞某一顶角处为坐标原点，基元中第 P 个原子的位置为 $d_j (j=1，2，3，\cdots，p)$，d_j 是相对于该原胞的顶角而言的。相对坐标 $\vec{\eta} = \vec{r} - \vec{d}_j$。

所以几何结构因子为

$$S_{\vec{G}_h} = \sum_j f_j(\vec{G}_h) e^{-i\vec{G}_h \cdot d_j} \tag{2-5-23}$$

原子形状因子已经包含在了几何结构因子中，所以总的散射振幅取决于晶体的几何结构因子。故衍射束的相对强度 I 与结构因子 $S_{\vec{G}_h}$ 有关。

$$I \propto |S_{\vec{G}_h}|^2 = S_{\vec{G}_h}{}^* \cdot S_{\vec{G}_h} \tag{2-5-24}$$

对于一个晶体，衍射束的方向由劳厄条件给出，决定于晶体所属的布拉维格子（格子不同，倒格矢 $\vec{G}_h$ 不同）；而衍射束的相对强度正比于晶体的几何结构因子的平方。也就是说依赖于原胞中基元原子的种类、数目和相对排列。显然，结构因子为零时，散射振幅为零，从而相应的衍射峰消失，称为衍射消光。

经过进一步计算，可得几何结构因子 $S_{\vec{G}_h}$ 的表达式为

$$S_{\vec{G}_h} = \sum_j f_j e^{-i\vec{G}_h \cdot d_j} = \sum_j f_j e^{-i2\pi(hx_j + ky_j + lz_j)} \tag{2-5-25}$$

晶胞中原子坐标是确定的，一般相同的原子的形状因子相同。所以几何结构因子为零的条件，对应一定的 h、k、l，从而相应的 (hkl) 晶面就会出现衍射消光。根据衍射消光产生的原因，可将其细分为点阵消光和结构消光。根据衍射消光的特征可判断某材料的晶体结构。

（2）原子形状因子

原子形状因子的定义为一个原子内所有电子的散射波的振幅的几何和与一个电子的散射波的振幅之比。对于不同的原子，由于其电子数目和分布情况不同，因此，不同原子的形状因子可能不同。

原子形状因子也叫原子散射因子。一个原子内所有电子的散射波的振幅的几何和可表示为

$$u = A \int_{cell} n_j(\vec{\eta}) e^{-i\vec{G}_h \cdot \vec{\eta}} \, d\vec{\eta} \qquad (2\text{-}5\text{-}26)$$

取原子或离子实的中心为 $\vec{r} = 0$，则与某一倒格矢相联系的原子形状因子为

$$f_j(\vec{G}_h) = \int n_j(\vec{r}) e^{-i\vec{G}_h \cdot \vec{r}} \, d\vec{r} \qquad (2\text{-}5\text{-}27)$$

式中，$n_j(\vec{r})$ 是与基元中原子种类有关的参数。

（3）举例——SC、FCC、BCC 结构的点阵系统消光

对于边长为 a 的简单立方格子，几何结构因子 $S_{\vec{G}_h} = f \neq 0$，表明简单立方格子对任意晶面 (hkl) 都不会出现点阵消光现象，满足劳厄条件的衍射峰则会出现 (hkl)。可知，对于晶胞含有一个原子的简单点阵都不会出现消光现象。

对于边长为 a 的面心立方格子，几何结构因子

$$S_{\vec{G}_h} = \begin{cases} sf(h+k+l \text{ 是偶数}) \\ 0(h+k+l \text{ 是奇数}) \end{cases} \qquad (2\text{-}5\text{-}28)$$

说明对于体心立方点阵，当衍射面指数之和 $(h+k+l)$ 为奇数时，由于几何结构因子为零，导致该衍射峰不出现，这种现象称为点阵系统消光。这意味着，由 $h+k+l$ 等于奇数组成的衍射面指数，如 (100)、(300)、(111) 之类的晶面的 X 射线衍射谱线不会出现在 X 射线衍射图中。

对于边长为 a 的面心立方格子，几何结构因子

$$S_{\vec{G}_h} = f[1 + (-1)^{(h+k)} + (-1)^{k+l} + (-1)^{h+l}] \qquad (2\text{-}5\text{-}29)$$

显然，当 h、k、l 全为偶数或全为奇数时，面心立方 FCC 格子的几何结构因子等于 $4f$，当 h、k、l 奇、偶混合时，FCC 格子的几何结构因子为零。即面心立方结构的衍射面指数为 (111)、(200)、(220)、(311)、(222) 等全为偶数或全为奇数的晶面在 X 射线衍射图中会出现衍射峰；而衍射面指数为 (100)、(110)、(221) 等奇、偶混合的晶面的衍射峰则不会出现在 X 射线衍射图中，也就是说，发生了点阵系统消光现象。

（4）举例——金刚石结构的结构系统消光

在实际晶体结构中，一个单胞内可能包含两个或两个以上不等价的原子，它们会造成更复杂的消光规律，称为结构系统消光。金刚石结构平均每个晶胞包含 8 个原子，它具有面心

立方点阵，是由两套面心立方相距 1/4 体对角线套构而成的。其坐标分别为 $(0,0,0)$、$(1/2, 1/2, 0)$、$(1/2, 0, 1/2)$、$(0, 1/2, 1/2)$、$(1/4, 1/4, 1/4)$、$(3/4, 3/4, 1/4)$、$(3/4, 1/4, 3/4)$、$(1/4, 3/4, 3/4)$。

假定是同种原子，8 个原子的形状因子相同等于 f，代入几何结构因子公式，得金刚石结构的几何结构因子为

$$
\begin{aligned}
S_{\vec{G}_h} &= f\left[1 + e^{-i\pi(h+k)} + e^{-i\pi(h+l)} + e^{-i\pi(k+l)} + e^{-i\frac{\pi}{2}(h+k+l)} + e^{-i\frac{\pi}{2}(3h+3k+l)} + e^{-i\frac{\pi}{2}(3h+k+3l)} + e^{-i\frac{\pi}{2}(h+3k+3l)}\right] \\
&= f\left[1 + e^{-i\pi(h+k)} + e^{-i\pi(h+l)} + e^{-i\pi(k+l)}\right] + e^{-i\frac{\pi}{2}(h+k+l)} f\left[1 + e^{-i\pi(h+k)} + e^{-i\pi(h+l)} + e^{-i\pi(k+l)}\right] \\
&= (S_{\vec{G}_h})_{\text{FCC}}(1 + e^{-i\frac{\pi}{2}(h+k+l)})
\end{aligned}
\tag{2-5-30}
$$

当 h、k、l 全为偶数，且 $h+k+l=4n$ 时，几何结构因子为 $8f$；当 h、k、l 全为偶数，且 $h+k+l=2(2n+1)$ 时，几何结构因子为 0；当 h、k、l 全为奇数时，几何结构因子为 $4f(1\pm i)$；当 h、k、l 部分为奇数部分为偶数时，几何结构因子为 0。对于金刚石结构，除了满足面心点阵的点阵消光规律以外，还有因为原子的排列规律引起的结构消光。

四、其他衍射方法简述

除了 X 射线衍射方法外，电子衍射和中子衍射也是常用来表征晶体结构的方法。需要说明的是 X 射线衍射方法的讨论也适用于电子衍射和中子衍射。

由于电子带电，其和固体中的原子有很强的相互作用，易受原子中电子和原子核的散射，因而电子的穿透深度很短，几十纳米（X 射线由于是光子，穿透深度约为微米量级），因而低能电子衍射主要用于晶体表面结构的研究。不过，用高能电子束可以缩短电子的德布罗意波长，由此制备的高分辨电子显微镜的分辨率可达 0.1～0.2nm，突破了光学显微镜的分辨极限。

中子不带电，主要受原子核的散射，轻的原子对于中子的散射也很强，所以常用来决定氢、碳在晶体中的位置。中子具有磁矩，因此特别适合于研究磁性物质的结构。

总之，随着科学技术的发展，晶体结构的测量手段也越来越丰富。知道了某种物质的晶体结构，就可以预知该物质的可能应用。此外，晶体结构的知识对于固体电子理论的发展也是必不可少的。人们知道自由电子气体模型中，电子密度是仅有的一个独立的参量。而对于已知结构的金属来说，其电子密度可由晶格常数表示。比如面心立方结构的一价金属，每个晶胞含有 4 个原子，所以其电子密度可以表示为 $n=4/a^3$，进而可以得到费米波矢的大小。此外，晶体结构的平移对称性也是讨论能带论和晶格振动的基础。

习题

(1) 计算 BCC、FCC 和金刚石结构元素晶体的几何结构因子，解释什么是点阵系统消

光，什么是结构消光。

（2）Al 单晶的 X 射线（$\lambda = 1.54 \times 10^{-10}$ m）衍射结果中，第一个衍射峰与 X 射线入射方向的夹角为 38.47°，试求其晶胞长度。

（3）在晶体衍射中，几何结构因子与坐标原点的选取有关。证明：谱线的衍射强度和坐标系无关。

（4）什么是布拉格反射？为什么布拉格条件和劳厄条件等价？什么是反射球？晶体衍射中为什么不能用可见光？温度升高时，晶体 X 射线衍射角如何变化？X 光波长变化时又如何？

（5）已知某立方晶系的 X 射线衍射粉末相中，观察到的前 8 个衍射峰对应的角度满足如下关系 $\sin 1 : \sin 2 : \sin 3 : \sin 4 : \sin 5 : \sin 6 : \sin 7 : \sin 8 = \sqrt{3} : \sqrt{4} : \sqrt{8} : \sqrt{11} : \sqrt{12} : \sqrt{16} : \sqrt{19} : \sqrt{20}$。

① 试确定 8 个衍射峰对应的衍射面指数；

② 试指出该立方晶系的具体结构类型；

③ 使用波长等于 1.54Å 的 X 射线照射铜晶体（晶胞参数 $a = 3.61$Å），说明其 X 射线衍射图中不出现（100）、（110）、（422）和（511）衍射线的原因。

（6）铁在 20℃时，X 射线衍射得到最小的三个衍射角分别为 8°12′、11°38′、14°18′，当在 1000℃时，最小的三个衍射角分别变成 7°55′、9°9′、12°59′，已知在上述温度范围，铁金属为立方结构。试分析在 20℃和 1000℃下，铁各属于何种立方结构；在 20℃下，铁的密度为 7860kg/m³，求其晶格常数。

（7）证明：对于六角密堆积结构，理想的 c/a 比约为 1.633。又金属 Na 在 273K 因马氏体相变从体心立方转变为六角密堆积结构，假定相变时金属的密度维持不变，已知立方相的晶格常数 $a = 0.423$nm，设六角密堆积结构相的 c/a 维持理想值，试求其晶格常数。

（8）$CuCl_2$ 为闪锌矿结构，其密度为 4.315×10^3 kg/m³，从（111）面反射来的布拉格角是 6.5°，求入射 X 射线的波长（铜和氯的原子量分别为 63.55 和 35.45）。

（9）CsCl 为立方结构，其中一种离子位于立方晶胞的角隅位置，另一种离子位于立方体中心。

① 计算该立方晶胞的结构因子 F 的表达式；

② 说明 CsCl 结构的消光规律与 BCC 的消光规律不同的原因。

第 三 章

能带理论

一、本章重点

（1）能带论的基本模型、布洛赫定理、布洛赫波函数。
（2）近自由电子近似和紧束缚近似。
（3）准经典模型的内容以及适用范围。
（4）有效质量的概念、意义和计算。
（5）导体、半导体和绝缘体的能带论解释。
（6）费米面、能态密度、测量费米面的实验方法。

二、本章难点

（1）费米面、能态密度、测量费米面的实验方法。
（2）能带结构的计算方法。

 导读

  在第一章自由电子气体模型的学习中，人们已知自由电子模型虽然能解释金属的导电、导热、电子比热等现象，在理解金属尤其是一价金属的物理本质方面取得了巨大的成功，但是对于物质为什么会分为导体、绝缘体、半导体以及半金属等则根本无法解释，对于许多物理量所显示的各向异性的解释也显得无能为力，根本原因是金属自由电子气体模型的过于简单。亦即模型中的三条假设（近似）应该放弃。

  比如，铁有两层价电子结构：3d 电子和 4s 电子。由于 3d 电子位于内层，那么 3d 电子全部变成自由电子的假设就有问题。因而必须改进，把忽略的因素考虑进来——要考虑电子和离子实之间的相互作用。要考虑离子实系统对电子的作用，就要知道离子实在固体中的排列情况。因而，在对自由电子气体模型进行修正之前，人们学习了第二章晶体的结构，知道了晶体最大的特点就是具有周期性结构，满足平移对称性。固体能带论就是基于晶体结构的平移对称性，考虑离子实势场对电子的影响而建立起来的一套理论。能带理论是一个固体量子理论，它是在用量子力学研究金属电导理论的过程中发展起来的，它为阐明许多晶体的物理特性提供了基础，成为固体电子理论的重要部分。

能带理论是目前研究固体中的电子状态，说明固体性质最重要的理论基础。它的出现是量子力学与量子统计在固体中应用最直接、最重要的结果。能带理论的基本出发点是认为固体中的电子不再是完全被束缚在某个原子周围，而是可以在整个固体中运动的，称为共有化电子。但电子在运动过程中也并不像自由电子那样，完全不受任何力的作用，电子在运动过程中会受到晶格原子势场的作用。

类比解释——共有化电子

晶体是大量的分子、原子或者是离子按照一定的规则排列成的点阵结构，因此在晶体结构中电子受到周期性势场的作用。电子不再完全局限在某一个原子上，从晶胞中某一点自由地运动到其他晶胞内的对应点，因而电子可以在整个晶体中运动。可以结合太阳系中的行星来理解共有化电子的概念。太阳对水星、金星、地球、火星这些内层行星的引力会大一些，它们可以看成是束缚电子；而对外层的行星如冥王星的引力小一些，可以看成是共有化电子。

一、能带理论的发展

在固体物理中，能带理论是从周期性势场中推导出来的，周期性势场并不是电子具有能带结构的必要条件。现已证实，在非晶固体中，电子同样有能带结构。电子能带的形成是由于当原子与原子结合成固体时，原子之间存在相互作用，而并不取决于原子聚集在一起是晶态还是非晶态，即原子的排列是否具有平移对称性并不是形成能带的必要条件。在晶格周期性势场中运动的电子的波函数是按晶格周期调幅的平面波，具有此形式的波函数称为布洛赫波函数。

布洛赫波函数的平面波因子描述晶体中电子的共有化运动，而周期函数的因子描述电子在原胞中运动，这取决于原胞中电子的势场。最早做这一项工作的人是布洛赫，在索末菲建立自由电子费米气体模型的 1928 年，年仅 23 岁的布洛赫对索末菲模型提出质疑："我从来都不明白，即使是一种近似，像自由运动的事会是真的。毕竟一根充满密集离子的金属丝完全不同于真空管"。为了解开这个谜团，布洛赫注意到晶体中点阵排列的周期性，他认为电子是在严格的周期性势场中运动的，由此提出了第一个计算能带的理论布洛赫定理。

所以，固体能带论一般都要从布洛赫定理讲起。它给出了严格的周期性势场中单电子薛定谔方程的本征解是周期性调幅的平面波，它既不被散射也不衰减，因而电子运动似乎无视理想的点阵。除非晶体存在杂质、缺陷或晶格振动等破坏周期势的因素，否则没有电阻产生。

图 3-0-1 表明，共有化电子与自由电子存在本质的差别。电子在运动过程中受到离子势场的作用；如果电子只受到一个离子电场的作用，其势能曲线像一个势能阱，如图 3-0-1 所示的单原子势能。如果电子受到两个离子电场的作用，其势能曲线中间形成势垒（双势阱叠加），两个原子间出现的势能曲线便是势阱叠加后出现的势垒；即只有当原子中的某个电子能量超过这个势垒的高度，它才能到达另一个原子所在的区域，如图 3-0-1 所示的晶体中单原子的周期势能。

为了解固体中电子的状态，严格说来必须首先给出周期性结构中系统的哈密顿算符，然后求解薛定谔方程即可。假定晶体体积 $V = L^3$，含有 N 个带正电荷 Ze 的离子实，Z 为单原子的价电子数目，因而晶体中有 NZ 个价电子，简称为电子。N 个离子实的位矢用 $\vec{R}_i$ 表示；NZ 个价电子的位矢用 $\vec{r}_i$ 表示。

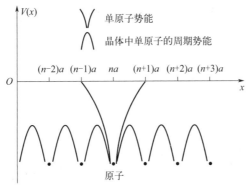

图 3-0-1　离子实周围的周期势能

　　晶体系统的哈密顿算符应包括组成固体的所有粒子的动能和这些粒子之间的相互作用势能，包括电子间的相互作用、离子间的相互作用、价电子与晶格离子间的相互作用三个部分。哈密顿算符 $\hat{H}$ 形式上可以写为

$$\hat{H} = \hat{H}_e + \hat{H}_n + \hat{H}_{e,n} \tag{3-0-1}$$

其中

$$\hat{H}_e = \hat{T}_e + V_{ee}(\vec{r}_i, \vec{r}_j) = -\sum_{i=1}^{NZ} \frac{\hbar^2}{2m} \nabla_{\vec{r}_i}^2 + \frac{1}{2}\sum_{i,j}{}' \frac{1}{4\pi\varepsilon_0} \frac{e^2}{|\vec{r}_i - \vec{r}_j|} \tag{3-0-2}$$

　　式中，下脚标中的 i、j 为电子序号；m、n 为离子实序号；$\hat{H}_e$ 表示 NZ 个价电子的动能和势能；$\hat{T}_e$ 表示电子的动能。

$$\hat{H}_n = \hat{T}_n + V_{nn}(\vec{R}_n, \vec{R}_m) = -\sum_{n=1}^{N} \frac{\hbar^2}{2M} \nabla_n^2 + \frac{1}{2}\sum_{n,m}{}' \frac{1}{4\pi\varepsilon_0} \frac{Ze^2}{|\vec{R}_n - \vec{R}_m|} \tag{3-0-3}$$

　　式中，$\hat{T}_n$ 和 $V_{nn}(\vec{R}_n, \vec{R}_m)$ 表示 N 个离子实的动能和势能；求和号上的一撇表示求和时 $i \neq j$ 或 $m \neq n$；1/2 源于考虑了两次相互作用。

$$\hat{H}_{e,n} = V_{en}(\vec{r}_i, \vec{R}_n) = -\sum_{i=1}^{NZ}\sum_{n=1}^{N}\frac{1}{4\pi\varepsilon_0}\frac{Ze^2}{|\vec{r}_i - \vec{R}_n|} \tag{3-0-4}$$

本式表示电子和离子实之间的相互作用势能。有了系统的哈密顿，则描写体系的薛定谔方程为

$$\hat{H}\psi(\vec{r},\vec{R}) = \varepsilon\psi(\vec{r},\vec{R}) \tag{3-0-5}$$

式中，$\vec{r}$ 表示 $\vec{r}_1, \vec{r}_2, \vec{r}_3, \cdots, \vec{r}_{NZ}$；$\vec{R}$ 表示 $\vec{R}_1, \vec{R}_2, \vec{R}_3, \cdots, \vec{R}_N$。

二、能带理论物理思想

量子力学求解问题的一般方法，是首先根据模型写出哈密顿，然后求解薛定谔方程。但是，上述问题是一个 $NZ+N$ 的多体问题（需要用多体理论）。固体中有大量粒子、电子和原子核，严格来讲所有粒子之间的两两相互作用都要考虑在内。这是一个复杂的多粒子问题，根本无法直接求解薛定谔方程，严格求解几乎是不可能的，需要对这个复杂体系作近似。为此人们对系统进行了绝热近似、单电子近似和周期场近似，把多种粒子体系简化为单电子在周期性势场中运动的问题。

能带理论有三个基本假设：绝热近似、平均场近似、周期场近似。下面分别介绍这三个基本近似的内容及其物理思想。

1. 绝热近似

在用量子力学处理分子或其他体系时，需要通过解薛定谔方程或其他类似的偏微分方程获得体系波函数。这个过程往往由于体系自由度过多而非常困难，甚至无法进行。绝热近似是一种普遍使用的求解包含电子与原子核体系的量子力学方程的近似方法，体系波函数可以被写为电子波函数与原子核波函数的乘积。该近似的核心为：分子系统中核的运动与电子的运动可以分离。

由于在大多数情况下非常精确，又极大地降低了量子力学处理的难度，绝热近似被广泛应用于分子结构研究、凝聚态物理学、量子化学、化学反应动力学等领域。这种绝热近似的设想最早是由玻恩及其博士生奥本海默（美国原子弹之父）共同提出的，因此又称为玻恩-奥本海默近似。玻恩-奥本海默近似只有在所在电子态与其他电子态能量都足够分离的情况下才有效；当电子态出现交叉或者接近时，该近似即失效。

在绝热近似中，考虑到原子核的质量要比电子大很多，一般要大 3~4 个数量级，因而在同样的相互作用下，电子的移动速度会较原子核快很多；由于电子和原子核运动的速度具有高度的差别，这一速度差异的结果是使得电子在每一时刻仿佛运动在静止原子核构成的势场中，而原子核则感受不到电子的具体位置，只能受到平均作用力。研究电子运动的时候，可以近似地认为原子核是静止不动的，所有原子核都周期性地静止排列在其格点位置上，因而忽略了电子与声子的碰撞。实际上晶体中的原子进行着热振动，这对电子的运动将产生一定的影响。而研究原子核的运动时则不需要考虑空间中电子的分布。由此，可以实现原子核坐标与电子坐标的近似变量分离，将求解整个体系的波函数的复杂过程分解为求解电子波函数和求解原子核波函数两个相对简单的过程。

即绝热近似是指在处理固体中电子的运动时，认为离子实固定在其瞬时位置上，只关注电子体系的运动。此时，离子实的动能项和离子实之间的库仑势可不考虑，忽略了离子实的动能和势能，从而多种粒子体系简化为多电子体系。绝热近似下多电子体系的哈密顿变为

$$\hat{H} = \hat{H}_e + \hat{H}_{e,n} = \hat{T}_e + V_{ee}(\vec{r}_i, \vec{r}_j) + V_{en}(\vec{r}_i, \vec{R}_n) \tag{3-0-6}$$

式中，右侧第一项表示电子的动能；右侧第二项表示电子之间的势能；右侧第三项表示电子与离子实之间的势能。

总之，绝热近似成立的物理基础是基于晶体中电子和离子实的质量相差很大，离子实的质量比电子大上千倍，电子的速度远远大于离子实的速度。离子实只在它们的平衡位置附近振动。在讨论快速运动的电子时，认为电子能绝热于离子实运动，而离子实只能缓慢地跟上电子分布的变化，所以可认为离子是固定在其瞬时位置上。

当然，如果是处理晶格振动问题，则绝热近似可以忽略电子的动能项和电子之间的库仑势，也就是说不考虑电子在空间的具体分布。所以，绝热近似实际上把整个问题简化为相对较简单的电子体系运动和离子实体系运动，也就是把电子的运动和离子实（原子核）的运动分开了。在量子力学中，绝热近似专指体系不跃迁到其他能态的变化过程。绝热近似成功地将一个多体问题转化为了多电子问题。

类比解释——绝热近似

离子实质量比电子大（原子核系统中质子质量是电子质量 1800 倍），运动慢，而电子对离子的运动响应非常迅速，以至于认为离子固定在瞬时位置上。所有原子核都周期性地静止排列在其格点位置上，因而忽略了电子与声子的碰撞。即在求解固体时，将原子核视为不动，只需考虑电子的运动，计算量大大减小。比如，在一个教室内，同学们在座位上做摇摆运动。但是运动幅度不太大，此时仍然在平衡位置上，人们就近似认为同学们是不动的，如果此时同学的周围有个飞虫，就可以把飞虫看作是电子，只考虑这个电子的运动，这样就把问题简化了。这样的假设会将量子客体减少，原来人们需要求解原子核与电子，而现在只需要求解电子就可以，计算量大大减小。

为什么叫绝热近似呢？因为原子核和电子的系统在不断运动的过程中是靠动能交换热量的，既然假设原子核不动，那么电子就处于绝热状态。绝热近似的本质是用一个均匀分布的负电荷产生的常量势场来描述电子对离子运动的影响；也就是说电子和晶格之间是绝热的，电子的能量不会传递给声子。即假设晶体中的离子实（声子）周期性地静止排列在格点位置上，以方便研究电子的运动规律。

绝热近似将电子的运动和离子的运动分开了——基于将离子、电子划分为两个子系统而分别加以处理的理论简化方案，分别形成了晶格动力学和固体电子论两大分支；固体电子论中的金属自由电子理论在第一章做了讲述，晶格动力学部分将在第四章讲述。

---

2. 平均场近似（单电子近似）

平均场近似是一种研究复杂多体问题的方法，将数量巨大的互相作用的多体问题转化成每一个粒子处在一种弱周期场中的单体问题。平均场近似忽略电子与电子间的相互作用，用平均场代替电子与电子间的相互作用。即假设每个电子所处的势场完全相同，电子的势能只与该电子的位置有关，而与其他电子的位置无关。

前面的哈密顿量包括了电子和电子的相互作用，这对于一个多电子体系十分不友好，每增加一个电子，计算量都会巨大地增加。即哈密顿量 [式（3-0-6）] 中的电子之间的相互作用势能 V_{ee} 项，使电子的运动彼此关联，难以处理。为此，用一个平均场来代替 V_{ee} 项（认为每个电子的库仑势相等）。

$$V_{ee}(\vec{r}_i, \vec{r}_j) = \frac{1}{2} \sum_{i,j}{}' \frac{1}{4\pi\varepsilon_0} \frac{e^2}{|\vec{r}_i - \vec{r}_j|} = \sum_{i=1}^{NZ} \nu_e(\vec{r}_i) \tag{3-0-7}$$

简单起见，取单原子的价电子数目 $Z=1$，则电子体系的哈密顿进一步简化为

$$\hat{H} = \sum_{i=1}^{N} \left[-\frac{h^2}{2m} \nabla_i^2 + \nu_e(\vec{r}_i) - \sum_{\vec{R}_n} \frac{1}{4\pi\varepsilon_0} \frac{e^2}{|\vec{r}_i - \vec{R}_n|} \right] \tag{3-0-8}$$

式（3-0-8）表明，晶体中总的哈密顿是 N 个单电子的哈密顿之和，即 N 体问题简化为单体问题。把每个电子分开来看，它们都在固定的原子核势场以及其他电子的平均势场中运动，势能函数只是单个电子坐标的函数。其单电子势能为

$$V(\vec{r}) = \nu_e(\vec{r}) - \sum_{\vec{R}_n} \frac{1}{4\pi\varepsilon_0} \frac{e^2}{|\vec{r} - \vec{R}_n|} \tag{3-0-9}$$

所以，在绝热近似和平均场近似下，晶体中总的哈密顿变成 N 个单电子的哈密顿之和，从而把多电子问题简化为单电子问题，故又称为单电子近似。原则上，平均场可以由哈特里-福克方程组的自洽迭代解得到。所以又称为哈特里-福克近似，或自洽场近似。

平均场理论，是把环境对物体的作用进行集体处理，以平均作用效果替代单个作用效果的加和的方法。这一方法，能简化对复杂问题的研究，把一个高次、多维的难以求解的问题转化为一个低维问题，相当于把环境对研究对象的影响进行积分后再与研究对象发生作用，多用于运动状态混乱的气体，以及结构复杂的固体、液体的研究，并构成了能带论、现代固体理论、量子多体理论等的重要基础。尽管平均场理论带来了研究的便利，但是由于积分过程会掩盖掉环境中个别影响因素的涨落，因此在非平衡过程、强关联系统，以及瞬态过程中，平均场理论会带来巨大的误差。

类比解释——单电子近似

在绝热近似和平均场近似下，晶体中总的哈密顿变成 N 个单电子的哈密顿之和，从而把多电子问题简化为单电子问题，故又称为单电子近似。

单电子近似可以理解为将电子与电子相互作用等效成一个平均值，电子是在一个平均场中运动。尽管需要研究的对象大大减少，但是有一项还非常麻烦，那就是电子与电子的相互作用，因为这一项与两个电子的位置有关。

在列某个电子的方程时，其他电子也需要重新建一遍，需要求解的方程数目是很大的。现在进行平均化，每个电子都会产生一个场，由于电子数目太多，假设这样的场是一个平均场，每个电子感受到的作用是一样的，电子与电子之间的相互作用全部取这个平均值；故而 N 个方程就变成一个方程，即式（3-0-8）。

前文指出，单电子近似最终导致计算哈密顿量的方程只有一个，但是有一个问题很难解决——波函数是位置的函数。一个固体块那么大，要求解波函数的话，精确求解肯定不行，只能数值求解。这意味需要在很多很多离散位置上求出波函数，这是非常困难的事情。晶体一般是通过一个格子重复排列的，具有周期性。假设单电子近似中的平均场是周期性的，那么推导得到波函数是周期性调幅的平面波。也就是说那么大块的固体只需要解最小的那一块格子就行，这个在现在计算中就很简单了。

3. 周期场近似

电子感受到的势场，包括离子实对电子的势场和电子之间的平均势场两部分，不管形式上如何，假定它具有和晶格同样的平移对称性，也就是说它是一个严格的周期性势场，那么这个假定便称为周期场近似。周期场近似指在一般情况下，晶格振动幅度不大，对晶格周期性势场的偏离较小，可近似认为所有的原子核处于平衡位置。其前提是，不考虑晶格振动和晶体缺陷对周期场的破坏。

即不考虑内层电子，只考虑价电子。将内层电子简化为离子实；单电子只受到其他离子实和价电子的平均势场，并把所有离子势场和其他电子的平均势场简化为周期势场，即

$$V(\vec{r}) = V(\vec{r}+\vec{R}) \tag{3-0-10}$$

把离子实偏离平衡位置造成的影响看作是微扰，能带问题简化为"单电子在周期场"的运动

$$H\psi(\vec{r}) = \varepsilon\psi(\vec{r}) \tag{3-0-11}$$

$$\hat{H}\psi(\vec{r}) = \left[-\sum \frac{h^2}{2m}\frac{\partial^2}{\partial \vec{r}_i^2} + V(\vec{r})\right]\psi(\vec{r}) = \varepsilon\psi(\vec{r}) \tag{3-0-12}$$

该近似使得单电子薛定谔方程的本征函数取布洛赫波函数的形式，并使得单电子能谱呈能带结构。所以，处理晶体中电子问题的量子力学理论又称为能带论。

总之，在绝热近似和平均场近似下，固体电子系统已经满足单电子的薛定谔方程。在周期场近似之下，不管周期性势场的具体函数形式如何，都可以通过对薛定谔方程的讨论，得到关于电子本征态波函数和能量的普遍性的重要结论。周期场近似发展了能带理论，为后面出现的近自由电子近似和紧束缚近似奠定了基础。

三、能带理论的意义

用上面的方法求出的电子能量状态将不再是分立的能级，而是由能量的允带和禁带相间组成的能带，所以这种理论称为能带论。能带理论是讨论晶体（包括金属、绝缘体和半导体的晶体）中电子的状态及其运动的一种重要的近似理论；是目前研究固体中的电子状态、说明固体性质最重要的理论基础。它的出现是量子力学与量子统计在固体中应用的最直接、最重要的结果。能带论成功地解决了索末菲自由电子论处理金属问题时所遗留下来的许多问题，并为其后固体物理学的发展奠定了基础。

能带理论的基本出发点是，认为固体中的电子不再是完全被束缚在某个原子周围，而是可以在整个固体中运动的，称为共有化电子。即能带理论就是认为晶体中的电子是在整个晶体内运动的共有化电子；但电子在运动过程中也并不像自由电子那样，完全不受任何力的作用，电子在运动过程中受到晶格原子势场的作用；也就是说，共有化电子是在晶体周期性的势场中运动，即布洛赫电子。结果得到：共有化电子的本征态波函数是布洛赫波函数形式，能量是由准连续能级构成的许多能带。

能带论是单电子近似的理论。在固体中存在大量的电子，它们的运动是相互关联着的，每个电子的运动都受到其他电子运动的牵连，这种多电子系统严格地解显然是不可能的。能带理论把晶体中每个电

子的运动看成独立地在一个等效势场中的运动,即单电子近似的理论。能用这种方法求出的电子能量状态将不再是分立的能级,而是由能量的允带和禁带相间组成的能带,所以这种理论被称为能带论。

在固体物理中,能带论是从周期性势场中推导出来的,这是由于人们对固体性质的研究首先是从晶态固体开始的。而周期性势场的引入也使问题得以简化,从而使理论研究工作容易进行。对于晶体中的价电子而言,等效势场包括原子实的势场、其他价电子的平均势场和考虑电子波函数反对称而带来交换作用,是一种晶体周期性的势场。所以,晶态固体一直是固体物理的主要研究对象。然而,周期性势场并不是电子具有能带结构的必要条件,现已证实,在非晶固体中,电子同样有能带结构。

电子能带的形成是由于当原子与原子结合成固体时,原子之间存在相互作用,而并不取决于原子聚集在一起是晶态还是非晶态。即原子的排列是否具有平移对称性并不是形成能带的必要条件。

对一个给定的波矢和势场分布,电子运动的薛定谔方程具有一系列解,称为电子的能带,常用波函数的下标 n 加以区别。这些能带的能量在平面波波矢的各个单值区分界处存在有限大小的空隙,称为能隙。

学科前沿案例——中国天才少年曹原突破魔角石墨烯研究壁垒

能带理论是非常重要的一章,也为半导体物理学奠定了极其重要的基础;它解释了晶体中电子的平均自由程问题,解释了导体、半导体、绝缘体的区别,还能指导人们制造和操纵新的材料。自 20 世纪 60 年代,电子计算机得到广泛应用,使用电子计算机依据第一性原理做复杂能带结构计算成为可能。

第一节　布洛赫定理、布洛赫波及能带

一、布洛赫定理及其证明

布洛赫波因其提出者美籍瑞士裔物理学家布洛赫而得名;而布洛赫波的概念由布洛赫在 1928 年研究晶态固体的导电性时首次提出。布洛赫波由一个平面波和一个周期函数 $V(\vec{r})$(布洛赫波包)相乘得到,其中 $V(\vec{r})$ 与势场具有相同周期性。

布洛赫给出了一个重要的普适定理,这个定理指出波函数为一个调幅平面波,即

$$\psi_{\vec{k}}(\vec{r}) = e^{i\vec{k}\cdot\vec{r}} u_{\vec{k}}(\vec{r}) \tag{3-1-1}$$

且

$$u_{\vec{k}}(\vec{r}) = u_{\vec{k}}(\vec{r} + \vec{R}_n) \tag{3-1-2}$$

式中,$\vec{k}$ 为电子的波矢;$\vec{R}_n$ 为格矢;$u_{\vec{k}}(\vec{r})$ 具有与晶格相同的周期性,满足这个定理便称为布洛赫定理。其给出了普适的波函数的形式,为求解复杂势的能带结构奠定了基础。式

（3-1-1）和式（3-1-2）中的 $\vec{k}$ 也称为简约波矢，是对应于平移操作本征值的量子数。它的物理意义是表示原胞之间电子波函数位相的变化，不同的 k 值表明原胞间的位相差是不同的。

1. 布洛赫定理

布洛赫能带理论的基本假设：①独立电子假设。只考虑单电子量子态。②周期势假设。晶体中电子在其他电子和离子引起的周期电势中运动。③使用薛定谔的量子波动力学和费米—狄拉克量子统计。

对于周期性势场，即

$$V(\vec{r}) = V(\vec{r} + \vec{R}_n) \tag{3-1-3}$$

$\vec{R}_n$ 取布拉维格子的所有格矢，单电子薛定谔方程（波动方程）

$$\hat{H}\psi(\vec{r}) = \left[-\frac{\hbar^2}{2m}\nabla^2 + V(\vec{r}) \right]\psi(\vec{r}) = \varepsilon\psi(\vec{r}) \tag{3-1-4}$$

式中，∇^2 为拉普拉斯算子。

本征函数是按布拉维格子周期性调幅的平面波，即

$$\psi_{\vec{k}}(\vec{r}) = e^{i\vec{k}\cdot\vec{r}}\, u_{\vec{k}}(\vec{r}) \tag{3-1-5}$$

$$u_{\vec{k}}(\vec{r}) = u_k(\vec{r} + \vec{R}_n) \tag{3-1-6}$$

且对 $\vec{R}_n$ 取布拉维格子的所有格矢成立。

$$\vec{R}_n = n_1\vec{a}_1 + n_2\vec{a}_2 + n_3\vec{a}_3 \tag{3-1-7}$$

以格矢 $\vec{R}_n$ 为周期的周期函数，就是布洛赫定理。

名词解释——周期场模型

考虑一理想完整晶体，所有的原子实都周期性地静止排列在其平衡位置上，每一个电子都处在除其自身外其他电子的平均势场和原子实的周期场中运动，这样的模型称为周期场模型。它有以下五个特点：

① 在晶体中每点势能为各个原子实在该点所产生的势能之和。

② 每一点势能主要决定于与核较近的几个原子实（势能与距离成反比）。

③ 理想晶体中原子排列具有周期性，晶体内部的势场具有周期性。

④ 电子均匀分布于晶体中，其作用相当于在晶格势场中附加了一个均匀的势场，而不影响晶体势场的周期性。

⑤ 周期势场中粒子的本征波函数可以写成布洛赫波函数的形式。

---

2. 布洛赫波和布洛赫电子

把遵从周期势单电子薛定谔方程的电子，或在周期势中运动的电子，或用布洛赫波函数

描述的电子称为布洛赫电子；相应的，描述晶体电子行为的这种波称为布洛赫波。在固体物理学中，布洛赫波是周期性势场（如晶体）中粒子（一般为电子）的波函数，又名布洛赫态。

$$\psi(\vec{r}+\vec{R}_n)=\mathrm{e}^{i\vec{k}\cdot\vec{R}_n}\psi(\vec{r}) \tag{3-1-8}$$

$$|\psi_{\vec{k}}(\vec{r}+\vec{R}_n)|^2=|\psi_{\vec{k}}(\vec{r})|^2 \tag{3-1-9}$$

$$\begin{cases}\psi(\vec{r})=\mathrm{e}^{i\vec{r}\cdot\vec{r}}\,u_{\vec{k}}(\vec{r})\\ u_{\vec{k}}(\vec{r}+\vec{R}_n)=\vec{u}_k(\vec{r})\end{cases} \tag{3-1-10}$$

与自由电子相比，晶体周期势场的作用只是用一个调幅平面波取代了平面波。显然，它是一个无衰减地在晶体中传播的波，不再受到晶格势场的散射。因此，可以认为布洛赫电子在整个晶体中自由运动。

布洛赫波函数的平面波因子 $\mathrm{e}^{i\vec{k}\cdot\vec{r}}$ 描述晶体中电子的共有化运动，表明在晶体中运动的电子已不再局限于某个原子周围，而是可以在整个晶体中运动的，这种电子称为共有化电子。而周期函数的因子 $u_{\vec{k}}(\vec{r})$ 描述电子在原胞中运动，这取决于原胞中电子的势场。平面波部分体现了电子的公有化，即电子"自由"的程度；周期函数则表现了固体中晶格上的离子对电子运动的影响，即电子"被束缚"的程度。周期函数的作用是对这个波的振幅进行调制，使它从一个原胞到下一个原胞做周期性振荡，但这并不影响态函数具有行进波的特性。式（3-1-10）指出，布洛赫波由一个平面波和一个周期函数 $u_{\vec{k}}(\vec{r})$（布洛赫波包）相乘得到。

名词解释——布洛赫波函数

布洛赫波函数，是在晶格周期性势场中运动的电子的波函数，是在周期性势场中运动的电子的薛定谔方程的解。布洛赫函数是一种调幅平面波，具有晶格的周期性。布洛赫波函数反映了晶体电子运动的特点，即其中的指数部分反映了晶体电子的共有化运动，而其中的晶格周期函数部分反映了晶体电子围绕原子核的运动。只有晶体中的共有化电子的波函数才具有布洛赫波函数的形式，相应电子的能量呈现为能带，而不是能级。布洛赫波既不被散射也不衰减，除非晶体存在杂质、缺陷或晶格振动等破坏周期势的因素。

名词解释——布洛赫电子和自由电子的区别与联系
拓展阅读——布洛赫波函数的作用和涉及的科学家

布洛赫波可用于描述周期性介质中的任何"类波动现象"。譬如周期介电性介质（光子晶体）中的电磁现象、周期弹性介质（声子晶体）中的声波等，如图 3-1-1 所示。平面波波矢 $\vec{k}$，又称"布洛赫波矢"，它与约化普朗克常数的乘积即为粒子的晶体动量。平面波波矢表征不同原胞间电子波函数的位相变化，其大小只在一个倒易点阵矢量之内才与波函数满足一一对应关系，所以通常只考虑第一布里渊区内的波矢。

在确定的完整晶体结构中，布洛赫波波矢是一个守恒量（以倒易点阵矢量为模），即电子波的群速度为守恒量。换言之，在完整晶体中，电子运动可以不被格点散射地传播（所以该

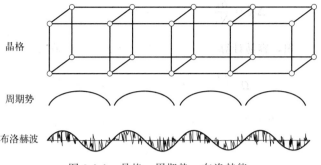

图 3-1-1 晶格、周期势、布洛赫能

模型又称为近自由电子近似），晶态导体的电阻仅仅来自那些破坏了势场周期性的晶体缺陷。

3. 布洛赫定理的物理意义

布洛赫定理是由晶体的平移对称性导出的，凡属周期结构中的波都应具有布洛赫波函数的形式。它表明在不同原胞的对应点上，波函数相差一个相位因子，相位因子不影响波函数模的大小，所以不同原胞对应点上，电子出现的概率是相同的。

从能量的角度看，如果电子只有原子内运动（孤立原子情况），电子的能量取分立的能级；若电子只有共有化运动（自由电子情况），电子的能量连续取值。由于晶体中电子的运动介于自由电子与孤立原子，既有共有化运动也有原子内运动，因此，电子的能量取值就表现为由能量的允带和禁带相间组成的能带结构。

平面波波矢 $\vec{k}$ 表征不同原胞间电子波函数的位相变化，其大小只在一个倒易点阵矢量之内才与波函数满足一一对应关系，所以通常只考虑第一布里渊区内的波矢。波矢 $\vec{k}$ 空间为倒格子空间，因而，波矢 $\vec{k}$ 可用相应的倒格子基矢 $\vec{b}_i$ 表示，即

$$\vec{k} = k_1 \vec{b}_1 + k_2 \vec{b}_2 + k_3 \vec{b}_3 \tag{3-1-11}$$

将其代入

$$N_i \vec{k} \cdot \vec{a}_i = 2\pi l_i \tag{3-1-12}$$

并考虑到

$$\vec{a}_i \cdot \vec{b}_j = 2\pi \delta_{ij} \tag{3-1-13}$$

得波矢 $\vec{k}$

$$\vec{k} = \frac{l_1 \vec{b}_1}{N_1} + \frac{l_2 \vec{b}_2}{N_2} + \frac{l_3 \vec{b}_3}{N_3} \tag{3-1-14}$$

$$k_i = \frac{l_i}{N_i} \tag{3-1-15}$$

式中，l_1、l_2、l_3 为整数；k_i 只能取一些分立的值。

布洛赫波波矢 $\vec{k}$ 可看成在倒格子空间中，以 $\vec{b}_i / N_i$ 为基矢的布拉维格子的格矢，$\vec{k}$ 取值是量子化的，在 $\vec{k}$ 空间均匀分布。每个许可的 $\vec{k}$ 值，相当于上述布拉维格子原胞的体积。即

$$\Delta \vec{k} = \frac{\vec{b_1}}{N_1} \cdot \left(\frac{\vec{b_2}}{N_2} \times \frac{\vec{b_3}}{N_3} \right) = \frac{\Omega^*}{N} = \frac{(2\pi)^3}{V} \tag{3-1-16}$$

其中，V 为晶体体积，容易计算出在简约布里渊区内电子的波矢数目

$$\Omega^* \Big/ \frac{(2\pi)^3}{V} = \frac{(2\pi)^3}{\Omega} \cdot \frac{N\Omega}{(2\pi)^3} = N \tag{3-1-17}$$

在简约布里渊区内，电子的波矢数目等于晶体的原胞数目，即

$$N = N_1 N_2 N_3 \tag{3-1-18}$$

在波矢空间内，由于 N 的数目很大，波矢点在倒格子空间看是极其稠密的，所以波矢点的分布是准连续的。从而，可把对有关波矢的求和变成积分来处理。

$$一个波矢代表点对应的体积 = \frac{(2\pi)^3}{V} \tag{3-1-19}$$

$$电子的波矢密度 = \frac{V}{(2\pi)^3} \tag{3-1-20}$$

二、布洛赫波能谱特征

对一个给定的波矢和势场分布，电子运动的薛定谔方程具有一系列解，称为电子的能带。由于波矢 $\vec{k}$ 的取值是准连续的，所以能量本征值构成一能带。从而，对于每一个 n 对应一个能带，n 称为能带指标。$n = 1, 2, \cdots, \infty$，由于布洛赫电子的本征能量和波函数都是倒格子空间的周期函数，所以可以将波矢 $\vec{k}$ 的取值限制在倒格子原胞体积内，常取倒格子空间的 W-S 原胞，即第一布里渊区或简约布里渊区，在此区间任意两波矢之差均小于一个最短的倒格矢，相应的波矢称为简约波矢。可用简约波矢表示能带，即

$$2\pi/d = | \vec{G_h} | \tag{3-1-21}$$

在周期性边条件下，波矢 $\vec{k}$ 有 N 个分立的取值，N 为原胞数目。

$$\vec{k} = \frac{l_1 \vec{b_1}}{N_1} + \frac{l_2 \vec{b_2}}{N_2} + \frac{l_3 \vec{b_3}}{N_3} \tag{3-1-22}$$

其中，l_1、l_2、l_3 为整数；从而本征值

$$\varepsilon_1(\vec{k}), \varepsilon_2(\vec{k}), \cdots, \varepsilon_n(\vec{k}), \cdots \tag{3-1-23}$$

对应

$$[\varepsilon_1(\vec{k_1}), \varepsilon_1(\vec{k_2}), \cdots, \varepsilon_1(\vec{k_N})]; [\varepsilon_2(\vec{k_1}), \varepsilon_2(\vec{k_2}) \cdots \varepsilon_2(\vec{k_N})]; \cdots \tag{3-1-24}$$

亦即，对于每个 n 值，有 N 个分立的能值从属于它。由于 N 很大，这些能值表现为准连续的序列，形成能带。因此，能谱由带指数 n 不同的一些能带组成。每个能带包含 N 个本征值，各能带按照能量尺度排列起来时，它们或者是由能量间隙给隔开，或者部分交叠在一起。

三、能带的图示

1. 电子能带的三种图示法

根据布洛赫电子的本征能量在波矢 $\vec{k}$ 空间的周期函数的特点，电子的能带 $\varepsilon_n(\vec{k})$ 的图示法有三种，如图 3-1-2 所示。

（1）简约布里渊区图示

由于可以将波矢 $\vec{k}$ 的取值限制在第一布里渊区内，从而可将所有的能带 $\varepsilon_n(\vec{k})$ 绘于第一布里渊区内，也就是将不同能带平移适当的倒格矢进入到第一布里渊区。

（2）周期布里渊区图示

由于 $\varepsilon_n(\vec{k})$ 取值的周期性，也允许 $\vec{k}$ 的取值遍及全 $\vec{k}$ 空间，也就是在每一个布里渊区周期性地画出所有能带。

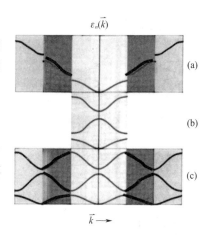

图 3-1-2　电子能带的三种图示法
（a）扩展布里渊区；（b）简约布里渊区；
（c）周期布里渊区

（3）扩展布里渊区图示

扩展布里渊区图示即将不同的能带 $\varepsilon_n(\vec{k})$ 绘于 $\vec{k}$ 空间不同的布里渊区的方法。

电子能带的三种图示法是等价的，可根据所考虑问题的方便选择不同的表示方法。每个布里渊区中波矢 $\vec{k}$ 可取 N 个值，而能带序号越小，能带宽度越小，故能带序号越小，能态密度越大。

2. 简约布里渊区图示

由于电子波函数是布洛赫波函数，因此具有平移对称性，能带结构可以在简约布里渊区表示。简约布里渊区的特点：① $\vec{k}$ 限制在第一布里渊区内，此时的波矢 $\vec{k}$ 称为简约波矢；② 每个 k 值均有相应的 $\varepsilon_n(k_1)$、$\varepsilon_n(k_2)$、$\varepsilon_n(k_3)$、…，即每个能带都在第一布里渊区中表示出来，简约区中能够给出能带结构全貌。

由于电子波函数是布洛赫波函数，因此具有平移对称性，能带结构可以在简约布里渊区表示；简约布里渊区图示如图 3-1-3 所示。可将高布里渊区能带平移倒格矢 $2n/a$，使其全部位于第一布里渊区（简约布里渊区）内，如图 3-1-4 所示；此时布洛赫电子需要用两个量子数来标记，能带指标 n 和简约波矢 $\vec{k}$。对于同一个 $\vec{k}$，有能量高低不同的一系列状态，分别属于不同的能带；把 k 的取值限制在第一布里渊区，即简约布里渊区之中。这时对于一个 k 有若干分立能量值，对应于不同能带 $\varepsilon_n(\vec{k})$ 函数，对于给定的 n，$\varepsilon_n(\vec{k})$ 是连续函数，这种 $\varepsilon_n(\vec{k})$ 函数的表示方法称为简约布里渊区图示。

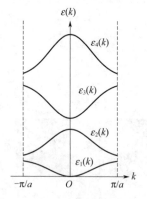

图 3-1-3 简约布里渊区图示

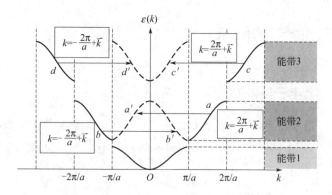

图 3-1-4 将高布里渊区能带平移到第一布里渊区

周期场的起伏使不同的能带相同简约波矢的状态之间存在相互影响。在 $\vec{k}=0$ 和 $\vec{k}=\pm\dfrac{\pi}{a}$ 附近，存在两个状态，能量相等或者相近。因此对于一般的简约波矢，可以利用非简并微扰计算；在 $\vec{k}=0$ 和 $\vec{k}=\pm\dfrac{\pi}{a}$ 及其附近，必须用简并微扰来处理。由于"能级间的排斥作用"，使得在 $\vec{k}=0$ 和 $\vec{k}=\pm\dfrac{\pi}{a}$ 处能级分裂，在能带之间出现带隙。

拓展阅读——简约波矢与电子波矢的区别和联系

简约波矢 $\vec{k}$ 本质上属于量子力学中平移算符本征值的量子数，其物理意义表示原胞之间电子波函数位相的变化；不同 $\vec{k}$ 值表示原胞间的位相差是不同的，$\vec{k}$ 用于描述波动方程解中不同的量子态。简约波矢的取值范围在第一布里渊区，即其取值为 $-\dfrac{\pi}{a} \sim \dfrac{\pi}{a}$；而自由电子的波矢取值则没有限制，在近自由电子近似作为零级近似的情形下，简约波矢 $\vec{k}$ 和波矢 k 之间相差一个倒格矢，即

$$k = \vec{k} + \frac{2m\pi}{a}；\vec{k} = \left(-\frac{\pi}{a},\frac{\pi}{a}\right) \tag{3-1-25}$$

简约波矢 $\vec{k}$ 和自由电子波矢 k 的这种差别表明，简约波矢不能唯一确定一个状态。唯一确定一个状态除了需要指定简约波矢外，还需要指定它和自由电子波矢之间相差的倒格矢。这个倒格矢确定该状态所属的能带。

利用电子波矢和简约波矢的关系，电子在周期性势场中的波函数为布洛赫函数，电子的能级 m 为整数，对应于不同的能带，第一能带位于简约布里渊区，其他能带可以通过倒格矢移到简约布里渊区。

---

3. 周期布里渊区图示

周期布里渊区图示的特点：每个布里渊区都表示出所有的能带，即每个能带在第一布里

渊区中的图形周期性重复在每个布里渊区，强调任一特定波矢 $\vec{k}$ 的能量可以用和它相差若干周期的波矢来描述。周期布里渊区图示如图 3-1-5 所示。

4. 扩展布里渊区图示

若波矢量 k 在整个 $\vec{k}$ 空间中取值，这时每个布里渊区中有一个能带，第 n 个能带在第 n 个布里渊区中，这种表示法称为扩展布里渊区图示，如图 3-1-6 所示。

扩展布里渊区的特点如下：

① 按能量由低到高的顺序，分别将能带限制在第一布里渊区、第二布里渊区等，一个布里渊区表示一个能带。

② 将不同能带分别绘入不同的布里渊区内，其特点是可以显示电子能谱在布里渊区边界上的不连续性。

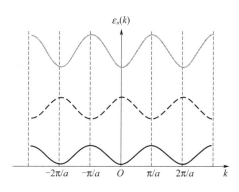

图 3-1-5　周期布里渊区

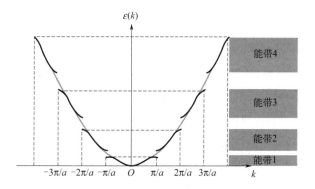

图 3-1-6　扩展布里渊区

名词解释——布里渊区

在倒格子空间中，以任意一个倒格点为原点，做原点和其他所有倒格点连线（倒格矢）的中垂面（或中垂线），这些中垂面（或中垂线）将倒格子空间分割成许多区域，这些区域称为布里渊区。第一布里渊区，又称为简约布里渊区，是 $\vec{k}$ 空间中围绕原点的最小团合区域（不穿过布拉格反射面）；第二布里渊区是从原点出发经过 1 个中垂面（或中垂线，或布拉格反射面）才能到达的区域；第 $n+1$ 布里渊区是从原点出发经过 n 个中垂面（或中垂线）才能到达的区域（n 为正整数）。

四、能带 $\varepsilon_n(\vec{k})$ 的对称性

对于布洛赫电子能谱对称性的讨论，将有助于简化能带结构的计算。下面介绍一些关于能带对称性的结论，严格证明已经超出固体物理基础的范围。

1. 周期性

利用该特点，可以将能带结构的计算限制在一个倒格子原胞内进行。倒格子原胞的取法有多种，标准的做法是取以 $k=0$ 为中心的 W-S 原胞，即第一布里渊区。从而可将所有的能带 $\varepsilon_n(\vec{k})$ 绘于第一布里渊区中，即简约布里渊区图示法。

$$\varepsilon_n(\vec{k}) = \varepsilon_n(\vec{k} + \vec{G}_n) \tag{3-1-26}$$

2. 能带的点群对称性

如果不考虑电子的自旋—轨道相互作用，在布里渊区中，晶体能谱具有与晶体点阵相同的宏观对称性。

$$\varepsilon_n(\vec{k}) = \varepsilon_n(\alpha \vec{k}) \tag{3-1-27}$$

式中，α 为晶体所属点群中的任一操作；$\varepsilon_n(\vec{k})$ 的点群对称性使得在能带计算中可将第一布里渊区体积按对称元素（点群对称操作）的数目分成若干等价的小区域，若有 f 个点群对称操作（三维立方晶体 $f=48$），则只需讨论 f 个小区中的一个。所占体积为第一布里渊区的 $1/f$，因而工作量变小。

3. 反演对称性

中心反演对称属于点群对称操作的一个基本元素，因此当然成立。而对于不包含反演对称的晶体来说，该结论仍然成立。

$$\varepsilon_n(\vec{k}) = \varepsilon_n(-\vec{k}) \tag{3-1-28}$$

证明：由于晶体中单电子薛定谔方程中的哈密顿量是实数，故 $\psi_{n\vec{k}}(\vec{r})$ 和 $\psi_{n\vec{k}}^*(\vec{r})$ 为属于同一本征值的解。按照平移算符的定义和布洛赫定理，定义平移算符为 $\widehat{T}$，易知

$$\begin{cases} \widehat{T}_{\vec{R}_n} \psi_{n\vec{k}}^*(\vec{r}) = \psi_{n\vec{k}}^*(\vec{r} + \vec{R}_n) = \mathrm{e}^{\mathrm{i}\vec{k}\cdot\vec{R}_n} \psi_{n\vec{k}}^*(\vec{r}) \\ \widehat{T}_{\vec{R}_n} \psi_{n(-\vec{k})}(\vec{r}) = \psi_{n(-\vec{k})}(\vec{r} + \vec{R}_n) = \mathrm{e}^{\mathrm{i}\vec{k}\cdot\vec{R}_n} \psi_{n(-\vec{k})}(\vec{r}) \end{cases} \tag{3-1-29}$$

所以

$$\psi_{n\vec{k}}^*(\vec{r}) = \psi_n(-\vec{k}) \tag{3-1-30}$$

因而 $\psi_{n\vec{k}}(\vec{r})$ 和 $\psi_{n(-\vec{k})}(\vec{r})$ 为简并态，有相同的本征值。

所以

$$\varepsilon_n(\vec{k}) = \varepsilon_n(-\vec{k}) \tag{3-1-31}$$

式（3-1-31）意味着 $\varepsilon_n(\vec{k})$ 和 $\varepsilon_n(-\vec{k})$ 也是简并态；$\psi_{n\vec{k}}(\vec{r})$ 和 $\psi_{n(-\vec{k})}(\vec{r})$ 为简并态以及 $\varepsilon_n(\vec{k})$ 和 $\varepsilon_n(-\vec{k})$ 也是简并态这个结论不依赖于晶体的点群对称性，实际上是反演对称性的结果。

五、等能面垂直于布里渊区界面

等能面定义为在 $\vec{k}$ 空间中，所有能量相等的 $\vec{k}$ 构成的曲面。由于布里渊区界面是倒格矢 $\vec{G}_h$ 的垂直平分面，因此对应于 $\vec{G}_h$ 和 $-\vec{G}_h$ 的一对布里渊区界面具有镜面反演对称（如图 3-1-7 所示）。设 A、B 为布里渊区的两个界面，m 为镜面反演面。

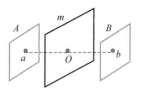

图 3-1-7　布里渊
区的对称面

a，b 为布里渊区界面上关于 m 对称的两个点，显然它们相距一个倒格矢。

过 a、b 两点等能面的法线（梯度）分别为

过 a 点等能面的法线 　　　　$\hat{n}_a // \nabla_{\vec{k}} \varepsilon_n(\vec{k})|_a$ 　　　　(3-1-32)

过 b 点等能面的法线 　　　　$\hat{n}_b // \nabla_{\vec{k}} \varepsilon_n(\vec{k})|_b$ 　　　　(3-1-33)

由于

$$\varepsilon_n(\vec{k}) = \varepsilon_n(\vec{k} + G_h) \qquad (3\text{-}1\text{-}34)$$

所以，过 a、b 两点等能面法线相对于各自布里渊区界面 A、B 的垂直分量和平行分量应该严格相等，亦即

$$\nabla_{\vec{k}} \varepsilon_n(\vec{k})_{\perp}|_a = \nabla_{\vec{k}} \varepsilon_n(\vec{k})_{\perp}|_b \qquad (3\text{-}1\text{-}35)$$

$$\nabla_{\vec{k}} \varepsilon_n(\vec{k})_{\parallel}|_a = -\nabla_{\vec{k}} \varepsilon_n(\vec{k})_{\parallel}|_b \qquad (3\text{-}1\text{-}36)$$

但是，由于 a、b 两点关于 m 镜面反演对称，必须满足

$$\nabla_{\vec{k}} \varepsilon_n(\vec{k})_{\perp}|_a = -\nabla_{\vec{k}} \varepsilon_n(\vec{k})_{\perp}|_b \qquad (3\text{-}1\text{-}37)$$

$$\nabla_{\vec{k}} \varepsilon_n(\vec{k})_{\parallel}|_a = \nabla_{\vec{k}} \varepsilon_n(\vec{k})_{\parallel}|_b \qquad (3\text{-}1\text{-}38)$$

所以

$$\nabla_{\vec{k}} \varepsilon_n(\vec{k})_{\perp}|_a = \nabla_{\vec{k}} \varepsilon_n(\vec{k})_{\perp}|_{b=0} \qquad (3\text{-}1\text{-}39)$$

即等能面法线在布里渊区界面上的垂直分量为零，所以等能面必定垂直于布里渊区界面。同样可以证明等能面垂直于布里渊区中过原点的对称面。一维情况下，等能面退化为两个等能点；二维情况下，等能面退化为等能线。

本节讨论的内容没有涉及周期性势场 $V(\vec{r})$ 的具体形式，是普遍性的结果。也就是说布洛赫定理给出了严格的周期势场中单电子波函数和能谱的普遍规律。固体能带的具体计算则涉及晶体结构和晶体原子势场的具体空间分布。

拓展阅读——周期性势场

图 3-1-8 中，处于低能级 ε_1 和 ε_2 的电子在"势谷"中，与原子核结合较紧，电子势能小于势垒高度，势垒较宽，穿透势垒概率很小，可认为它处于束缚态。处于高能级 ε_3 的电子

可自由运动，电子势能大于势垒高度，势垒穿透概率较大，电子可在整个固体中运动，原来属于某一原子的电子，此时为晶体的几个原子共有，称这些电子是共有化电子。而恰好，共有化就是指电子可在不同原子中的相似轨道上转移。

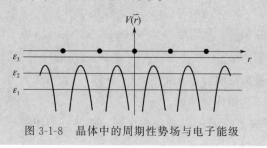

图 3-1-8　晶体中的周期性势场与电子能级

习题

（1）什么叫能带论？说明晶体大小的差别并不影响能带的基本情况。

（2）能带论的三个基本假定是什么？简要阐述固体物理中的绝热近似，并定性说明该近似的物理依据。

（3）什么是布洛赫定理？什么是布洛赫电子？什么是布洛赫波？如何理解布洛赫电子的公有化运动？布洛赫定理的物理意义是什么？

（4）如何理解布洛赫电子的能谱呈现能带结构？

（5）能带的对称性有哪些？

（6）布洛赫波函数中的波矢 $\vec{k}$，在布洛赫定理的证明中是以一个比例因子的身份出现的，如何理解它的波矢身份？k 的取值由什么来确定？在周期性边界条件下 k 的取值如何？如何理解它相当于倒格子空间中的一个布拉维格子的格矢？此时的基矢是什么？

（7）解释布洛赫电子及布洛赫波，如何理解布洛赫电子的共有化运动？

第二节　近自由电子近似

近自由电子近似是能带理论中一个简单模型。该模型的基本出发点是晶体中的价电子行为很接近自由电子，周期势场的作用可以看作很弱的周期性起伏的微扰处理。尽管模型简单，但给出了周期场中运动的电子本征态的一些最基本特点。

周期势的选取是影响单电子薛定谔方程解的主要因素，人们把晶体电子看成在一个弱的周期性起伏的势场中运动，称为近自由电子近似，也称为弱周期场近似。即电子受到离子实周期性势场的作用，势场的起伏较小，这是近自由电子近似的两个条件；近自由电子近似应用范围有限，只对碱金属适用。正因为如此，这一类晶体的费米面近似为球形。

近自由电子近似的基本思想是，假定周期势场的空间变化十分微弱，用势能的平均值 V_0。

作为周期势 $V(\vec{r})$ 的零级近似，把 $V(\vec{r})$ 的周期性起伏部分 $\Delta V = V(\vec{r}) - V_0$ 作为微扰来处理，这就是近自由电子近似的方法。此处，零级近似的条件为：这个较小的起伏量可以作为微扰来处理，用势场平均值代替离子实产生的势场。

近自由电子近似的要求是在周期场中，若电子的势能随位置的变化（起伏）比较小，而电子的平均动能比其势能的绝对值大得多时，电子的运动就几乎是自由的。也就是说，原子的动能大于势能使电子可以自由运动，势函数的起伏很小，满足微扰论适用，外层电子满足电子可以自由运动。总之，对于原子核外电子来说，外层价电子巡游性比较强，可以在固体内到处转移，就可以使用近自由电子近似处理。而对于内层电子，就得用紧束缚近似处理（见本章第三节）。

近自由电子近似模型建立的过程：首先，在零级近似下，考虑到周期性边界条件得到了波矢的允许取值，推出能量的准连续性；其次，由于考虑到二级微扰，而推出能量在布区边界处分裂，且发生了能级间的"排斥作用"，于是形成能带和带隙。

近自由电子近似，是指依据能带理论，可以认为固体内部电子不再束缚在单个原子周围，而是在整个固体内部运动，仅仅受到离子实势场的微扰。在远离布里渊区边界时，本征波函数的主部是动量的本征态，散射仅仅提供一阶修正。近自由电子近似应用范围有限，只对碱金属适用。正因为如此，这一类晶体的费米面近似为球形。

一、一维情形

1. 一维非简并微扰

单电子的周期性势场如图 3-2-1 所示，设一维晶体的长度为 $L = Na$，N 为原胞数目，a 为原胞的长度，一维周期势为 $V(x)$。将一维周期势 $V(x)$ 作傅里叶展开

$$V(x) = \sum_{n=-\infty}^{\infty} V_n e^{iG_n x} \tag{3-2-1}$$

$$V_n = \frac{1}{L} \int_0^L V(x) e^{-iG_n x} \, dx \tag{3-2-2}$$

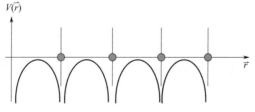

图 3-2-1 单电子的周期性势场

对于上述一维晶格来说，其倒格矢为

$$G_n = \frac{2\pi}{a} n \tag{3-2-3}$$

所以，周期势场 $V(x)$ 可写成

$$V(x) = \sum_{n=-\infty}^{\infty} V_n e^{iG_n x} = V_0 + \sum_n{}' e^{i\frac{2\pi}{a}nx} = V_0 + \Delta V \tag{3-2-4}$$

$$V(x) = \sum_{n=-\infty}^{\infty} V_n e^{iG_n x} = V_0 + \sum_n{}' V_n e^{i\frac{2\pi}{a}nx} = V_0 + \nabla V \tag{3-2-5}$$

其中，傅里叶展开系数

$$V_n = \frac{1}{L}\int_0^L V(x) e^{-i\frac{2\pi}{a}nx}\,\mathrm{d}x \tag{3-2-6}$$

$$V_0 = \frac{1}{L}\int_0^L V(x)\,\mathrm{d}x \tag{3-2-7}$$

式中，V_0 为势能的平均值，可以取 $V_0 = 0$。

$$\Delta V = V(x) - V_0 = \sum_n{}' V_n e^{i\frac{2\pi}{a}nx} \tag{3-2-8}$$

ΔV 是周期性起伏的微扰势，求和号上的一撇表示 n 的取值包含除零以外的所有整数。

由于势能是实数，可得关系式

$$V_{-n} = V_n^* = V_n \tag{3-2-9}$$

取 $V_0 = 0$ 后，薛定谔方程可写成

$$\left(-\frac{\hbar^2}{2m} \times \frac{\mathrm{d}^2}{\mathrm{d}x^2} + \nabla V\right)\psi_k(x) = \varepsilon_k\psi_k(x) \tag{3-2-10}$$

$$\psi_k(x) = \frac{1}{\sqrt{L}}e^{ikx}\left\{1 + \sum_n{}' \frac{V_n e^{i\frac{2\pi}{a}nx}}{\frac{\hbar^2}{2m}\left[k^2 - \left(k + \frac{2\pi}{a}n\right)^2\right]}\right\} = e^{ikx}u_k(x) \tag{3-2-11}$$

考虑了弱周期场近似后，计算到一级修正，波函数已从平面波过渡到了布洛赫波。式 (3-2-11) 右端第一部分为平面波，第二部分为电子在行进过程中遭受到起伏势场的散射作用所产生的散射波，各散射波的振幅为

$$u_n = \frac{V_n}{\frac{\hbar^2}{2m}\left[k^2 - \left(k + \frac{2\pi}{a}n\right)^2\right]} \tag{3-2-12}$$

式中，k 为波矢量。

由于周期势是微扰，因此 V_n 很小，导致各散射波的振幅很小。从而一级近似的布洛赫波函数和自由电子的平面波相差无几。

然而，当

$$\begin{cases} k = -n\dfrac{\pi}{a} = \dfrac{G_n}{2} \\[2mm] k' = k + \dfrac{2\pi}{a}n = \dfrac{n\pi}{2} = \dfrac{G_n}{2} \end{cases} \tag{3-2-13}$$

振幅为

$$u_n = \frac{V_n}{\frac{\hbar^2}{2m}\left[k^2 - \left(k + \frac{2\pi}{a}n\right)^2\right]} \tag{3-2-14}$$

振幅已足够大，这时散射波不能再忽略。也就是当波矢位于布里渊区边界（或布拉格平面）时，此时它的振幅已足够大，散射波不能再忽略。此时出现能量简并，需用简并微扰计算。

由非简并微扰的能量表达式可知，能量的一级修正为零；二级修正中的分子是微扰势的傅里叶展开系数的平方，也非常小；所以一般情况下，近自由电子近似下的能量和自由电子的能量相差不多，可近似由自由电子的能量描述。由前述可知，两个状态的波矢分别为

$$k = -\frac{\pi}{a}n = -\frac{G_n}{2}; \quad k' = k + G_n = \frac{G_n}{2} \tag{3-2-15}$$

$$k = -\frac{\pi}{a}n = -\frac{G_n}{2}; \quad k' = k + G_n = \frac{G_n}{2} = \frac{n\pi}{a} \tag{3-2-16}$$

按照布里渊区的取法，它们恰好位于布里渊区的边界处或布拉格平面上。

拓展阅读——微扰理论

类比解释——微扰问题

人们可以结合生活中的实际例子来理解微扰问题。比如一个高层酒店，这个酒店里边有各个楼层，每一个楼层有很多房间，人们就可以这样进行类比理解。楼层的间距相当于能级的间距，每层的房间就相当于波函数，这样理解就比较形象化。否则，全都是数学符号、数学运算，很容易混乱，不便于理解，把物理问题形象化有利于人们把握问题。原来这样一个酒店，房子都盖好，楼层和房间都是完全确定的，相当于是可解的。假定这个酒店遭受了比较大的风（注意不能是地震，地震微扰太大，楼就塌了），这个时候酒店的状况就会发生变化。根据量子力学，相当于势能变化了。风一吹，大楼就受到外力作用，此时势函数发生变化，楼层的间距就要稍微变化一点，房间的这个形状状态也要变化一点，人们就求这个变化了以后的楼层间距以及变化了以后的这个房间形状，这就是微扰问题。

下面采用简并微扰处理布里渊区的边界处的问题，此时，将导致出现能隙（禁带），并可用布拉格反射加以解释。

2. 一维简并微扰

按照微扰理论，在原来的零级近似波函数 k 态中，要掺入与它有微扰矩阵元的其他零级波函数 k 态。两态之间的能量相差愈小，掺入的部分愈大。当位于布里渊区边界的地方

$k=-n\pi/a$，$k'=n\pi/a$，两态之间零级近似的能量相等。对于 $k=-n\pi/a$ 的状态，最主要的影响是掺入了与它能量相等的 $k'=n\pi/a$ 状态，其他的掺入状态都可以忽略。此时波函数可写成这两个简并态的线性组合

$$\psi(x)=A\psi_k^{(0)}(x)+B\psi_{k'}^{(0)}(x)=\frac{1}{\sqrt{L}}(Ae^{ikx}+Be^{ik'x}) \tag{3-2-17}$$

弱周期势使得电子在布里渊区边界出现两个能级，即

$$\varepsilon_+=T_n+|V_n| \tag{3-2-18}$$

$$\varepsilon_-=T_n-|V_n| \tag{3-2-19}$$

式中，T_n 为动能；V_n 为势能。

所以，弱周期势使得原本在布里渊区边界准连续的电子能量分开了。出现了两个能级，两个能级之间出现了能隙，即原来准连续的抛物线变成了分段准连续，形成了能带。布里渊区边界处的禁带宽度如图 3-2-2 所示。

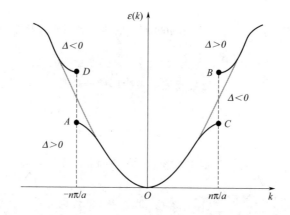

图 3-2-2 布里渊区边界处的禁带宽度

如图 3-2-2 所示，在弱周期势场作用下，电子的能级形成了能带。可以画出在波矢空间近自由电子的能带，如图 3-2-3 所示。图中表明，每个波矢 $\vec{k}$ 都有一个量子态，当晶体中原胞的数目趋于无限大时，波矢 $\vec{k}$ 变得非常密集，这时能级的准连续分布形成了一系列的能带（也叫做允带，就是允许电子存在的区域）。禁带中不存在能级（禁带就是禁止电子存在的区域）。晶体弱周期性势场的微扰，电子能谱在布里渊边界。在远离布里渊区边界，近自由电子的能谱和自由电子的能谱相近；能带中总共有 $2N$ 个量子态。

从而在布里渊区边界出现电子不允许取值的能量段，称为禁带。其禁带宽度也就是能隙 ε_g。

$$\varepsilon_g=\varepsilon_+-\varepsilon_-=2|V_n| \tag{3-2-20}$$

$$V(x)=\sum_n{}'V_n e^{ikx}=\sum_n{}'V_n e^{i\frac{2\pi}{a}nx} \tag{3-2-21}$$

$$V_n=\frac{1}{L}\int_0^L V(x)e^{-i\frac{2\pi}{a}nx}dx \tag{3-2-22}$$

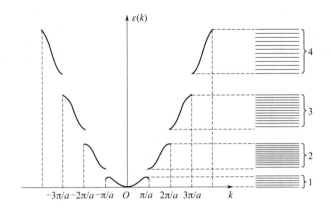

图 3-2-3　近自由电子近似能带

$$\varepsilon_g = \varepsilon_+ - \varepsilon_- = 2 \, | \, V_n \, | \tag{3-2-23}$$

也就是说，禁带宽度等于周期势展开式中，波矢为 $\vec{k} = 2\pi n/a$ 的傅里叶分量 V_n 的绝对值的 2 倍。以上是布里渊区界面处的结果，事实上，当波矢接近布里渊区界面时，即

$$k = -\frac{n\pi}{a}(1-\Delta) \tag{3-2-24}$$

$$k' = \frac{n\pi}{a}(1+\Delta) \tag{3-2-25}$$

式中，Δ 为小量。

$$\varepsilon_+ = T_n + | \, V_n \, | + T_n\left(1 + 2\frac{T_n}{|\,V_n\,|}\right)\Delta^2 \tag{3-2-26}$$

$$\varepsilon_- = T_n - | \, V_n \, | - T_n\left(-1 + 2\frac{T_n}{|\,V_n\,|}\right)\Delta^2 \tag{3-2-27}$$

当 $\Delta = 0$ 时

$$\varepsilon_+ = T_n + | \, V_n \, | \tag{3-2-28}$$

$$\varepsilon_- = T_n - | \, V_n \, | \tag{3-2-29}$$

$$k = -\frac{n\pi}{a}(1-\Delta) \tag{3-2-30}$$

$$k' = \frac{n\pi}{a}(1+\Delta) \tag{3-2-31}$$

一维简并微扰总结如下。

① 禁带出现在波矢空间倒格矢的中点处，即 $k = \pm n\pi/a$ 处（布里渊区边界上），电子的能量出现禁带；电子的能量出现能隙，在能隙范围内没有许可的电子态，称为禁带；图 3-2-2 左侧中点 A 与点 D 以及点 B 与点 C 间之间为能态间隔，即为禁带宽度 ε_g，禁带的宽度为 $2\,|\,V_n\,|$。

② 在 $k = \pm n\pi/a$ 附近，在能带底部附近 $\varepsilon_+ > T_n$，电子能量与波矢 $\vec{k}$ 的关系是向上弯曲

的抛物线，并垂直于布里渊区界面；而在能带顶部附近 $\varepsilon_- > T_n$，能带顶部是向下弯曲的抛物线，并垂直于布里渊区界面。也就是说，式（3-2-28）相当于能隙之上的能带底部，如点 B 和点 D 处，能量向上弯曲；而式（3-2-29）则相当于能隙之下的能带顶部，如点 A 和点 C 处，能量向下弯曲。

③ 在 k 远离 $n\pi/a$ 处，电子的能量与自由电子的能量相近。

④ 在弱周期势的作用下，准连续的能级被能隙隔开，形成一系列的能带（允带，即允许电子存在的区域）。

⑤ 在布里渊区边界的地方，ε_k 曲线画成水平的。

3. 能隙产生的物理机制——布拉格反射

根据弱周期场近似的结果，在布里渊区边界上将出现禁带（或能隙）。接下来讨论一下能隙出现的物理机制。我们知道当波矢 $\vec{k}$ 落在布拉格平面时，存在一个和它相差一个倒格矢的状态 $\vec{k}' = \vec{k} + \vec{G}_n$，它们的能量相等。所以满足

$$\vec{k}' - \vec{k} = \vec{G}_n \qquad (3\text{-}2\text{-}32)$$

$$(k')^2 = k^2 \qquad (3\text{-}2\text{-}33)$$

显然，式（3-2-33）和布拉格反射条件等价。

在布里渊区边界（或布拉格平面）上，相当于沿一个方向行进的平面波，当行进到布拉格平面时，受到无衰减的反射，即布拉格反射，然后向相反方向传播。

能隙的形成来源于这两个波的等量叠加——相加或相减，构成两个不同的驻波，即

$$\psi(+) = \frac{A}{\sqrt{L}}(e^{i\frac{n\pi}{a}x} - e^{-i\frac{n\pi}{a}x}) = \sqrt{\frac{2}{L}}i\sin\frac{n\pi x}{a} \qquad (3\text{-}2\text{-}34)$$

$$\psi(-) = \frac{A}{\sqrt{L}}(e^{i\frac{n\pi}{a}x} + e^{-i\frac{n\pi}{a}x}) = \sqrt{\frac{2}{L}}\cos\frac{n\pi x}{a} \qquad (3\text{-}2\text{-}35)$$

式中，波函数已归一化。相应于两种驻波的电子概率密度分别为

$$\rho(+) = |\psi(+)|^2 = \frac{2}{L}\sin^2\frac{n\pi x}{a} \qquad (3\text{-}2\text{-}36)$$

$$\rho(-) = |\psi(-)|^2 = \frac{2}{L}\cos^2\frac{n\pi x}{a} \qquad (3\text{-}2\text{-}37)$$

两种驻波描述了两种不同的电子状态，使得电子倾向于聚集在晶体中不同的空间区域，具有不同的势能。比如，取 $n=1$，则当 $x = \pm 0$，$\pm a$，$\pm 2a$，…（即离子实位置）时，由上述公式可知，$\rho(+) = 0$；而当 $x = \pm a/2$，$\pm 3a/2$，…（即离子实中间位置）时，$\rho(+)$ 最大，因而 $\psi(+)$ 倾向于将电子聚集在相邻离子实的中点处，使其势能高于行波的平均势能。同理，$\psi(-)$ 倾向于将电子聚集在离子实处，使其势能低于行波的平均势能。也就是说由于布拉格反射产生的两个驻波使电子聚集在不同的区域内，从而使这两个波具有不同的势能，这就是产生能隙的原因。

布拉格反射是晶体中波传播的特征性质。在电子波矢接近布拉格反射的区域时，弱周期势有明显的作用，导致能隙出现（形成禁带），因而准连续的能级分裂成能带，这是晶体中电子结构重要的基本性质，是理解金属、半导体等很多特性的基础。需要指出的是，当电子的波矢落在布里渊区界面，满足布拉格条件时，是否一定产生能隙还取决于相应的周期势的傅里叶分量是否为零。

名词解释——能级、能隙和能带

能级：由玻尔的理论发展而来的现代量子物理学认为，原子核外电子的可能状态是不连续的，因此各状态对应能量也是不连续的，这些能量值就是能级。

能隙：也称为能带隙、禁带宽度。在固体物理学中泛指半导体或绝缘体的价带顶端至传导带底端的能量差距。

能带：当原子组成晶体时，由于原子周期性排布，随着原子增多，原先分立的电子能级会变得越来越密集，最后变成一条条看准连续（很密集的能级，实际上不连续）的能级结构，称为能带。

类比解释——能级、能隙和能带

关于能级、能隙及能带，可以结合生活中的例子来加深理解。同学们在教室内上课，教室里的每一列同学都可以看成一个能级，两列同学中间有空隙，可以看作能隙，远远看去，多列同学可以看作一个能带。竹筏作为水上交通工具，流行于长江南部地区，可以将竹筏看成一个能带，组成竹筏的每一根竹子看成一个能级，它们之间的空隙就是能隙。还有一个类比，学校操场中的跑道，全部跑道可以看成能带，其中的某条跑道可以看成某个能级；而两条跑道之间的线就是能隙。波矢 $\vec{k}$ 的取值是准连续的，对于准连续的理解，比如人的手指之间有缝，五个手指并起来可以看成一个能带，五个手指不是连续的，它们是准连续的。

各能带按照能量尺度排列起来时，它们或者是由能量间隙隔开的，或者部分交叠在一起。比如，教室中的一列同学，平移插空坐到原本相邻的两列同学中间，则相邻两列同学之间的距离缩小了，远处看起来形成一个带。

二、三维情形

在布里渊区内部，电子能量是连续的（严格应为准连续），而在布里渊区边界上，电子能量不连续，会发生能量的突变。在一维情况下，布里渊区边界上能量的突变为禁带的宽度（能隙）。

需要指出的是，对于三维晶体，不同方向的允许能带可能会出现交叠，使得晶体的禁带宽度发生变化。在三维情况下，在布里渊区边界上沿不同的 $\vec{k}$ 方向上，电子能量的不连续可能出现不同的能量范围。因此，在某些 $\vec{k}$ 方向上不允许有某些能量值，而在其他 $\vec{k}$ 方向上仍有可能允许有这种能量。所以，在布里渊区边界面上能量的不连续并不一定意味着有禁带。这是三维情况与一维情况的一个重要区别。

如果能隙很小，比如简单立方点阵［100］方向和［111］方向能带是互相交叠的，如图 3-2-4 所示。［100］方向第二带带底的能量比［111］方向第一带带顶的能量要低。

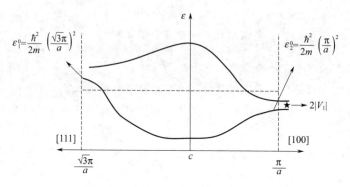

图 3-2-4　简单立方点阵［100］方向和［111］方向能带

习题

（1）什么是近自由电子近似？

（2）能隙的形成来源于两个不同的驻波的等量叠加，试写出两种驻波的波函数、电子概率密度的表达式，并解释两种驻波的物理意义。

（3）近自由电子近似下金属费米面的哈里森构图法的内容有哪些（或如何从自由电子费米面得到近自由电子近似下金属费米面）？

（4）对近自由电子，当波矢 $\vec{k}$ 落在三个布里渊区交界上时，波函数可近似由几个平面波来构成？能量久期方程中的行列式是几阶的？

（5）在布里渊区边界上电子的能带有何特点？

（6）当电子的波矢落在布里渊区边界上时，其有效质量为何与真实质量有显著差别？

（7）带顶和带底的电子与晶格的作用各有什么特点？

第三节　紧束缚近似

近自由电子近似是把晶体中运动的电子看作在弱周期场中接近自由运动的一种极端的情形，适用于金属中的传导电子。近自由电子近似认为原子实对电子的作用很弱，因而电子的运动基本上是自由的。其结果主要适用于金属的价电子，但对其他晶体中的电子，即使是金属的内层电子也并不适用。

在大多数晶体中，电子并不是那么自由的，即使是金属和半导体中，其内层电子也要受到原子实较强的束缚作用。紧束缚近似则是另一种极端的模型，是 1928 年布洛赫提出的第一个能带计算方法。

一、紧束缚近似的模型及其能带

晶体中原子的间距较大，因而原子实对电子有相当强的束缚作用。当电子距某个原子实比较近时，电子的运动主要受该原子势场的影响，这时电子的行为同孤立原子中电子的行为相似。这时，可将孤立原子看成零级近似，而将其他原子势场的影响看成小的微扰。这种方法称为紧束缚近似。

紧束缚近似认为晶体中的电子态与组成晶体的原子在其自由原子态时差别不大，晶体电子的波函数可以用原子轨道线性组合来构成，因而较适合原子较内层的电子的情况。紧束缚近似得到的结果除了使布洛赫电子的波函数和能带进一步具体化以外，还能初步解释半导体和绝缘体中所有电子的能带，尤其对过渡族金属中的 3d 电子的能带比较适用。

紧束缚近似方法的一个突出优点是它可以把晶体中电子的能带结构与构成这种晶体的原子在孤立状态下的电子能级联系起来。

1. 布洛赫函数——原子轨道线性组合

紧束缚近似认为晶体中的电子在某个原子附近时主要受该原子势场 $V_{at}(\vec{r}-\vec{R}_n)$ 的作用，以孤立原子的电子态作为零级近似，其他原子的作用是次要的，被看作微扰。原子轨道波函数的能级是分立的，第 n 个轨道对应 n^2 个简并的态（不考虑自旋）。但如果引入其他原子实的势场微扰，这些能级就会发生劈裂，如图 3-3-1 所示，因而较适合于原子较内层的电子的情况。

假设原子位于简单晶格的格点上，格矢

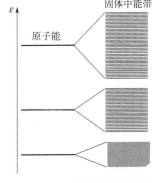

图 3-3-1 紧束缚近似的能带

$$\vec{R}_n = n_1 \vec{a}_1 + n_2 \vec{a}_2 + n_3 \vec{a}_3 \qquad (3\text{-}3\text{-}1)$$

有一个电子在其附近运动，若不考虑其他原子的影响，则电子满足孤立原子中运动的薛定谔方程为

$$\hat{H}_{at}\varphi_i(\vec{r}-\vec{R}_n) = \left[-\frac{h^2}{2m}\nabla^2 + V_{at}(\vec{r}-\vec{R}_n) \right]\varphi_i(\vec{r}-\vec{R}_n) = \varepsilon_i^{at}\varphi_i(\vec{r}-\vec{R}_n) \qquad (3\text{-}3\text{-}2)$$

式中，$\varphi_i(\vec{r}-\vec{R}_n)$ 是与本征能量 ε_i^{at} 对应的本征态；$V_{at}(\vec{r}-\vec{R}_n)$ 是单原子势；i 表示原子中的某一量子态，如 1s、2s、2p 等量子态。

设简单晶体是由 N 个原子组成的，则 N 个原子有 N 个类似的波函数 φ_i 对应同一个能级 ε_i^{at}，因而是 N 重简并的。

构成晶体后，原子相互靠近，有了相互作用，简并解除，晶体中电子作共有化运动。如

果把原子之间的相互作用看成微扰，则晶体中的单电子波函数可看成 N 个简并的原子轨道波函数的线性组合，即

$$\psi(\vec{r}) = \sum_{\vec{R}_n} a_n \varphi_i(\vec{r} - \vec{R}_n) \tag{3-3-3}$$

且近似认为不同原子的轨道交叠甚小而正交，同一原子的轨道波函数归一，即

$$\int \varphi_i^*(\vec{r} - \vec{R}_n) \varphi_i(\vec{r} - \vec{R}_m) \mathrm{d}\vec{r} = \delta_{mn} \tag{3-3-4}$$

$\psi(\vec{r})$ 的上述取法称为原子轨道线性组合法（LCAO），即晶体中的电子做共有化运动，其共有化轨道由原子轨道 $\varphi_i(\vec{r} - \vec{R}_m)$ 的线性组合构成。

由布洛赫定理，组合后的波函数

$$\psi(\vec{r}) = \sum_{\vec{R}_n} a_n \varphi_i(\vec{r} - \vec{R}_n) \tag{3-3-5}$$

应为布洛赫函数，为此取

$$a_n = \frac{1}{\sqrt{N}} \mathrm{e}^{i\vec{k} \cdot \vec{R}_n} \tag{3-3-6}$$

则晶体中的单电子波函数变为

$$\psi_{\vec{k}}(\vec{r}) = \frac{1}{\sqrt{N}} \sum_{\vec{R}_n} \mathrm{e}^{i\vec{k} \cdot \vec{R}_n} \varphi_i(\vec{r} - \vec{R}_n) \tag{3-3-7}$$

式中，$\psi_{\vec{k}}(\vec{r})$ 为布洛赫函数。

如果把原子之间的相互作用看成微扰，则晶体中的单电子波函数可看成 N 个简并的原子轨道波函数的线性组合。即用孤立原子的电子波函数的线性组合来构成晶体中电子共有化运动的波函数，因此紧束缚近似也称为原子轨函线性组合法，简称 LCAO。

在周期性势场中运动的波函数一定是布洛赫波函数，而布洛赫波函数在 $\vec{k}$ 空间具有周期性。利用周期性边界条件容易证明波矢在第一布里渊区共有 N 个值（N 为晶体的原胞个数），对应 N 个准连续的能量本征值形成一个能带。也就是说，孤立原子的能级与晶体中的电子能带相对应，如 2s、2p 等能带。

如果晶体是由 N 个相同的原子构成的布拉维晶格，则每个原子附近都有一个能量为 $\varepsilon_i^{\mathrm{at}}$ 的束缚态波函数 φ_i（假定对单个原子来说 φ_i 是非简并的），因此在不考虑原子间相互作用时，对整个晶体而言应有 N 个类似的方程。

$$\varepsilon_i^{\mathrm{at}} \rightarrow \begin{cases} \varphi_i(\vec{r} - \vec{R}_1) \\ \varphi_i(\vec{r} - \vec{R}_2) \\ \vdots \\ \varphi_i(\vec{r} - \vec{R}_N) \end{cases} \tag{3-3-8}$$

这些波函数对应于同样的能量 $\varepsilon_i^{\mathrm{at}}$ 是 N 重简并的（对整个晶体而言）。考虑到微扰后，晶

体中电子运动波函数应是 N 个原子轨道波函数的线性组合。

$$\psi_{\vec{k}}(\vec{r}) = \frac{1}{\sqrt{N}} \sum_{\vec{R}_n} e^{i\vec{k} \cdot \vec{R}_n} \varphi_i(\vec{r} - \vec{R}_n) \tag{3-3-9}$$

即用孤立原子的电子波函数 φ_i^{at} 的线性组合来构成晶体中电子共有化运动的波函数

$$\varepsilon_i(\vec{k}) = \varepsilon_i^{at} - J_{ss} - \sum_{\vec{R}_n}{}' e^{i\vec{k} \cdot (\vec{R}_n - \vec{R}_s)} J_{sn} \tag{3-3-10}$$

N 个准连续的能量本征值形成一个能带，对应孤立原子的一个能级，由于 k 的取值有 N 个，晶体电子的能量展宽为由 N 个准连续的能量本征值形成的一个能带。也就是说，孤立原子的能级与晶体中的电子能带相对应。如 2s、2p 等能带。J_{sn} 表示相距为 $\vec{R}_s - \vec{R}_n$ 的两个格点上的波函数的重叠积分，它依赖于 $\varphi_i^{at}(\vec{r} - \vec{R}_n)$ 与 $\varphi_i^{at}(\vec{r} - \vec{R}_s)$ 的重叠程度，$R_s = R_n$ 重叠最完全，即 J_{ss} 最大；其此时最近邻格点的波函数重叠积分，涉及较远格点的积分甚小，通常可忽略不计，所以近邻近似下：

$$\varepsilon_i(\vec{k}) \approx \varepsilon_i^{at} - J_{ss} - \sum_{\vec{R}_n}^{近邻} e^{i\vec{k} \cdot (\vec{R}_n - \vec{R}_s)} J_{sn} \tag{3-3-11}$$

$$\varepsilon_i(\vec{k}) \approx \varepsilon_i^{at} - J_{ss} - \sum_{\vec{R}_n}^{近邻} e^{i\vec{k} \cdot (\vec{R}_n - \vec{R}_s)} J_{sn} \tag{3-3-12}$$

近邻原子的波函数重叠越多，J_{sn} 的值越大，能带越宽。由此可见，与原子内层电子所对应的能带较窄，而且不同原子态所对应的 J_{ss} 和 J_{sn} 是不同的。

实际计算时，常把 $\vec{R}_s$ 取作坐标原点，则在只考虑最近邻时的紧束缚近似能量本征值为

$$\varepsilon_i(\vec{k}) \approx \varepsilon_i^{at} - J_0 - \sum_{\vec{R}_n}^{近邻} e^{i\vec{k} \cdot \vec{R}_n} J_n \tag{3-3-13}$$

类比解释——简并

简并就是一个能级对应于一个能量本征值。比如氢原子轨道，有角动量和自旋的简并。两个态有不一样的角动量和自旋，但是有同样的能量，但它们又是不同的本征态，这就叫做简并。更加通俗地理解，比如人们吃饭，不管吃的是馒头、米饭，还是窝窝头，食用不同的量可转化为相同的热量，这可以理解为简并现象。总之，在固体物理中，"简并"的本意是"几个不同态具有一样的能量"。

拓展阅读——原子轨道线性组合法

学科前沿案例——研究人员揭示了光学法诺共振尚未探索的方面，为研究复杂超材料铺平道路

2. 简单立方晶体中对应孤立原子 s 态形成的能带

由于 s 态波函数是球形对称的，因而重叠积分 J_{sn} 仅与 $\vec{R}_s$、$\vec{R}_n$ 原子间距有关，只要原子间距相等，重叠积分就相等。简立方最近邻原子有 6 个，以 $R_s = 0$ 处原子为参考原子，6 个最近邻原子的坐标分别为：$(\pm a, 0, 0)$，$(0, \pm a, 0)$，$(0, 0, \pm a)$，其中 a 为晶格常数，如图 3-3-2 所示。

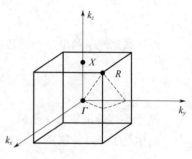

图 3-3-2　简单立方
晶格布里渊区

对 6 个最近邻原子，由于原子间距相等，J_{sn} 具有相同的值，令 $J_{sn} = J_1$，并用 J_0 表示 J_{ss}，则在最近邻近似下能量本征值为

$$
\begin{aligned}
\varepsilon_i(\vec{k}) &\approx \varepsilon_s^{at} - J_0 - \sum_{\vec{R}_n}^{近邻} e^{i\vec{k}\cdot\vec{R}_n} J_{sn} \\
&= \varepsilon_s^{at} - J_0 - J_1(e^{ik_x a} + e^{-ik_x a} + e^{ik_y a} + e^{-ik_y a} + e^{ik_z a} + e^{-ik_z a}) \\
&= \varepsilon_s^{at} - J_0 - 2J_1(\cos k_x a + \cos k_y a + \cos k_z a)
\end{aligned}
\tag{3-3-14}
$$

显然，在简约布里渊区中心 $k_x = k_y = k_z = 0$ 处，能量有最小值，称为能带底。

$$
(\varepsilon_s)_{min} = \varepsilon_s^{at} - J_0 - 6J_1 \tag{3-3-15}
$$

在简约布里渊区边界 k_x，k_y，$k_z = \pm\pi/a$ 处，能量有最大值，称为能带顶。

$$
(\varepsilon_s)_{max} = \varepsilon_s^{at} - J_0 + 6J_1 \tag{3-3-16}
$$

能带的宽度

$$
\Delta\varepsilon = (\varepsilon_s)_{max} - (\varepsilon_s)_{min} = 12J_1 \tag{3-3-17}
$$

原子能级分裂成能带，如图 3-3-3 所示。以上是简立方的结果，类似可以得到体心立方和面心立方的结果。

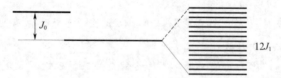

图 3-3-3　简立方晶体中对应孤立原子 s 态形成的能带

体心立方有 8 个最近邻，代入公式计算得

$$
\varepsilon_s(\vec{k}) = \varepsilon_s^{at} - J_0 - 8J_1 \cos\frac{k_x a}{2}\cos\frac{k_y a}{2}\cos\frac{k_z a}{2} \tag{3-3-18}
$$

面心立方有 12 个最近邻，同样可以得到

$$
\varepsilon_s(\vec{k}) = \varepsilon_s^{at} - J_0 - 4J_1\left(\cos\frac{k_y a}{2}\cos\frac{k_z a}{2} + \cos\frac{k_x a}{2}\cos\frac{k_z a}{2} + \cos\frac{k_x a}{2}\cos\frac{k_y a}{2}\right) \tag{3-3-19}
$$

体心立方和面心立方的带底都在布里渊区中心，带顶在 $(\pm 2\pi/a, 0, 0)$；$(0, \pm 2\pi/a, 0)$；$(0, 0, \pm 2\pi/a)$ 处，相应的能带的宽度都为

$$\Delta\varepsilon = (\varepsilon_s)_{\max} - (\varepsilon_s)_{\min} = 16J_1 \tag{3-3-20}$$

从上面的讨论可知，能带从原子能级演化而来，能带的宽度决定于 J_1，而 J_1 的大小取决于近邻原子波函数间的重叠，重叠越多，形成的能带就越宽；也就是能带宽度取决于交叠积分的大小和近邻原子数目。对于能量较低的原子的内层电子，其电子轨道很小，不同原子间很少相互重叠，因此与之相应的能带较窄；能量较高的外层电子，不同原子间将有较多的轨道重叠，因此与之相应的能带较宽。可以预料，波函数重叠程度越大，配位数越大，能带越宽；反之，能带越窄。

上面讨论的是最简单的情况，只适用于 s 态电子，一个原子能级 ε_i^{at} 对应一个能带；对于其他状态的电子，如 p 电子、d 电子等，这些状态对应的原子能级是简并的（如 p 态为三重简并，d 态为五重简并等），对应的各简并能带是相互交叠的。这时，每个能带中的能级数与原子数或原胞数相等的说法应作修改。由此可见，能带的宽度决定于 J_1，而 J_1 的大小取决于近邻原子波函数间的重叠，重叠越多，形成的能带就越宽。能量越低，能带就越窄；能量越高，能带就越宽。这是由于能量最低的带对应于最内层的电子，其电子轨道很小，不同原子间波函数的重叠很少，因而能带较窄；而能量较高的能带对应于外层电子，不同原子间波函数有较多的重叠，因此形成的能带就较宽。

由于布洛赫波是孤立原子有关状态波函数的线性叠加，因此对于一个晶体而言，会出现一个能带不一定与孤立原子的某个能级对应的情形。即不同原子态之间可能相互混合，导致不能区分 s 能级或 p 能级所形成的能带。换言之，晶体的一个能带可能是由原子的不同量子态组成的。不过一般情况下认为能带主要是由几个能级相近的原子态相互组合而形成的，相差较多的其他原子态则不考虑。如考虑同一主量子数中的 s 态和 p 态之间的相互作用，则先分别考虑不同量子态，即

$$\begin{cases} \psi_{\vec{k}}^s(\vec{r}) = \dfrac{1}{\sqrt{N}}\sum_m e^{i\vec{k}\cdot\vec{R}_m}\varphi_s^{at}(\vec{r}-\vec{R}_m) \\[2mm] \psi_{\vec{k}}^{p_x}(\vec{r}) = \dfrac{1}{\sqrt{N}}\sum_m e^{i\vec{k}\cdot\vec{R}_m}\varphi_{p_x}^{at}(\vec{r}-\vec{R}_m) \\[2mm] \psi_{\vec{k}}^{p_y}(\vec{r}) = \dfrac{1}{\sqrt{N}}\sum_m e^{i\vec{k}\cdot\vec{R}_m}\varphi_{p_y}^{at}(\vec{r}-\vec{R}_m) \\[2mm] \psi_{\vec{k}}^{p_z}(\vec{r}) = \dfrac{1}{\sqrt{N}}\sum_m e^{i\vec{k}\cdot\vec{R}_m}\varphi_{p_z}^{at}(\vec{r}-\vec{R}_m) \end{cases} \tag{3-3-21}$$

原胞中两个不等价原子的杂化轨道之间形成成键态 b 和反成键态 a，即

$$\begin{cases} \varphi_b^i = [2(1+s)][\varphi_{h_i}(\vec{r}-\vec{R}_m) + \varphi_{h_i}(\vec{r}-\vec{R}_m-\vec{\tau})] \\[2mm] \varphi_a^i = [2(1-s)][\varphi_{h_i}(\vec{r}-\vec{R}_m) + \varphi_{h_i}(\vec{r}-\vec{R}_m-\vec{\tau})] \end{cases} \tag{3-3-22}$$

式中，$i = 1, 2, 3, 4$。以成键态 φ_b^i 和反成键态 φ_a^i 为基础，线性组合成晶体电子的波函数，而认为能带与成键态和反成键态之间有简单的对应关系，一般称这种近似为键轨道近似。

根据键轨道近似的思想，不考虑成键态和反成键态之间的耦合，可以认为成键态对应的 4 个能带是交叠在一起的，形成 Si 或 Ge 晶体的价带；反成键态之间对应的 4 个能带交叠在一起，形成 Si 或 Ge 晶体的导带，如图 3-3-4 所示。

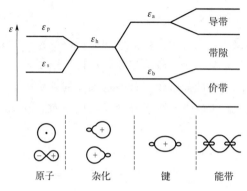

图 3-3-4　Si 或 Ge 晶体的成键态和反成键态向能带的演化

二、万尼尔函数

1. 万尼尔函数的概念

人们已知在周期性势场中运动的波函数一定是布洛赫波函数，而布洛赫波函数在 $\vec{k}$ 空间具有周期性，即

$$\psi_{\vec{k}}(\vec{r}) = \psi_{\vec{k}+\vec{G}_h}(\vec{r}) \tag{3-3-23}$$

所以，将 $\psi_{n\vec{k}}(\vec{r})$ 按正格矢作傅里叶展开

$$\psi_{n\vec{k}}(\vec{r}) = \frac{1}{\sqrt{N}} \sum_{\vec{R}_m} a_n(\vec{R}_m, \vec{r}) \mathrm{e}^{\mathrm{i}\vec{k}\cdot\vec{R}_m} \tag{3-3-24}$$

可将展开系数中的 $a_n(\vec{R}_m, \vec{r})$ 称为万尼尔函数，即

$$a_n(\vec{R}_m, \vec{r}) = \frac{1}{\sqrt{N}} \sum_{\vec{k}} \mathrm{e}^{-\mathrm{i}\vec{k}\cdot\vec{R}_m} \psi_{n\vec{k}}(\vec{r}) \tag{3-3-25}$$

由布洛赫定理

$$\psi_{n\vec{k}}(\vec{r}) = \mathrm{e}^{\mathrm{i}\vec{k}\cdot\vec{r}} u_{\vec{k}}(\vec{r}) \tag{3-3-26}$$

且

$$u_{\vec{k}}(\vec{r}) = u_{\vec{k}}(\vec{r} + \vec{R}_n)$$

所以，万尼尔函数变为

$$a_n(\vec{R}_m, \vec{r}) = \frac{1}{\sqrt{N}} \sum_{\vec{k}} \mathrm{e}^{-\mathrm{i}\vec{k}\cdot\vec{R}_m} \mathrm{e}^{\mathrm{i}\vec{k}\cdot\vec{r}} u_{\vec{k}}(\vec{r})$$

$$= \frac{1}{\sqrt{N}} \sum_{\vec{k}} \mathrm{e}^{\mathrm{i}\vec{k}\cdot(\vec{r}-\vec{R}_m)} u_{\vec{k}}(\vec{r} - \vec{R}_m) = \frac{1}{\sqrt{N}} \sum_{\vec{k}} \psi_{n\vec{k}}(\vec{r} - \vec{R}_m)$$

$$= a_n(\vec{r} - \vec{R}_m) \tag{3-3-27}$$

式（3-3-27）表明万尼尔函数仅依赖于 $\vec{r} - \vec{R}_m$，即万尼尔函数是以格点 $\vec{R}_m$ 为中心的波包，因而具有定域的特性。且由式（3-3-25）可知，不同能带 n、不同格点 $\vec{R}_m$ 的万尼尔函数是由不同能带 n、不同波矢 $\vec{k}$ 的布洛赫波函数定义的，也就是说布洛赫波函数的线性叠加可得到定域的万尼尔函数。反之，由式（3-3-24）可知，万尼尔函数线性叠加可得到布洛赫波函数。

2. 万尼尔函数的重要特征

（1）此函数是以格点 $\vec{R}_m$ 为中心的波包，因而具有定域的特性

式（3-3-28）表明万尼尔函数仅依赖于 $\vec{r} - \vec{R}_m$，所以，万尼尔函数是以格点 $\vec{R}_m$ 为中心的波包。如图 3-3-5 所示，万尼尔函数是以该格点为中心的局域函数。

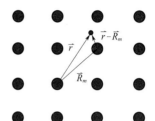

图 3-3-5　点阵中的原子位失和电子位矢

（2）不同能带、不同格点的万尼尔函数是正交的

即

$$\int_\Omega a_n^*(\vec{r} - \vec{R}_m) a_{n'}(\vec{r} - \vec{R}_l) \mathrm{d}\tau = \delta_{n,n'}\delta_{m,l} \tag{3-3-28}$$

证明过程如下：

$$\int_\Omega a_n^*(\vec{r} - \vec{R}_m) a_{n'}(\vec{r} - \vec{R}_l) \mathrm{d}\tau$$

$$= \frac{1}{N}\sum_{\vec{k}}\sum_{\vec{k}'} \mathrm{e}^{\mathrm{i}(\vec{k}\cdot\vec{R}_m - \vec{k}'\cdot\vec{R}_l)} \int_\Omega \psi_{n',\vec{k}}^*(\vec{r})\psi_{n',\vec{k}'}(\vec{r})\mathrm{d}\tau$$

$$= \frac{1}{N}\sum_{\vec{k}}\sum_{\vec{k}'} \mathrm{e}^{\mathrm{i}\cdot(\vec{k}\cdot\vec{R}_m - \vec{k}'\cdot\vec{R}_l)} \delta_{n,n'}\delta_{\vec{k},\vec{k}'}$$

$$= \frac{1}{N}\sum_{\vec{k}} \mathrm{e}^{\mathrm{i}\vec{k}\cdot(\vec{R}_m - \vec{R}_l)} \delta_{n,n'}$$

$$= \delta_{n,n'}\delta_{m,l} \tag{3-3-29}$$

$$a_n(\vec{R}_m, \vec{r}) = \frac{1}{\sqrt{N}}\sum_{\vec{k}} \mathrm{e}^{-\mathrm{i}\vec{k}\cdot\vec{R}_m}\psi_{n,\vec{k}}(\vec{r}) \tag{3-3-30}$$

不同格点万尼尔函数的正交性，进一步说明了它的局域特性。万尼尔函数的特性表明，$a_n(\vec{r} - \vec{R}_m)$ 是定域的波函数，即 $\vec{r} - \vec{R}_m$ 远大于晶格常数时，$a_n(\vec{r} - \vec{R}_m)$ 小到可以忽略。此时万尼尔函数 $a_n(\vec{r} - \vec{R}_m)$ 可由孤立原子的波函数 $\varphi_i^{at}(\vec{r} - \vec{R}_m)$ 近似代替。

（3）万尼尔函数的完备性

$$\sum_n \sum_m a_n^*(\vec{r} - \vec{R}_m) a_n(\vec{r}' - \vec{R}_m)$$

$$= \frac{1}{N} \sum_{\vec{k}} \sum_{\vec{k}'} \sum_m e^{i(\vec{k}-\vec{k}')\cdot\vec{R}_m} \sum_n \psi_{n,\vec{k}}^*(\vec{r}) \psi_{n,\vec{k}'}(\vec{r}')$$

$$= \sum_{\vec{k}} \sum_{\vec{k}'} \delta_{\vec{k},\vec{k}'} \sum_n \psi_{n,\vec{k}}^*(\vec{r}) \psi_{n,\vec{k}'}(\vec{r}') = \delta(\vec{r}-\vec{r}')$$

$$= \sum_{\vec{k}} \sum_n \psi_{n,\vec{k}}^*(\vec{r}) \psi_{n,\vec{k}}(\vec{r}') \tag{3-3-31}$$

其中

$$\frac{1}{N} \sum_m e^{i(\vec{k}-\vec{k}')\cdot\vec{R}_m} = \delta_{\vec{k},\vec{k}'} \tag{3-3-32}$$

布洛赫波函数是倒格矢的周期函数，按照正格矢展开为

$$\psi_{n,\vec{k}}(\vec{r}) = \frac{1}{\sqrt{N}} \sum_{\vec{R}_m} a_n(\vec{R}_m, \vec{r}) e^{i\vec{k}\cdot\vec{R}_m} \tag{3-3-33}$$

万尼尔函数

$$a_n(\vec{R}_m, \vec{r}) = \frac{1}{\sqrt{N}} \sum_{\vec{k}} e^{-i\vec{k}\cdot\vec{R}_m} \psi_{n,\vec{k}}(\vec{r}) \tag{3-3-34}$$

上述关系表明布洛赫波函数线性叠加可得到定域的万尼尔函数；反之，万尼尔函数线性叠加可得到布洛赫波函数。万尼尔函数一定构成一组正交、完备的函数集，具有定域的特性。所以，万尼尔函数可作为研究晶体中电子行为的另一个表象；而紧束缚近似的晶体电子波函数可看成万尼尔函数的线性组合的特例。

拓展阅读——万尼尔函数与布洛赫函数的差异

习题

（1）什么是紧束缚近似？写出紧束缚近似下的布洛赫波函数。

（2）以紧束缚近似为例说明能带的形成；紧束缚近似下内层电子的能带宽度与外层电子的能带宽度相比哪一个更宽？为什么？

（3）比较宽度不同的两个能带，说明宽能带中的电子共有化运动程度高。

（4）紧束缚近似的概念及其优点。

（5）什么是万尼尔函数？它的特点有哪些？

（6）以一维情况的近自由电子近似为例，说明能隙形成的物理机制。

（7）用紧束缚近似写出二维正方点阵最近邻近似下的 s 电子能带，在第一布里渊区中画出能量等值线并计算带底电子和带顶空穴的有效质量。

（8）万尼尔函数可用孤立原子波函数来近似的根据是什么？

（9）用紧束缚近似求出面心立方晶格和体心立方晶格 s 态原子能级相对应的能带 $E^s(\vec{k})$ 函数。

第四节　能带结构的其他计算方法

不同能带计算方法的主要区别体现在两个方面：①采用不同的函数集来展开晶体波函数（典型代表：正交化平面波法——OPW 法）；②根据研究对象的物理性质对晶体势作合理的、有效的近似处理（典型代表：赝势方法——PP 法）。

不同能带计算方法的出发点就是晶体中单电子的薛定谔方程。即

$$\left[-\frac{\hbar^2}{2m}\nabla^2 + V(\vec{r})\right]\psi_{\vec{k}}(\vec{r}) = \varepsilon(\vec{k})\psi_{\vec{k}}(\vec{r}) \tag{3-4-1}$$

势场为

$$V(\vec{r}) = V(\vec{r} + \vec{R}_n) \tag{3-4-2}$$

势场具有晶格的平移对称性；$V(\vec{r})$ 包括离子实产生的势场以及所有其他电子产生的平均库仑势场。则其他电子产生的平均库仑势场为

$$v_e = \frac{1}{4\pi\varepsilon_0}\sum_{\vec{k}'\neq\vec{k}}\int\frac{e^2\,|\,\psi_{\vec{k}'}(\vec{r}')\,|^2}{|\,\vec{r}-\vec{r}'\,|}\mathrm{d}\,\vec{r}' \tag{3-4-3}$$

式中，$|\,\psi_{\vec{k}'}(\vec{r}')\,|^2$ 为处于 $\vec{k}'$ 态的电子对 $\vec{r}'$ 处电子数密度的贡献。

一、平面波法

1. 平面波的推导

早期的波函数的改进，都是围绕平面波展开的。周期场中单电子波函数（布洛赫波函数）是一系列相差一个倒格矢的平面波的叠加。即

$$\psi_{\vec{k}}(\vec{r}) = \frac{1}{\sqrt{N\Omega}}\sum_{\vec{G}_h}w(\vec{k}+\vec{G}_h)\,\mathrm{e}^{\mathrm{i}(\vec{k}+\vec{G}_h)\cdot\vec{r}} \tag{3-4-4}$$

式中，Ω 为原胞体积。

狄拉克符号是 1939 年由狄拉克提出的，其将"括号（bracket）"这个单词一分为二，分别代表这个符号的左右两部分，左边是"bra"，即为左矢；右边是"ket"，即为右矢。狄拉克符号的优点是把希尔伯特空间一分为二，变成互为对偶的空间。右矢 $|\,\alpha\rangle$ 表示态矢，左矢 $\langle\,\alpha\,|$ 表示其共轭矢量。用狄拉克符号表示，即

$$|\,\psi_{\vec{k}}\rangle = \sum_{\vec{G}_h}w(\vec{k}+\vec{G})\,|\,\vec{k}+\vec{G}_h\rangle \tag{3-4-5}$$

$$| \vec{k} + \vec{G}_h \rangle = \frac{1}{\sqrt{N\Omega}} e^{i(\vec{k} + \vec{G}_h) \cdot \vec{r}} \tag{3-4-6}$$

代入晶体中单电子的薛定谔方程

$$\left[-\frac{\hbar^2}{2m} \nabla^2 + V(\vec{r}) \right] \psi_{\vec{k}}(\vec{r}) = \varepsilon(\vec{k}) \psi_{\vec{k}}(\vec{r}) \tag{3-4-7}$$

得

$$\frac{1}{\sqrt{N\Omega}} \sum_{\vec{G}_h} w(\vec{k} + \vec{G}_h) \left[-\frac{\hbar^2}{2m} \nabla^2 + V(\vec{r}) - \varepsilon(\vec{k}) \right] e^{i(\vec{k} + \vec{G}_h) \cdot \vec{r}} = 0 \tag{3-4-8}$$

或

$$\sum_{\vec{G}_h} w(\vec{k} + \vec{G}_h) \left[-\frac{\hbar^2}{2m} \nabla^2 + V(\vec{r}) - \varepsilon(\vec{k}) \right] | \vec{k} + \vec{G}_h \rangle = 0 \tag{3-4-9}$$

周期势可按照倒格矢作傅里叶展开

$$V(\vec{r}) = \sum_{\vec{G}_h} V(\vec{G}_h) e^{i\vec{G}_h \cdot \vec{r}} = V_0 + \sum_{\vec{G}_h \neq 0} V(\vec{G}_h) e^{i\vec{G}_h \cdot \vec{r}} \tag{3-4-10}$$

常取平均势为零,后面为相对于平均势的起伏。

傅里叶展开系数

$$V(\vec{G}_h) = \frac{1}{N\Omega} \int V(\vec{r}) e^{-i\vec{G}_h \cdot \vec{r}} d\vec{r} \tag{3-4-11}$$

用 $\frac{1}{\sqrt{N\Omega}} e^{-i(\vec{k} + \vec{G}_h) \cdot \vec{r}}$ 左乘式 (3-4-8) 并积分,或用 $\langle \vec{k} + \vec{G}_h | = e^{-i(\vec{k} + \vec{G}_h) \cdot \vec{r}} / \sqrt{N\Omega}$ 作用到薛定谔方程式 [见式 (3-4-9)]。按照量子力学的标准程序,考虑到平面波为自由电子的本征态,满足正交归一性,即

$$\begin{cases} \langle \vec{k} + \vec{G}_h{}' | \vec{k} + \vec{G}_h \rangle = \delta_{\vec{G}_h + \vec{G}_h'} \\ -\frac{\hbar^2}{2m} \nabla^2 | \vec{k} + \vec{G}_h \rangle = \frac{\hbar^2}{2m} (\vec{k} + \vec{G}_h)^2 | \vec{k} + \vec{G}_h \rangle \end{cases} \tag{3-4-12}$$

可得

$$\sum_{\vec{G}_h'} \left\{ \left[\frac{\hbar^2}{2m} (\vec{k} + \vec{G}_h)^2 - \varepsilon(\vec{k}) \right] \delta_{\vec{G}_h \cdot \vec{G}_h'} + \frac{1}{N\Omega} \int e^{-i(\vec{k} + \vec{G}_h) \cdot \vec{r}} V(\vec{r}) e^{i(\vec{k} + \vec{G}_h') \cdot \vec{r}} d\vec{r} \right\} a(\vec{k} + \vec{G}_h') = 0$$

$$\tag{3-4-13}$$

或

$$\sum_{\vec{G}_h'} \left\{ \left[\frac{\hbar^2}{2m} (\vec{k} + \vec{G}_h)^2 - \varepsilon(\vec{k}) \right] \delta_{\vec{G}_h \cdot \vec{G}_h'} + \langle \vec{k} + \vec{G}_h | V | k + \vec{G}_h' \rangle \right\} a(\vec{k} + \vec{G}_h') = 0 \tag{3-4-14}$$

令式 (3-4-14) 中的矩阵元

$$\langle \vec{k} + \vec{G}_h \mid V \mid \vec{k} + \vec{G}'_h \rangle = \frac{1}{N\Omega} \int e^{-i(\vec{k}+\vec{G}_h)\cdot\vec{r}} \, V(\vec{r}) e^{i(\vec{k}+\vec{G}'_h)\cdot\vec{r}} \, \mathrm{d}\vec{r} = V(\vec{G}_h - \vec{G}'_h) \qquad (3\text{-}4\text{-}15)$$

得

$$\left[\frac{\hbar^2}{2m}(\vec{k}+\vec{G}_h)^2 - \varepsilon(\vec{k}) \right] a(\vec{k}+\vec{G}_h) + \sum_{\vec{G}\neq\vec{G}'_h} V(\vec{G}_h - \vec{G}'_h) a(\vec{k}+\vec{G}'_h) = 0 \qquad (3\text{-}4\text{-}16)$$

这是关于展开系数的齐次线性方程组，有非零解的条件，系数行列式为零，可得确定能量本征值的方程

$$\mid A_{\vec{G}_h \cdot \vec{G}'_h} \mid_{\infty\times\infty} = \det \left| \left[\frac{\hbar^2}{2m}(\vec{k}+\vec{G}_h)^2 - \varepsilon(\vec{k}) \right] \delta_{\vec{G}_h \cdot \vec{G}'_h} + \sum_{\vec{G}_h \neq \vec{G}'_h} V(\vec{G}_h - \vec{G}'_h) \right| = 0$$

$$(3\text{-}4\text{-}17)$$

式（3-4-17）是无穷阶的行列式，其中的对角元和非对角元为

$$A_{\vec{G}_h \cdot \vec{G}'_h} = \begin{cases} \dfrac{\hbar^2}{2m}(\vec{k}+\vec{G}_h)^2 - \varepsilon(\vec{k}), & \vec{G}_h = \vec{G}'_h \\[2mm] V(\vec{G}_h - \vec{G}'_h), & \vec{G}_h \neq \vec{G}'_h \end{cases} \qquad (3\text{-}4\text{-}18)$$

众所周知，无穷阶的行列式是无法计算的。所以上面的计算中尽管看起来很严格，但无法得到结果。为此，实际计算时常取有限阶行列式，如取 n 阶，则式（3-4-18）是关于能量的 n 次代数方程，原则上可得到 n 个能量本征值，能带序号对应 $n=1$，2，3，…。

2. 平面波的特点

① 较好的解析形式：正交归一化，无需考虑交叠积分，因而多数情况下哈密顿量矩阵元在平面波基下可用解析式表达。

② 为了改善基函数集的性质，可以加上更多的平面波。

③ 基是非定域的，即不依赖于原子的位置。

表面上看来，平面波法是一种严格求解周期性势场中单电子波函数的方法，物理图像也很清晰。但是该方法的致命弱点是收敛性差，要求解的本征值行列式阶数很高。

收敛性差的原因是晶体中价电子的波函数占有很宽的动量范围：在紧靠原子核附近，原子核势具有很强的定域性，电子具有很大的动量，波函数很快地振荡，以保证与内层电子波函数正交；而在远离原子核处，原子核势被电子屏蔽，势能较浅和变化平坦，因而需要大量的平面波才可以描述这种振荡波函数。基于上述特点，人们发展了几种基于平面波的近似方法。

二、正交化平面波方法和赝势法

1. 正交化平面波方法

1940 年，赫令提出了一种克服平面波展开收敛差的方案。主要基于固体的能带可以分为

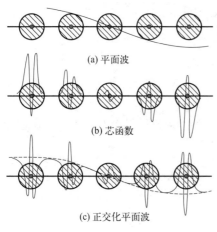

(a) 平面波

(b) 芯函数

(c) 正交化平面波

图 3-4-1　正交化平面波构成

两类：内层电子的能带——窄带（可由紧束缚描述）；外层电子的能带——宽带。赫令注意到传导电子波函数的振荡部分出现在离子实区，此波函数又必须同内层电子的波函数正交。因而同内层电子态正交的平面波必然会在离子实区引进振荡的成分，这种波恰好能描写导电电子的特征。所以，把同内层电子态正交的平面波称为正交化平面波，简记为 OPW，如图 3-4-1 所示。

图 3-4-1（b）中的芯函数是指内层电子波函数。通常把被电子填满的最高能带称为价带，而把最低空带或半满带称为导带。固体的物性主要取决于价带和导带中的电子。而对于这些外层电子而言，离子实区内和离子实区外是两种性质不同的区域。离子实区外，电子感受到的是弱的势场的作用，波函数很平滑，类似于平面波；离子实区内，由于强烈的局域势作用，波函数急剧振荡，可由紧束缚波函数来描述。

外层电子（价带和导带中的电子）的波函数可由两者的线性组合来描述。正交化手续要求价电子波函数必须与内层电子波函数正交，它在离子实附近激烈振荡，等价于价电子受到一排斥势的影响，很大程度上抵消了离子实区的吸引作用，使得矩阵元比平面波法中的矩阵元小得多，自然收敛性比平面波好。

$$\langle \vec{k} + \vec{G}_h \mid U \mid \vec{k} + \vec{G}_{h'} \rangle \tag{3-4-19}$$

2. 赝势法

离子实带正电，本来对价电子有强的吸引势，而正交化平面波法中的正交化项使得价电子又受到一强的排斥势的影响。这种吸引势和排斥势总的作用效果，使价电子受到的势场等价于一弱的平滑势——赝势（简称 PP），基于此，1959 年菲利普和克雷曼提出了赝势方法。

赝势的存在正是弱周期势近似（近自由电子模型）成立的物理基础。赝势方法的基本精神是适当选取一个平滑势，波函数用少数平面波展开，使算出的能带结构与真实接近。

$$\left[-\frac{\hbar^2 \nabla^2}{2m} + U - \varepsilon(\vec{k}) \right] \mid \chi_{\vec{k}} \rangle = 0 \tag{3-4-20}$$

式（3-4-20）也称为赝势方程

$$\mid \chi_{\vec{k}} \rangle = \sum_{\vec{G}_h} a(\vec{k} + \vec{G}_h) \mid \vec{k} + \vec{G}_h \rangle \tag{3-4-21}$$

式（3-4-21）称为赝波函数，它是一个简单由平面波线性叠加的函数，因而是一个光滑的函数，不过其展开系数要由正交化平面波法确定。

其中赝势

$$U = V + \sum_{i}^{M} \left[\varepsilon(\vec{k}) - \varepsilon_i \right] \mid \psi_i \rangle \langle \psi_i \mid \tag{3-4-22}$$

由方程形式可见，赝势下的赝波函数与真实势下的布洛赫波函数具有完全相同的能量本征值。

$$| \psi_{\vec{k}} \rangle = \sum_{\vec{G}_h} a(\vec{k} + \vec{G}_h) \left[| \vec{k} + \vec{G}_h \rangle - \sum_i^M | \psi_i \rangle \langle \psi_i | | \vec{k} + \vec{G}_h \rangle \right] = | \chi_{\vec{k}} \rangle - \sum_i^M | \psi_i \rangle \langle \psi_i | | \chi_{\vec{k}} \rangle$$

(3-4-23)

将式（3-4-23）代入薛定谔方程可得

$$\left[-\frac{\hbar^2 \nabla^2}{2m} + V - \varepsilon(\vec{k}) \right] | \chi_{\vec{k}} \rangle +$$

$$\sum_i^M \left[\varepsilon(\vec{k}) - \varepsilon_i \right] | \psi_i \rangle \langle \psi_i | | \chi_{\vec{k}} \rangle = 0 \quad (3\text{-}4\text{-}24)$$

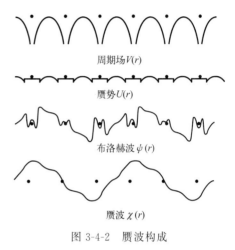

周期场 $V(r)$

赝势 $U(r)$

布洛赫波 $\psi(r)$

赝波 $\chi(r)$

图 3-4-2　赝波构成

由于固体能带理论关心的是导带或价带电子的能带结构，不是波函数。因此，人们可以通过选择适当的赝势，求解出比较真实的能谱。

赝波构成如图 3-4-2 所示，赝势比真实势要平滑很多，所以当取微扰变化的周期势时，可以得到相当好的结果。这正是近自由电子近似的合理性所在。赝势方法对于很多金属能带的计算都有很好的结果，显示出该方法的优势。此外，赝势方法也被用来研究半导体的价带和导带。

三、缀加平面波方法（APW）

除此之外，还有一种更好的方法是以原子核为圆心取一 Muffin-tin 球，球内采用原子轨道波函数作为基组，而球外（间隙区）采用平面波作为基组，两者通过连接条件连接在一起。这就是缀加平面波方法。

缀加平面波方法实际上是借鉴了原胞法的思想。晶体中电子的波函数除了可以用平面波为基函数展开以外，还可以从一个原胞出发，以原胞中电子波函数为基函数展开，即所谓的原胞法。

假设有一简单格子，取其 W-S 原胞。由其对称性，可假定原胞内的势场具有球对称性，从而原胞内电子满足的薛定谔方程的解可以表示为球谐函数和径向函数的乘积。即

$$\varphi_{lm}(\vec{\rho}) = Y_{lm} R_l \tag{3-4-25}$$

式中，Y_{lm} 为球谐函数；R_l 为径向波函数。

晶体电子的波函数可以表示为它们的线性组合

$$\psi_{\vec{k}}(\vec{r}) = \sum_{l=0}^{\infty} \sum_{m=-l}^{l} b_{lm}(\vec{k}) Y_{lm} R_l \tag{3-4-26}$$

根据晶体中电子的波函数必须是布洛赫波函数的条件，以及原胞边界上波函数导数连续性的要求，在原胞边界上取若干点，建立相应的方程，得到一组以 b_{lm} 为未知数的齐次线性方程组。由非零解的条件，其系数行列式为零，由此可得晶体的电子能量。

原胞法的不足之处：W-S 原胞边界附近，球对称势的假定还需商榷；这样的势场在边界上的导数总是不连续的，而实际上这里的势场变化平缓，其导数是连续的；W-S 原胞的形状复杂时，边界上的取点和相应的数值计算很麻烦。

为了克服上述的不足，斯莱特提出了 Muffin-tin 势（因为它很像蛋糕模子，故得名为蛋糕模子势）。其主要思想是把原胞分为两个区域：以原子为中心的球内区域及球外区域。对于只有一个原子的原胞，在球内取球对称势，球外则取常数势（可令其为零）。

与原胞法相比，Muffin-tin 势更接近实际情况，而且避免了原胞法中要满足边界条件的困难。同时该方法易于推广到更加复杂的格子，即分别以各自的原子为中心作各自的原子球，半径可以不等，只要互不相交，则球内有球对称势，球外势场为零。还可以利用微扰处理非球对称部分。

基于 Muffin-tin 势的思想，把原胞分为两个区域：球内区域 I 及球外区域 II。球内区域 I 中有球对称势 $V(\vec{r})$，波函数可写为式（3-4-25）。

球外区域 II，取 $V(\vec{r})=0$，波函数为平面波；这就是缀加平面波的思想。球内，APW 函数用 $\varphi_{lm}(\vec{\rho})=Y_{lm}R_l$ 的线性组合得到；球外为平面波（如图 3-4-3 所示）。

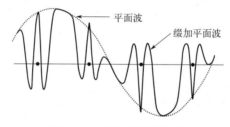

图 3-4-3　缀加平面波构成

APW 方法用于金属的能带计算相当成功。APW 函数是基于 Muffin-tin 势建立起来的一套函数，但 Muffin-tin 势并不是只对应 APW 函数。也就是说，球间区域，除了平面波以外，还可以采用其他形式。

拓展阅读——Muffin-tin 近似

Muffin-tin 方法是由 Johnson 在斯莱特首先提出的用于固体物理的 X 方法的基础上，引入 Muffin-tin 近似，即把研究体系的原子用相切的原子球表示，并用一个与外围原子球相切的外球包装起来的整体（Muffin-tin 球）作为研究体系的模型而得到的一个计算量较小又具有所需精度的有效方法。

由于该方法通过波函数在各原子球和外球间多次散射并用球面上波函数的连续性来求解，故又称多重散射 X 方法，简称 MS-X。该方法具有以下优点：①耗时少，计算量约为从头计算的 1%；②计算结果相当精确，需强调指出的是，其精确度随体系所含原子数的增加而增加，原因是球间体积减小；③特别适于多原子体系的研究。

四、密度泛函理论

1. 密度泛函理论介绍

该理论是对哈特里-福克近似，亦即将多电子问题简化为单电子问题的更严格、更精确的描述。基于密度泛函理论的局域密度近似（简称为 LDFT）框架下的计算，在大多数情况下能得到较好的结果。密度泛函理论的基础是非均匀相互作用电子系统的基态能量由基态电荷密度唯一确定，是基态电子密度 $n(\vec{r})$ 的泛函。当电子密度的空间变化缓慢时，由局域密度近似得到的单电子薛定谔方程。局域密度近似得到的单电子薛定谔方程

$$\left\{ -\frac{\hbar^2}{2m}\nabla^2 - \frac{1}{4\pi\varepsilon_0}\sum_{\vec{R}_n}\frac{e^2}{|\vec{r}-\vec{R}_n|} + \frac{1}{4\pi\varepsilon_0}\int\frac{e^2}{|\vec{r}-\vec{r}'|}n(\vec{r}')\mathrm{d}\vec{r}' + \right.$$

$$\left. \nu_{\mathrm{ex}}[n(\vec{r})] + \nu_{\mathrm{corr}}[n(\vec{r})] \right\}\psi_i(\vec{r}) = \varepsilon_i\psi_i(\vec{r}) \tag{3-4-27}$$

其中电子密度

$$n(\vec{r}) = \sum_i |\psi(\vec{r})|^2 \tag{3-4-28}$$

求和对所有占据态进行。交换能一般可取为

$$\nu_{\mathrm{ex}}[n(\vec{r})] = -\frac{3e^2}{8\pi\varepsilon_0}[3\pi^2 n(\vec{r})]^{\frac{1}{3}} \tag{3-4-29}$$

关联能 ν_{corr} 是在库仑相互作用电子系统中，除直接库仑项和交换项以外，未能包括的相互作用能的其余部分，形式较多。

由于

$$n(\vec{r}) = \sum_i |\psi_i(\vec{r})|^2 \tag{3-4-30}$$

相互作用势依赖于 $\psi_i(\vec{r})$，同时 $\psi_i(\vec{r})$ 又要由薛定谔方程来决定，也就是说，$\psi_i(\vec{r})$ 既出现在系数中，同时又是方程的解。所以，必须用自洽的计算方法——迭代法来处理。这种求解工作量很大，需借助计算机进行。

2. 密度泛函理论求解思路

密度泛函理论求解思路如下：
① 首先确定所研究晶体的结构和组成（确知价电子并计算出电荷密度）。
② 确定初始的单电子势 $V(\vec{r})$。
③ 求解上述单电子薛定谔方程，得到相应的 ε_{nk} 和 $\psi_{nk}(\vec{r})$，进而得到

$$n(\vec{r}) = \sum_{\text{占据态}} |\psi_{n\vec{k}}(\vec{r})|^2 \tag{3-4-31}$$

④ 将得到的 $n(\vec{r})$ 代入单电子势中的有关项，得到改进的单电子势。

⑤ 重复前面两个过程，直到 $n+1$ 次计算得到的 $n_{n+1}(\vec{r})$ 和 $V_{n+1}(\vec{r})$ 与第 n 次的 $n_n(\vec{r})$ 和 $V_n(\vec{r})$ 在误差范围内相等为止。

显然，通过求解思路可以看出方程的求解是相当复杂的。为此，常要做一些近似。当然，这些近似基本上还是离不开人们前面所提到的：不是改变单电子的有效势，就是波函数的形式。

习题

（1）能带的计算方法有哪些？

（2）如何理解赝势的存在正是弱周期势近似成立的物理基础？

（3）本征半导体的能带与绝缘体的能带有何异同？

（4）试查阅文献资料，阐述密度泛函理论在当代材料科学研究中的重要作用，并举至少 3 种材料的例子进行说明。

第五节　能态密度

一、能态密度定义

布洛赫电子的能级组成一系列的能带，在每一个允许能带中的能级分布是准连续的，因此表明其中的每一个能级是没有意义的，为此引入能态密度来表示能级密集的程度随能量变化的情况是必要的。固体中能级分布是准连续的，可以用类似声子态密度，来定义能量 E 附近单位能量间隔中的状态数，即能态密度。

考虑到固体中所有能带都可以在第一布里渊区中表示，并且在空间均匀分布，波矢密度为 $V/8\pi^3$。经推导，态密度 [等能面 $S_n(\varepsilon)$ 和 $S_n(\varepsilon+\mathrm{d}\varepsilon)$ 之间计及自旋不同的电子态数] 为

$$N_n(\varepsilon) = \frac{\mathrm{d}N_n(\varepsilon)}{\mathrm{d}\varepsilon(\vec{k})} = \frac{2V}{(2\pi)^3} \int \frac{\mathrm{d}s_\varepsilon}{|\nabla_{\vec{k}}\varepsilon_n(\vec{k})|} \tag{3-5-1}$$

从而单位体积的能态密度为

$$g_n(\varepsilon) = \frac{N_n(\varepsilon)}{V} \tag{3-5-2}$$

$$g_n(\varepsilon) = \frac{2}{(2\pi)^3} \int \frac{\mathrm{d}s_\varepsilon}{|\nabla_{\vec{k}}\varepsilon_n(\vec{k})|} \tag{3-5-3}$$

积分是沿着一个能量为 ε 的等能面进行的。对于交叠的能带，总的能态密度可以写为

$$g(\varepsilon)=\sum_{n}g_{n}(\varepsilon) \tag{3-5-4}$$

以上是三维的结果，对于二维情况，等能面退化为等能线，则单位面积的能态密度为

$$g_{n}(\varepsilon)=\frac{2}{(2\pi)^{2}}\int\frac{\mathrm{d}s_{\varepsilon}}{|\nabla_{\vec{k}}\varepsilon_{n}(\vec{k})|} \tag{3-5-5}$$

对于一维情况，等能面退化为两个等能点，则单位长度的能态密度为

$$g_{n}(\varepsilon)=\frac{2}{2\pi}\int\frac{2}{|\mathrm{d}\varepsilon_{n}(\vec{k})/\mathrm{d}k|} \tag{3-5-6}$$

若能带结构 $\varepsilon_{n}(\vec{k})$ 已知的话，则能态密度可求。

由于 $\varepsilon_{n}(\vec{k})$ 是倒格子空间的周期函数，存在最大值和最小值，因此，一定存在某些 $\vec{k}$ 值，使得

$$\nabla_{\vec{k}}\varepsilon_{n}(\vec{k})=0 \tag{3-5-7}$$

这些地方会使得 $\frac{1}{|\nabla_{\vec{k}}\varepsilon_{n}(\vec{k})|}$ 发散，由此可以定义几种奇异点，称为范霍夫奇点。

拓展阅读——能态密度和态密度

孤立原子中，能级分裂，每个能级能填两个不同状态的电子；而晶体中，能级准连续分布形成能带（能级间隔 10^{-21} eV）。电子能级非常密集，标明每个能级没有意义。但能级的密集程度可以直接反映有多少电子存在这一能量区域。如何表示这种情况下的密集程度？为了能够体现固体中每个能带中的各能级是非常密集的，形成准连续分布，不可能标明每个能级及其状态数，为此引入"能态密度"的概念。

态密度表示单位体积样品中，单位能量间隔内，计及自旋不同的电子态数。也就是说电子在某一能量范围的分布情况。因为原子轨道主要是以能量的高低划分的，所以态密度图能反映出电子在各个轨道的分布情况，反映出原子与原子之间的相互作用情况，并且还可以揭示化学键的信息。态密度可以作为能带结构的一个可视化结果。很多态密度分析与能带的分析结果可以一一对应，很多术语也与能带分析相通。但是因为它更直观，因此在结果讨论中用得比能带分析更广泛一些。

态密度对应于波矢空间的单位体积的波矢数目；能态密度是能量 ε 附近单位能量间隔内，包含自旋的单电子态数；利用费米统计可由前者推导后者。在统计力学和凝聚态物理学中，状态密度或态密度为某一能量附近每单位能量区间里微观状态的数目，又叫作能态密度。在物理学中，具有同一能量的微观状态被称为简并态。简并态的个数叫做简并数。在离散能级处，简并数就是相应能量的态密度。在连续和准连续能态处，是处在能量区间的态的个数。

拓展阅读——范霍夫奇点
学科前沿案例——河南大学贾瑜课题组提出"范霍夫奇点催化"
概念发表在 JPCL 期刊上

二、求解能态密度的例子

1. 自由电子气体的能态密度

自由电子气体，能量为

$$\left| \nabla_{\vec{k}} \varepsilon_n(\vec{k}) \right| = \frac{\hbar^2}{m} k \qquad k = \frac{1}{\hbar}(2m\varepsilon)^{1/2} \tag{3-5-8}$$

三维下，等能面为球面，所以单位体积的能态密度为

$$g_n(\varepsilon) = \frac{2}{(2\pi)^3} \int \frac{\mathrm{d}s_\varepsilon}{\left| \nabla_{\vec{k}} \varepsilon_n(\vec{k}) \right|} = \frac{2}{8\pi^3 \hbar^2 k/m} = \frac{1}{\pi^2 \hbar^3}(2m^3)^{1/2} 2\varepsilon^{1/2} \tag{3-5-9}$$

二维下，对应等能面退化为等能线，为圆周长，所以单位面积的能态密度为

$$g_n(\varepsilon) = \frac{2}{4\pi^2} \int \frac{\mathrm{d}L_\varepsilon}{\left| \nabla_{\vec{k}} \varepsilon_n(\vec{k}) \right|} = \frac{2}{4\pi^2} \times \frac{m}{\hbar^2 k} \times 2\pi k = \frac{m}{\pi \hbar^2} \tag{3-5-10}$$

一维下，对应两个等能点，所以单位长度的能态密度为

$$g_n(\varepsilon) = \frac{2}{2\pi} \frac{2}{\left| \mathrm{d}\varepsilon(k)/\mathrm{d}k \right|} = \frac{1}{\pi} \times \frac{2m}{\hbar^2 k} \times \frac{\hbar}{\sqrt{2m\varepsilon}} = \frac{\sqrt{2m}}{\pi \hbar} \times \frac{1}{\sqrt{\varepsilon}} \tag{3-5-11}$$

2. 简立方紧束缚近似 s 电子的能态密度

如图 3-5-1 所示，简立方紧束缚近似 s 电子，能量为

$$\varepsilon_s(\vec{k}) = \varepsilon_s^{at} - J_0 - 2J_1(\cos k_x a + \cos k_y a + \cos k_z a) \tag{3-5-12}$$

$$\left| \nabla_{\vec{k}} \varepsilon_n(\vec{k}) \right| = 2aJ_1 \sqrt{\sin^2 k_x a + \sin^2 k_y a + \sin^2 k_z a} \tag{3-5-13}$$

则单位体积的能态密度为

$$g_n(\varepsilon) = \frac{2}{(2\pi)^3} \int \frac{\mathrm{d}s_\varepsilon}{\left| \nabla_{\vec{k}} \varepsilon_n(\vec{k}) \right|} = \frac{1}{8\pi^3 aJ_1} \int \frac{\mathrm{d}s_\varepsilon}{\sqrt{\sin^2 k_x a + \sin^2 k_y a + \sin^2 k_z a}} \tag{3-5-14}$$

显然，如果在布里渊区中心附近，由于 k 很小，所以能量可近似为

$$\varepsilon_s(\vec{k}) \approx \varepsilon_s^{at} - J_0 - 2J_1 \left[1 - \frac{1}{2}(k_x a)^2 + 1 - \frac{1}{2}(k_y a)^2 + 1 - \frac{1}{2}(k_z a)^2 \right]$$

$$= \varepsilon_s^{at} - J_0 - 6J_1 + a^2 J_1(k_x^2 + k_y^2 + k_z^2) \tag{3-5-15}$$

$$\varepsilon_s(\vec{k}) \approx \varepsilon_s^{at} - J_0 - 6J_1 + a^2 J_1(k_x^2 + k_y^2 + k_z^2) \tag{3-5-16}$$

表明在 $k=0$ 附近，等能面为球面，因此能态密度在 $k=0$ 附近和自由电子类似。随着能量的增大，等能面将明显偏离球面，能态密度也变得复杂起来，由式（3-5-17）决定（能态

密度的一般表达式）。

$$g_n(\varepsilon) = \frac{2}{(2\pi)^3}\int \frac{\mathrm{d}s_\varepsilon}{\left|\nabla_{\vec{k}}\varepsilon_n(\vec{k})\right|} = \frac{1}{8\pi^3 a J_1}\int \frac{\mathrm{d}s_\varepsilon}{\sqrt{\sin^2 k_x a + \sin^2 k_y a + \sin^2 k_z a}} \qquad (3\text{-}5\text{-}17)$$

3. 其他自由电子的能态密度（除布里渊区边界附近）

简立方近自由电子模型，除了布里渊区边界附近外，其他地方和自由电子一样，等能面为球面，所以能态密度类似于自由电子。在布里渊区边界附近时，因为周期势的微扰使其能量下降（与自由电子相比），所以要达到同样的能量（等能面），需要更大的波矢，从而导致等能面向布里渊区边界凸起，如图 3-5-2 所示。

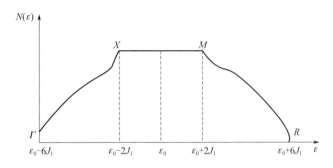

图 3-5-1　sc 结构 s 带紧束缚近似下的能态密度　　　　图 3-5-2　近自由电子近似下等能面

越靠近边界，凸起越强烈，因而导致等能面间的体积元越来越快地增长，从而能态密度也比自由电子的显著增大。当然这是第一布里渊区内且对应的等能面的能量小于布里渊区边界中心 A 点（$\pm\pi/a, 0, 0$）的能量时的状态。

当能量超过布里渊区边界中心 A 点的能量时，等能面在第一布里渊区开始残破，随着能量的增大，面积变小，最后在第一布里渊区角隅 C 点缩成几个点。因此，能态密度不断下降直至为零。上述变化过程将导致在布里渊区边界中心 A 点，能态密度出现一个峰值。上述仅仅是能带没有交叠的情形。如果是出现能带交叠（如 s、p 态交叠）情形，则会出现第二个峰，如图 3-5-3 所示。

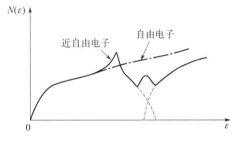

图 3-5-3　近自由电子近似下的能态密度

4. 能态密度曲线（以金属镁为例）

晶态材料的价电子能带结构是可以通过 X 射线发射谱来测定的。阴极射线轰击晶体样品，可以使原子内层电子激发，产生内层空能级，外层电子跃迁到内层空能级时，将发射出 X 射线光子。由于价电子所形成的价带相当宽，电子能级准连续分布，电子从价带不同能级跃迁到内层空能级的过程将发射不同能量的 X 光子，所以与价带有关的 X 射线发射谱为连续谱。如电子从高能态回落到 1s 空态时，对应 K 线；回落到 2s 空态时，对应 L_1 线；回落到 2p 空态时，对应 L_2 线；回落到 3s 空态时，对应 L_3 线等。发射谱强度主要取决于能态密度、电子占有能态的概率和发射概率三者的乘积，所以 X 射线发射谱比较直观地反映了价带的能态密度。图 3-5-4 给出了几种典型样品的 X 射线发射谱。

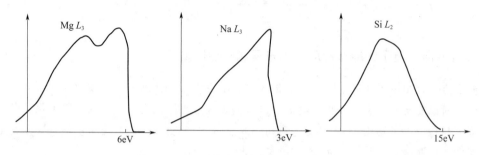

图 3-5-4　几种典型样品的 X 射线发射谱

由图 3-5-4 中可以看出，在低能端，无论是金属还是非金属，谱的强度都随能量的增加而逐渐增强，反映出能态密度从价带底起随能量的上升而增大；在高能端，金属的谱是陡然下降的，反映出金属价带是部分填充的，电子占据高于某一能级状态的概率急剧降为零（费米面）；非金属的谱是逐渐下降的，反映出非金属价带的满带特征。金属镁的 X 射线发射谱在高能端附近出现双峰是能带重叠的反映。镁是 2 价元素，N 个镁组成的晶体，有 $2N$ 个 3s 态价电子，按照紧束缚近似，镁的价带恰好填满，应是非导体。然而，镁是典型的金属，这是由于与 3s 态对应的能带与它上面的 3p 能带发生重叠，导致 $2N$ 个价电子还没填满 3s 带就已经开始填入更高的 3p 能带，结果这两个能带都是部分填充的，因而对应双峰。其 X 射线发射谱的形状与能态密度曲线很相似。

习题

（1）写出能态密度的一般表达式。

（2）计算简立方晶格的 s 带对应的能态密度。

（3）X 射线发射谱能够比较直观地反映价带的能态密度，指出金属、非金属 X 射线发射谱的特征。

（4）求一维、二维和三维情形下，自由电子的能态密度。分别示意画出一维、二维、三维自由电子气的能态密度曲线，并由此说明对于一维系统是否具有长程序，为什么。

（5）某晶体电子的等能面是椭球面 $E = \dfrac{\hbar^2}{2}\left(\dfrac{k_1^2}{m_1} + \dfrac{k_2^2}{m_2} + \dfrac{k_3^2}{m_3}\right)$ 坐标轴 1、2、3 相互垂直。

① 求能态密度；

② 今加一磁场 $\vec{B}$，$\vec{B}$ 与坐标轴的夹角的方向余弦分别为 α、β、γ，写出电子的运动方程；

③ 证明：电子在磁场中的回旋频率 $\omega_c = \dfrac{eB}{m^*}$ 其中，$\dfrac{1}{m^*} = \left(\dfrac{m_1\alpha^2 + m_2\beta^2 + m_3\gamma^2}{m_1 m_2 m_3}\right)^{1/2}$。

第六节 布洛赫电子的准经典运动

前面讨论了晶体电子在周期势场中的本征态和本征能量，从本征态和本征能量出发可以进一步研究晶体中电子的基态和激发态。因为只要知道了电子本征态的分布，就可以根据统计物理的基本原理去讨论系统中电子按能量的平衡态分布问题，也可以讨论在外加势场（外场）下的量子跃迁问题，比如热激发、光吸收和电子散射等。另外，当讨论电子在外场中的运动问题时，如果采用量子力学处理，哈密顿中除了周期势外，还要考虑外加势场。而且，由于外场使得电子的状态和能量随时间变化，所以必须求解包括外加势场在内的含时薛定谔方程。

求解含时薛定谔方程是很复杂的，为此人们把布洛赫电子近似当作准经典粒子来处理，这样就避免了复杂的数学运算，而且物理图像也比较直观。亦即外电场、磁场对布洛赫电子的作用采用经典的处理方式，晶格周期场对电子的作用沿用能带论量子力学的处理方式。把布洛赫电子当作准经典粒子来处理的近似方法称为准经典近似。接下来介绍布洛赫电子的准经典模型，然后对这一模型的合理性作出解释。

一、布洛赫电子的准经典模型

1. 模型的表述

假设每个电子具有确定的位置 $\vec{r}$、波矢 $\vec{k}$ 和能带指标 n，对于给定的 $\varepsilon_n(\vec{k})$，在外电场 $E(\vec{r}, t)$ 和外磁场 $B(\vec{r}, t)$ 的作用下，位置、波矢、能带指标随时间的变化遵从如下规则：

① 能带指标 n 是运动常数，电子总待在同一能带中，忽略带间跃迁的可能性。

② 电子的速度满足

$$\dot{\vec{r}} = v_n(\vec{k}) = \frac{1}{\hbar} \nabla_{\vec{k}} \varepsilon_n(\vec{k}) \tag{3-6-1}$$

③ 波矢随时间的变化满足（符号上面的一个点代表一阶导数）

$$\hbar \dot{\vec{k}} = -e \left[\vec{E}(\vec{r}, t) + \vec{v}_n(\vec{k}) \times \vec{B}(\vec{r}, t) \right] \tag{3-6-2}$$

2. 模型合理性的说明

晶格周期场的量子力学处理的结果全部体现在 $\varepsilon_n(\vec{k})$ 中，因而准经典模型提供了从能带结构推断输运性质，或反过来从输运性质的测量结果推断能带结构的理论基础。

在准经典模型中，能带仍然满足前面的对称性。粒子运动的平均速度相当于波包中心移动的速度。晶体中，一个电子的本征状态是由布洛赫波函数来描述的，它具有确定的波矢 $\vec{k}$

和确定的能量 $\varepsilon_n(\vec{k})$。由不确定性原理，布洛赫电子的波矢完全确定，则坐标是完全不确定的。

考虑到实际晶体中的电子态，往往是一些本征态的叠加。如果布洛赫电子的状态由 k_0 附近范围内的布洛赫本征态叠加构成，它将构成一个波包。虽然波包的波矢不能完全确定，但是波包的空间位置有一定的确定性。也就是说，这个叠加态构成的波包以牺牲波矢的完全确定来换取坐标的某种确定性。则布洛赫电子的平均速度为

$$v_n(\vec{k}) = \frac{1}{\hbar}\nabla_{\vec{k}}\varepsilon_n(\vec{k}) \tag{3-6-3}$$

说明：

① 布洛赫态是与时间无关的定 $\varepsilon_n(\vec{k})$ 态，有确定的值。因而，尽管电子和周期排列的离子实相互作用，但其平均速度将永远保持，不会衰减。也就是说，一个理想金属晶体，将有无穷大的电导。即

$$\sigma = \frac{ne^2\tau}{m}; \tau = \frac{l}{v_F} \quad l \to \infty \Rightarrow \tau \to \infty \tag{3-6-4}$$

② 由于晶体结构上的不理想性，其存在杂质和缺陷，同时，离子实本身会有热运动，因而电子总会受到散射，使得电子的自由程有限，从而金属晶体不会有无穷大的电导。

此外，从上述推导可以看出，布洛赫电子无论从波包还是从平均速度的观点来看，其运动速度都等于它的表象点在 $\vec{k}$ 空间中该点上的能量梯度的 $1/\hbar$ 倍，或者说晶体电子的速度与能谱曲线的斜率成正比。因此，晶体电子在 $\vec{k}$ 空间任意点的速度垂直于经过该点的等能面。所以，晶体电子在 $\vec{k}$ 空间任意点的速度不一定和波矢 $\vec{k}$ 平行。但对于球形等能面，则晶体电子的速度和波矢 $\vec{k}$ 平行，如自由电子的速度 $v = \hbar k/m$，则与波矢 $\vec{k}$ 平行且成正比。

从量子力学出发对准经典模型做出合理的解释，即运动方程是合理的。

$$\hbar\frac{d\vec{k}(t)}{dt} = \hbar\dot{\vec{k}}(t) = \vec{F} \tag{3-6-5}$$

此外，式（3-6-5）也表明，在均匀外力 F 的作用下，对于波包的每一个分量，波矢均以恒定的速率演变。$\hbar k$ 称为布洛赫电子的准动量或晶体的动量。这是因为，外力是对整个晶体的作用，改变的是整个电子、晶格系统的动量，而不单单是电子的动量。所以布洛赫电子常被称为晶体电子或准电子。

3. 准经典模型的适用范围

① 外场的波长要远远大于晶格常数，即 $\lambda \gg a$，否则，形不成波包。

准经典模型描述晶体中电子的外场响应。外场作为一种力出现在描述波包的坐标和波矢变化的经典运动方程中。因此，要求与波包的尺度相比，外场是一个时间和空间的缓变场。

② 外场变化的频率必须满足 $\hbar\omega \ll \varepsilon_g$，这是禁止带间跃迁所要求的。

二、布洛赫电子的加速度和有效质量

1. 加速度、有效质量

由电子的平均速度即可求出它的平均加速度。

$$\vec{a} = \frac{\mathrm{d}\vec{v}}{\mathrm{d}t} = \frac{1}{\hbar} \times \frac{\partial}{\partial t} \left[\nabla_{\vec{k}} \varepsilon \right]$$

$$= \frac{1}{\hbar} \times \frac{\partial}{\partial \vec{k}} \left[\nabla_{\vec{k}} \varepsilon \right] \times \frac{\partial \vec{k}}{\partial t} = \frac{1}{\hbar} \nabla_{\vec{k}} \left[\nabla_{\vec{k}} \varepsilon \right] \times \frac{1}{\hbar} \times \frac{\partial (\hbar \vec{k})}{\partial t}$$

$$= \frac{1}{\hbar^2} \nabla_{\vec{k}} \left[\nabla_{\vec{k}} \varepsilon \right] \times \frac{\partial (\hbar \vec{k})}{\partial t}$$

$$= \frac{1}{\hbar^2} \nabla_{\vec{k}} \left[\nabla_{\vec{k}} \varepsilon \right] \times \vec{F} \tag{3-6-6}$$

$$\frac{\partial f \left[x(t) \right]}{\partial t} = \frac{\partial f \left[x(t) \right]}{\partial x} \times \frac{\partial x}{\partial t} \tag{3-6-7}$$

$$\vec{v}_n(\vec{k}) = \frac{1}{\hbar} \nabla_{\vec{k}} \varepsilon(\vec{k}) \tag{3-6-8}$$

电子加速度公式用矩阵表示为

$$\begin{bmatrix} a_x \\ a_y \\ a_z \end{bmatrix} = \frac{1}{\hbar^2} \begin{bmatrix} \dfrac{\partial^2 \varepsilon}{\partial k_x^2} & \dfrac{\partial^2 \varepsilon}{\partial k_x \partial k_y} & \dfrac{\partial^2 \varepsilon}{\partial k_x \partial k_z} \\ \dfrac{\partial^2 \varepsilon}{\partial k_y \partial k_x} & \dfrac{\partial^2 \varepsilon}{\partial k_y^2} & \dfrac{\partial^2 \varepsilon}{\partial k_y \partial k_z} \\ \dfrac{\partial^2 \varepsilon}{\partial k_z \partial k_x} & \dfrac{\partial^2 \varepsilon}{\partial k_z \partial k_y} & \dfrac{\partial^2 \varepsilon}{\partial k_z^2} \end{bmatrix} \begin{bmatrix} F_x \\ F_y \\ F_z \end{bmatrix} \tag{3-6-9}$$

$$\vec{a} = \frac{1}{m} \vec{F} \tag{3-6-10}$$

$$\vec{a} = \frac{1}{\hbar^2} \nabla_{\vec{k}} \left[\nabla_{\vec{k}} \varepsilon \right] \cdot \vec{F} \tag{3-6-11}$$

式（3-6-11）与 $a = \vec{F}/m$ 形式类似，只是现在一个二阶张量代替了 $1/m$，由此人们可以定义电子的有效质量。

电子有效质量

$$\vec{a} = \frac{1}{\hbar^2} \nabla_{\vec{k}} \left[\nabla_{\vec{k}} \varepsilon \right] \cdot \vec{F} \tag{3-6-12}$$

$$\vec{a} = \frac{1}{m}\vec{F}$$

$$\{m^*\}^{-1} = \frac{1}{\hbar^2}\nabla_{\vec{k}}[\nabla_{\vec{k}}\varepsilon] \tag{3-6-13}$$

$$\begin{bmatrix} a_x \\ a_y \\ a_z \end{bmatrix} = \frac{1}{\hbar^2}\begin{bmatrix} \dfrac{\partial^2\varepsilon}{\partial k_x^2} & \dfrac{\partial^2\varepsilon}{\partial k_x\partial k_y} & \dfrac{\partial^2\varepsilon}{\partial k_x\partial k_z} \\ \dfrac{\partial^2\varepsilon}{\partial k_y\partial k_x} & \dfrac{\partial^2\varepsilon}{\partial k_y^2} & \dfrac{\partial^2\varepsilon}{\partial k_y\partial k_z} \\ \dfrac{\partial^2\varepsilon}{\partial k_z\partial k_x} & \dfrac{\partial^2\varepsilon}{\partial k_z\partial k_y} & \dfrac{\partial^2\varepsilon}{\partial k_z^2} \end{bmatrix}\begin{bmatrix} F_x \\ F_y \\ F_z \end{bmatrix} \tag{3-6-14}$$

将 m^* 称为电子的有效质量。$\{m^*\}$ 是一个二阶张量，写成分量形式为

$$\left(\frac{1}{m^*}\right)_{ij} = \frac{1}{\hbar^2}\times\frac{\partial^2\varepsilon_n(\vec{k})}{\partial k_i\partial k_j} \tag{3-6-15}$$

由于微分可以交换次序，所以这是对称张量。转换到主轴坐标上去，可对角化。倒逆有效质量张量的分量为

$$\left(\frac{1}{m^*}\right)_{ij} = \frac{1}{\hbar^2}\times\frac{\partial^2\varepsilon_n(\vec{k})}{\partial k_i\partial k_j} \tag{3-6-16}$$

选 k_x、k_y、k_z 轴沿张量主轴方向，则有

$$\frac{\partial^2\varepsilon}{\partial k_i\partial k_j}\begin{cases} \neq 0, i=j \\ =0, i\neq j \end{cases} \tag{3-6-17}$$

这时倒逆有效质量张量是对角化的。

$$\left[\frac{1}{m^*}\right]_{ii} = \frac{1}{\hbar^2}\begin{bmatrix} \dfrac{\partial^2\varepsilon}{\partial k_x^2} & 0 & 0 \\ 0 & \dfrac{\partial^2\varepsilon}{\partial^2 k_y^2} & 0 \\ & & \dfrac{\partial^2\varepsilon}{\partial k_z^2} \end{bmatrix} \Rightarrow [m^*]_{ii} = \begin{bmatrix} \hbar^2/\dfrac{\partial^2\varepsilon}{\partial k_x^2} & 0 & 0 \\ 0 & \hbar^2/\dfrac{\partial^2\varepsilon}{\partial k_y^2} & 0 \\ 0 & 0 & \hbar^2/\dfrac{\partial^2\varepsilon}{\partial k_z^2} \end{bmatrix} \tag{3-6-18}$$

所以，在主轴坐标系中

$$[m^*]_{ii} = \hbar^2/\frac{\partial^2\varepsilon}{\partial k_i^2}; i=x,y,z \tag{3-6-19}$$

2. 有效质量的计算和特点

（1）紧束缚近似下一维布拉维格子中电子的情况

首先看一下一维布拉维格子中紧束缚近似下的电子情况。在最近邻近似下，电子的能带为

$$\varepsilon_s(\vec{k}) = \varepsilon_s^{at} - J_{ss} - 2J\cos(ka) \tag{3-6-20}$$

显然 $k=0$ 对应带底，$k=\pi/a$ 对应带顶。

$$k=0, \varepsilon_{min} = \varepsilon_s^{at} - J_{ss} - 2J \text{（带底）} \tag{3-6-21}$$

$$k=\frac{\pi}{a}, \varepsilon_{max} = \varepsilon_s^{at} - J_{ss} + 2J \text{（带顶）} \tag{3-6-22}$$

$$\frac{d\varepsilon}{dk} = 2aJ\sin(ka) \tag{3-6-23}$$

$$\frac{d^2\varepsilon}{dk^2} = 2a^2J\cos(ka) \tag{3-6-24}$$

容易计算电子的速度和有效质量，分别为

$$v(k) = \frac{1}{\hbar} \times \frac{d\varepsilon}{dk} = \frac{2aJ}{\hbar}\sin(ka) \tag{3-6-25}$$

$$m^* = \hbar^2 / \frac{d^2\varepsilon}{dk^2} = \frac{\hbar^2}{2a^2J\cos(ka)} \tag{3-6-26}$$

图 3-6-1 给出了一维紧束缚近似下电子的能带、速度和有效质量在第一布里渊区的情况。$|\vec{k}| < |\vec{k}_c|$ 内，电子加速度为正，有效质量 $m^* > 0$，带底附近；$\frac{\pi}{a} > |\vec{k}| > |\vec{k}_c|$ 内，加速度为负，$m^* < 0$，带顶附近（布里渊区边界附近）；$k \to \vec{k}_c$ 时，$|m^*| \to \infty$ 速度极值处。

电子在布里渊区边界附近所表现的这种特殊行为，是晶格周期场的作用，是电子受布拉格反射的结果。在最近邻近似下，$k_c = \pi/2a$；对于实际情况，比如次近邻等的影响下 k_c 会略大于 $\pi/2a$。

图 3-6-2 给出了一维紧束缚近似下电子的有效质量。有效质量反比于能谱曲线的曲率，$\frac{d^2\varepsilon}{dk^2}$ 大，有效质量小；$\frac{d^2\varepsilon}{dk^2}$ 小，有效质量大。有效质量是 k 的函数，在能带底附近总是取正值；在能带顶附近总是取负值。

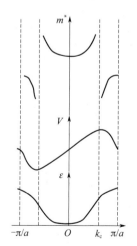

图 3-6-1 一维紧束缚近似下
电子的能带、速度和有效质量

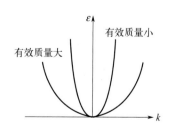

图 3-6-2 一维紧束缚
近似下电子的有效质量

（2）体心立方晶格紧束缚近似下的 s 能带电子

由紧束缚近似可得体心立方 s 能带的能量表达式

$$\varepsilon_s(\vec{k}) = \varepsilon_s^{at} + C_s - 8J \cos\frac{ak_x}{2}\cos\frac{ak_y}{2}\cos\frac{ak_z}{2} \tag{3-6-27}$$

$$\frac{\partial\varepsilon}{\partial k_x} = 4Ja\sin\frac{ak_x}{2}\cos\frac{ak_y}{2}\cos\frac{ak_z}{2} \tag{3-6-28}$$

$$\frac{\partial^2\varepsilon}{\partial k_x^2} = \frac{\partial^2\varepsilon}{\partial k_y^2} = \frac{\partial^2\varepsilon}{\partial k_z^2} = 2Ja^2\cos\frac{ak_x}{2}\cos\frac{ak_y}{2}\cos\frac{ak_z}{2} \tag{3-6-29}$$

$$\frac{\partial^2\varepsilon}{\partial k_x\partial k_y} = \frac{\partial^2\varepsilon}{\partial k_y\partial k_x} = -2Ja^2\sin\frac{ak_x}{2}\sin\frac{ak_y}{2}\cos\frac{ak_z}{2} \tag{3-6-30}$$

$$\frac{\partial^2\varepsilon}{\partial k_x\partial k_z} = \frac{\partial^2\varepsilon}{\partial k_z\partial k_x} = -2Ja^2\sin\frac{ak_x}{2}\cos\frac{ak_y}{2}\sin\frac{ak_z}{2} \tag{3-6-31}$$

$$\frac{\partial^2\varepsilon}{\partial k_y\partial k_z} = \frac{\partial^2\varepsilon}{\partial k_z\partial k_y} = -2Ja^2\cos\frac{ak_x}{2}\sin\frac{ak_y}{2}\sin\frac{ak_z}{2} \tag{3-6-32}$$

体心立方的带底在布里渊区中心 $k=(0,0,0)$，带顶在 $(\pm 2\pi/a, 0, 0)$、$(0, \pm 2\pi/a, 0)$、$(0, 0, \pm 2\pi/a)$ 处易计算电子的速度和有效质量分别为

$$\begin{cases} v_x(\vec{k}) = \dfrac{1}{\hbar}\dfrac{\partial\varepsilon}{\partial k_x} = \dfrac{4J_1 a}{\hbar}\sin\dfrac{ak_x}{2}\cos\dfrac{ak_y}{2}\cos\dfrac{ak_z}{2} \\[2mm] v_y(\vec{k}) = \dfrac{1}{\hbar}\dfrac{\partial\varepsilon}{\partial k_y} = \dfrac{4J_1 a}{\hbar}\cos\dfrac{ak_x}{2}\sin\dfrac{ak_y}{2}\cos\dfrac{ak_z}{2} \\[2mm] v_z(\vec{k}) = \dfrac{1}{\hbar}\dfrac{\partial\varepsilon}{\partial k} = \dfrac{4J_1 a}{\hbar}\cos\dfrac{ak_x}{2}\cos\dfrac{ak_y}{2}\sin\dfrac{ak_z}{2} \end{cases} \tag{3-6-33}$$

$$m_{xx}^* = m_{yy}^* = m_{zz}^* = \hbar^2/2Ja^2\cos\frac{ak_x}{2}\cos\frac{ak_y}{2}\cos\frac{ak_z}{2} \tag{3-6-34}$$

$$m_{xy}^* = -\hbar^2/2J_1 a^2\sin\frac{ak_x}{2}\sin\frac{ak_y}{2}\cos\frac{ak_z}{2} \tag{3-6-35}$$

显然，此时 k_x、k_y、k_z 并非张量主轴坐标，因为交叉项不为零。但在能带底部，$k_x = k_y = k_z = 0$ 处，却只有对角项存在，即

$$m_{xx}^* = m_{yy}^* = m_{zz}^* = m^* = \frac{\hbar^2}{2a^2 J} > 0 \tag{3-6-36}$$

在能带顶部，$(\pm 2\pi/a, 0, 0)$、$(0, \pm 2\pi/a, 0)$、$(0, 0, \pm 2\pi/a)$ 处，也只有对角项存在。

$$(\pm\frac{2\pi}{a}, 0, 0); (0, \pm\frac{2\pi}{a}, 0); (0, 0, \pm\frac{2\pi}{a}) \tag{3-6-37}$$

$$m_{xx}^* = m_{yy}^* = m_{zz}^* = m^* = -\frac{\hbar^2}{2a^2 J} < 0 \tag{3-6-38}$$

而在 $k = (\pm\pi/a, \pm\pi/a, \pm\pi/a)$ 处，m_{xx}^{*}、m_{yy}^{*}、m_{zz}^{*} 都变成 $\pm\infty$。亦即在上述三种情况下有效质量变成了标量，且有

$$m_{\text{带底}}^{*} = m_{xx}^{*} = m_{yy}^{*} = m_{zz}^{*} = -m_{\text{带顶}}^{*} \qquad (3\text{-}6\text{-}39)$$

上述在带底和带顶处的结果也可由能带在带底和带顶附近的近似展开得到。显然，如果在能带底部 $k_x = k_y = k_z = 0$ 附近，由于 k 很小，因此能带可近似为

$$\begin{aligned}
\varepsilon_s(\vec{k}) &\approx s_s^{\text{at}} - J_0 - 8J_1 \left\{ \left[1 - \frac{1}{2}\left(\frac{k_x a}{2}\right)^2 \right] \left[1 - \frac{1}{2}\left(\frac{k_y a}{2}\right)^2 \right] \left[1 - \frac{1}{2}\left(\frac{k_z a}{2}\right)^2 \right] \right\} \\
&\approx \varepsilon_s^{\text{at}} - J_0 - 8J_1 + a^2 J_1 (k_x^2 + k_y^2 + k_z^2) \\
&\approx \varepsilon_{\text{带底}} + a^2 J_1 (k_x^2 + k_y^2 + k_z^2) \qquad (3\text{-}6\text{-}40)
\end{aligned}$$

表明在 $k = 0$ 附近，等能面近似为球面，有效质量各向同性。易得有效质量

$$m_{xx}^{*} = m_{yy}^{*} = m_{zz}^{*} = m^{*} = \frac{\hbar^2}{2a^2 J} > 0 \qquad (3\text{-}6\text{-}41)$$

$$\varepsilon_s(\vec{k}) = \varepsilon_s^{\text{at}} + C_s - 8J \cos\frac{ak_x}{2} \cos\frac{ak_y}{2} \cos\frac{ak_z}{2} \qquad (3\text{-}6\text{-}42)$$

在带顶，比如 $(2\pi/a, 0, 0)$ 附近，能量表达式可以近似为以 $(2\pi/a, 0, 0)$ 为中心的圆，令 $\tilde{k}_x = (2\pi/a) - k_0$，则在 $(2\pi/a, 0, 0)$ 附近，k_x、k_y、k_z 为小量，可将能量展开为

$$\begin{aligned}
\varepsilon_s(\vec{k}) &\approx s_s^{\text{at}} - J_0 + 8J_1 \left\{ \left[1 - \frac{a^2}{8}\left(\frac{2\pi}{a} - k_x\right)^2 \right] \left[1 - \frac{1}{2}\left(\frac{k_y a}{2}\right)^2 \right] \left[1 - \frac{1}{2}\left(\frac{k_z a}{2}\right)^2 \right] \right\} \\
&\approx \varepsilon_{\text{带顶}} - a^2 J_1 \left[\left(\frac{2\pi}{a} - k_x\right)^2 + k_y^2 + k_z^2 \right] \qquad (3\text{-}6\text{-}43)
\end{aligned}$$

表明在 $(2\pi/a, 0, 0)$ 附近，等能面近似为以 $(2\pi/a, 0, 0)$ 为中心的球面，有效质量各向同性，易得有效质量

$$m_{xx}^{*} = m_{yy}^{*} = m_{zz}^{*} = m^{*} = -\frac{\hbar^2}{2a^2 J} < 0 \qquad (3\text{-}6\text{-}44)$$

$$\varepsilon_s(\vec{k}) = \varepsilon_s^{\text{at}} + C_s - 8J \cos\frac{ak_x}{2} \cos\frac{ak_y}{2} \cos\frac{ak_z}{2} \qquad (3\text{-}6\text{-}45)$$

通过上述的例子可知，有效质量 m^{*} 可以是正值，也可以是负值。特别是在能带底附近，m^{*} 总是正值；在能带顶附近，m^{*} 总是负值。晶体中电子的有效质量为什么可能为负值，甚至还会变成无穷大呢？下面给出简单的分析。

在外场的作用下，晶体中的电子除受外力作用外，还与晶格相互作用。设电子与晶格之间的作用力为 F_l，则由牛顿第二定律可得

$$\vec{a} = \frac{1}{m}(\vec{F} + \vec{F}_l) \qquad (3\text{-}6\text{-}46)$$

但是电子与晶格之间的作用力 F_l 的具体表达式是难以得知的，要使式 (3-6-46) 中不出现 F_l，又要保持式子恒等，上式只好写成

$$\vec{a} = \vec{F} / m^*$$ (3-6-47)

也就是说，电子的有效质量 m^* 本身已概括了晶格的作用。二式比较得

$$\frac{\vec{F} \, dt}{m^*} = \frac{\vec{F} \, dt}{m} + \frac{\vec{F}_l \, dt}{m}$$ (3-6-48)

将冲量用动量的增量来代换，则有

$$\frac{\vec{F} \, dt}{m^*} = \frac{\vec{F} \, dt}{m} + \frac{\vec{F}_l \, dt}{m}$$ (3-6-49)

$$\frac{\Delta p}{m^*} = \frac{1}{m} \left[(\Delta p)_{外力给予电子的} - (\Delta p)_{电子给予晶格的} \right]$$ (3-6-50)

由式 (3-6-49) 可以看出，当电子从外场获得的动量大于电子传递给晶格的动量时，有效质量 $m^* > 0$；当电子从外场获得的动量小于电子传递给晶格的动量时，$m^* < 0$；当电子从外场获得的动量全部交给晶格时，$m^* \rightarrow \infty$，此时电子的平均加速度为零。可见，有效质量不是电子的真实质量。有效质量 m^* 是固体物理学中的一个重要概念。

(3) 有效质量 m^* 的特征

① m^* 不是电子的惯性质量，而是在能量周期场中电子受外力作用时，在外力与加速度的关系上相当于牛顿力学中的惯性质量。

② m^* 不是一个常数，而是 k 的函数。有效质量取决于电子的状态。一般情况下，它是一个张量，只有特殊情况下，它才可化为一标量的形式。

③ m^* 可以是正值，也可以是负值。特别有意义的是，在能带底附近，m^* 总是正值，表示电子从外场得到的动量多于电子交给晶格的动量，而在能带顶附近，m^* 总是负值，表示电子从外场得到的动量少于电子交给晶格的动量。

从数学角度来说，能带底对应 $\varepsilon_n(\vec{k})$ 的极小，要求

$$\frac{\partial^2 \varepsilon}{\partial k_i^2} > 0 \Rightarrow m^* > 0$$ (3-6-51)

反之，能带顶对应的 $\varepsilon_n(\vec{k})$ 极大

$$\frac{\partial^2 \varepsilon}{\partial k_i^2} < 0 \Rightarrow m^* < 0$$ (3-6-52)

同式 (3-6-19)

$$[m^*]_{ii} = h^2 / \frac{\partial^2 \varepsilon}{\partial k_i^2}; i = x, y, z$$

④ 电子的有效质量 m^* 本身已概括了晶格的作用。因为晶格势场对电子运动的影响在 $\varepsilon_n(k)$ 中已经包含了。其值可通过解不含外场的薛定谔方程求得。有效质量与准动量是人为定义的，用来描述晶体中电子的粒子性。用这些概念处理晶体中电子的输运问题，可以把布洛赫电子看成是具有质量 m^*、动量为 $\hbar k$ 的准电子，人们只需考虑外力作用下这样的准电子的运动即可。由于通常晶体周期场的作用是未知的，也不像外力那么容易求出，所以引入这

两个量，给处理问题带来很大的方便。

⑤ 一般而言，对于宽的能带，能量随波矢变化比较剧烈，m^* 小；而对于窄能带，m^* 大一些。窄能带相当于电子波函数交叠较少，定域性强，不易动，质量大，对应原子的内层电子。

⑥ 实际测量电子的有效质量，常通过电子比热系数来确定。

$$\frac{m^*}{m} = \frac{\gamma_{\exp}}{\gamma_0}; \gamma_0 = \frac{\pi^3}{3} k_B^2 g(\varepsilon_F) \tag{3-6-52}$$

$$g(\varepsilon_F) = \frac{m k_F}{\pi^2 \hbar^2} \propto m \tag{3-6-53}$$

$$g(\varepsilon) = \frac{1}{\pi^2 \hbar^3}(2m^3)^{\frac{1}{2}} \varepsilon^{\frac{1}{2}} \tag{3-6-54}$$

这样定义出的 m^* 也叫热有效质量。

习题

（1）布洛赫电子的准经典模型内容有哪些？

（2）什么是有效质量？有效质量和电子的实际质量有什么区别？有效质量可以取负值，还可以是无穷大，其物理机制是什么？

（3）一维周期场中电子的波函数应当满足布洛赫定理，若晶格常数为 a，电子波函数为：

① $\psi_k^{(x)} = \sin \frac{\pi}{\alpha} x$；② $\psi(x) = i \cos \frac{3\pi}{\alpha} x$；③ $\psi_{(x)} = \sum_{m=-\infty}^{\infty} (-i)^m f(x - ma)$

试求电子在这些状态的波矢，所确定波矢值是否唯一？为什么？

（4）晶格常数为 2.5Å 的一维晶格，当外加 $10^2\,\text{V/m}$ 和 $10^7\,\text{V/m}$ 电场时，试分别估算电子自能带底运动到能带顶所需要的时间。

（5）试证在磁场中运动的布拉格电子，在 $\vec{k}$ 空间中轨迹面积 S_n 和在 $\vec{r}$ 空间的轨迹面积 A_n 之间的关系为 $A_n = \left(\frac{\hbar c}{qB}\right)^2 S_n$。

第七节　布洛赫电子在恒定电场作用下的运动

一、恒定电场作用下布洛赫电子的运动图像

准经典模型下，波矢 $\vec{k}$ 随时间的变化满足

$$\hbar \dot{\vec{k}} = -e\left[\vec{E}(\vec{r},t) + \vec{v}_n(\vec{k}) \times \vec{B}(\vec{r},t)\right] \tag{3-7-1}$$

当晶体只在恒定电场 $\vec{E}$ 作用下，$\vec{B}=0$ 时，方程变为

$$\hbar \dot{\vec{k}} = -e\vec{E} \Rightarrow \dot{\vec{k}} = -\frac{e\vec{E}}{\hbar} \tag{3-7-2}$$

因电场恒定，表明每个电子的波矢均以恒定速率变化。

$$\hbar \dot{\vec{k}} = -e\vec{E} \tag{3-7-3}$$

$$\vec{k} = \vec{k}_0 + \delta\vec{k} \tag{3-7-4}$$

该方程的解为

$$\vec{k}(t) = \vec{k}(0) - \frac{e\vec{E}}{\hbar}t \tag{3-7-5}$$

每个电子的波矢在恒定电场作用下，均以同一速率沿着电场的反方向移动，$-e\vec{E}_t/\hbar$ 就是 t 时刻电子波矢的增量。

对自由电子来说

$$\varepsilon(\vec{k}) = \frac{\hbar^2 \vec{k}^2}{2m} \tag{3-7-6}$$

$$v(\vec{k}) = \frac{\hbar}{m}\vec{k} \tag{3-7-7}$$

$$v_n(\vec{k}) = \frac{1}{\hbar}\nabla_{\vec{k}}\varepsilon_n(\vec{k}) \tag{3-7-8}$$

所以

$$\vec{v}(t) = \frac{\hbar}{m}\vec{k}(0) - \frac{e\vec{E}}{m}t \tag{3-7-9}$$

因此，自由电子将不断被电场加速。布洛赫电子的行为则完全不同，其速度是 k 空间的周期函数，所以速度变为时间的有界函数。由于能带结构 $\varepsilon(\vec{k})$ 通常很复杂，因此布洛赫电子的速度 $v[k(t)]$ 与 $k(t)$ 的关系也很复杂。但在恒定电场作用下，布洛赫电子的速度总可以表示为

$$\vec{v}[\vec{k}(t)] = \vec{v}\left[\vec{k}(0) - \frac{e\vec{E}}{\hbar}t\right] \tag{3-7-10}$$

当没有外场时，在理想周期势场中，布洛赫电子处在确定的本征态，它在 $\vec{k}$ 空间的代表点是静止的，在实空间（即 $\vec{r}$ 空间）以速度 $v(\vec{k})$ 做匀速直线运动。如果晶体处在恒定的电

场中，在电场力的作用下，状态不断发生变化，代表点在 $\vec{k}$ 空间作匀速直线运动，从简约布里渊区来看，相当于电子在 $\vec{k}$ 空间作循环运动。

$$\varepsilon(\vec{k}) = \varepsilon(\vec{k} + \vec{G}_h) \tag{3-7-11}$$

如图 3-7-1 所示，$k = \pi/a$ 与 $k = -\pi/a$ 代表同一状态，它将穿越各种能量的等能面，能量梯度的大小和方向都不断变化，即电子在 $\vec{r}$ 空间的速度和位置将不断变化。

由于一个电子载有的电流比例于它的速度，意味着直流的外加电场将产生交变的电流，这种效应称为布洛赫振荡（仍以一维紧束缚近似为例）。

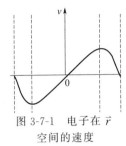

图 3-7-1　电子在 $\vec{r}$ 空间的速度

布洛赫振荡周期为

$$T = \frac{2\pi\hbar}{e\vec{E}a} \tag{3-7-12}$$

布洛赫振荡频率为

$$\omega = 2\pi/T = e\vec{E}a/\hbar \tag{3-7-13}$$

实空间中电子的振荡运动很难看到，这是由于：

一方面，电子受晶体中杂质和缺陷及声子散射作用，电子来不及完成振荡运动就被散射破坏掉了。

另一方面，一部分电子根本不会参与振荡。按照量子力学，电子遇到位垒时将有部分穿透位垒（隧道效应），部分被反射回来。

由上述讨论可以看出，布洛赫电子的运动情况与能带结构有着密切的关系。为此，人们根据电子填充能带的情况，给出一些定义，然后讨论这些能带中电子在电场中的运动情况。

二、能带填充情况与晶体导电性的关系

1. 满带不导电

满带是指所有电子状态都被电子占据的能带。如果一个能带被电子部分填充，就称为未满能带，或部分填充能带。

（1）无外电场

没有外电场时，由于能带的对称性，则

$$\varepsilon_n(-\vec{k}) = \varepsilon_n(\vec{k}) \tag{3-7-14}$$

根据准经典模型的速度公式可得

$$\vec{v}(-\vec{k}) = -\vec{v}(\vec{k}) \tag{3-7-15}$$

$$\vec{j}(-\vec{k}) = -e\vec{v}(-\vec{k}) = e\vec{v}(\vec{k}) = -\vec{j}(\vec{k}) \tag{3-7-16}$$

即处在 k 和 $-k$ 态的电子，对电流密度的贡献恰好相消。一个能带对电流的贡献，是所有电子携带电流的和，即

$$I = \sum_{\vec{k}} -e\vec{v}(\vec{k}) \tag{3-7-17}$$

所以，无论满带也好，部分填充能带也好，由于没有外电场，能带对称分布，导致总的电流密度为零。无外电场时，满带电流是 0。

（2）有外电场

即所有电子的波矢 $\vec{k}$ 都以恒定速率变化。

$$\frac{\mathrm{d}\vec{k}}{\mathrm{d}t} = -\frac{1}{\hbar}e\vec{E} \tag{3-7-18}$$

如图 3-7-2 所示，k 轴上各点均以完全相同的速度移动，因此并不改变均匀填充各 k 态的情况。从 A' 移出去的电子同时又从 A 移进来，保持整个能带处于均匀填满的状况。显然

$$I = \sum_{k} -e\vec{v}(\vec{k}) = 0 \tag{3-7-19}$$

也就是说，有外电场时满带也不产生电流——满带不导电。

2. 未满能带（或部分填充能带）导电

在外场作用下，电子分布将向一方移动，破坏了原来的对称分布，产生一个小的偏移，此时电子电流将只是部分抵消，进而产生一定的电流，如图 3-7-3 所示。

$$I = \sum_{\vec{k}} -e\vec{v}(\vec{k}) \neq 0 \tag{3-7-20}$$

即未满能带（或部分填充能带）导电，因而这种能带也称为导带。所以，固体材料可按照是否有部分填充的能带而分为导体和非导体两大类，这成为能带论的一大成就。

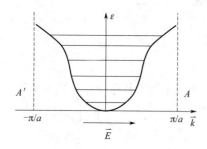

图 3-7-2　外电场不改变
满带电子的填充情况

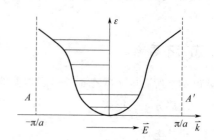

图 3-7-3　外电场改变部分
填充能带电子的分布情况

关于准经典模型中布洛赫电子速度和满带不导电等问题的进一步说明

$$\dot{\vec{r}} = v_n(\vec{k}) = \frac{1}{\hbar} \nabla_{\vec{k}} \varepsilon_n(\vec{k}) \tag{3-7-21}$$

布洛赫电子在实空间的速度，沿等能面的法线方向。

$$\hbar \dot{\vec{k}} = -e \left[\vec{E}(\vec{r},t) + \vec{v}_n(\vec{k}) \times \vec{B}(\vec{r},t) \right] \tag{3-7-22}$$

式（3-7-22）给出了外场作用下电子波矢的变化速度。当外场为零时，$\hbar \dot{\vec{k}} = 0$，所以波矢不随时间变化。自然，相对于每一个确定的波矢而言，电子速度 $\dot{\vec{r}} = v_n(\vec{k})$ 不随时间变化，意味着电子在实空间作匀速直线运动。由于波矢在第一布里渊区对称分布，电子速度满足 $v_n(-\vec{k}) = -v_n(\vec{k})$，因此，没有外电场时，能带电流为零。

当外场不为零且恒定时，$\dot{\vec{k}} = -e\vec{E}/\hbar$，此时每一个电子的波矢均随时间匀速变化，它将穿越各种能量的等能面，能量梯度的大小和方向都不断变化。由于波矢限制在第一布里渊区中，代表点到达边界 A' 后，接着从等价的 A 点开始，因而，每一个电子在波矢空间作循环运动，而该电子速度的变化，表现为实空间位置的振荡运动，即布洛赫振荡，如图3-7-4所示。

室温下

$$\tau \approx 10^{-14} \text{s}$$

布洛赫振荡周期

$$T = \frac{2\pi\hbar}{eEa} \sim 10^{-5} \text{s} \tag{3-7-23}$$

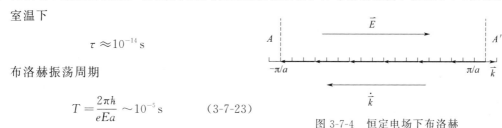

图 3-7-4　恒定电场下布洛赫
电子在 k 空间做循环运动

所以，一个周期内电子要经历的碰撞次数为

$$\frac{T}{\tau} = 10^9 \tag{3-7-24}$$

所以，散射作用极易破坏这种振荡行为。

由于每一个电子在电场的作用下，其波矢均不断变化，将穿越各种能量的等能面，即速度不断改变。因此，对于满带，整体来看，波矢分布和没有外场时一样，自然总的电流为零；而不满的能带，则会出现波矢的不对称分布，从而出现电流。

三、近满带和空穴

1. 非导体的能带特征

对于不具有部分填充能带的非导体，基态时 N 个电子恰好填满最低的一系列能带，再高的各带全部都是空的。而对该类材料中的能带来说，除了所有电子状态都被电子占据的满带以外，还有能带中所有电子状态均未被电子占据的能带，即空带。

对于非导体来说，把能量最低的空带称为导带，把导带中能量最低的能级定义为导带底，把能量最高的满带定义为价带，价带中能量最高的能级称为价带顶。导带底和价带顶之间的能量范围称为能隙，或叫带隙。

对于不具有部分填充能带的非导体，若导带底和价带顶之间的能隙较窄，则在有限的温度下，满带中（价带顶附近）少数电子受激发而跃迁到空带中去，使原来的满带变成近满带。原来是空带的导带中出现了少量可以导电的电子，变成近空带。按照部分填充能带中的电子可以导电的结论，近满带是导电的。

2. 空穴的引入

假设近满带是满带少了一个 $\vec{k}_e$ 电子形成的，则

$$I(\vec{k}) = \sum_{\vec{k}' \neq \vec{k}_e} -e\vec{v}(\vec{k}') \neq 0 \tag{3-7-25}$$

现在，设想在这个能带中放入一个 $\vec{k}_e$ 态电子，则这个电子的进入会使其成为满带，因而总电流变为零。

$$\left[-e\vec{v}(\vec{k}_e)\right] + \sum_{\vec{k}' \neq \vec{k}_e} -e\vec{v}(\vec{k}') = 0 \tag{3-7-26}$$

$$I(\vec{k}) = \sum_{\vec{k}' \neq \vec{k}_e} -e\vec{v}(\vec{k}') = e\vec{v}(\vec{k}_e) \tag{3-7-27}$$

由此可见，近满带的电流如同一个带有 $+e$ 的粒子所荷载的，它具有逸失 k_e 态电子相同的速度 $\vec{v}(\vec{k}_e)$。这个假想的粒子称为空穴。一个缺少了少数电子的近满带的性质应该由剩下的所有电子决定，现在可以用少数空穴去代替它，所以空穴概念的引入可以大大简化对近满带有关问题的处理。

空穴在外场中的行为犹如它带有正电荷 $+e$。所以对于近满带中的空穴，可以看成是带 $+e$ 的粒子。其实真正运动的是电子，且电子的运动满足

$$\dot{\vec{v}}_n(\vec{k}) = \frac{1}{m^*}(-e)\left[\vec{E} + \vec{v}_n(\vec{k}) \times \vec{B}\right] \tag{3-7-28}$$

由于空穴一般位于带顶附近，$m^* < 0$，所以，式（3-7-31）改为

$$\dot{\vec{v}}_n(\vec{k}) = \frac{1}{m^*}(-e)\left[\vec{E} + \vec{v}_n(\vec{k}) \times \vec{B}\right] \tag{3-7-29}$$

令 $$m_h^* = |m^*| \tag{3-7-30}$$

则有

$$\dot{\vec{v}}_n(\vec{k}) = \frac{e}{m_h^*}\left[\vec{E} + \vec{v}_n(\vec{k}) \times \vec{B}\right] \tag{3-7-31}$$

式（3-7-31）可看成质量为 m_h^*、带电为 $+e$ 的粒子的准经典运动方程，即空穴的运动方程。

空穴概念的引入可以大大简化对近满带有关问题的处理。假设价带中只有一个 $\vec{k}_e$ 态未被

电子填充，这时含有 $2N-1$ 个电子的价带的总电流密度为 $\vec{j}(\vec{k})$，设想若在这个空的 $\vec{k}_e$ 态放入一个电子，则该电子将产生电流 $-e\vec{v}(\vec{k}_e)$，而这个电子的进入会使得价带成为满带，因而总电流变为零。所以

$$\vec{j}(\vec{k}) + [-e\vec{v}(\vec{k})] = 0 \Rightarrow \vec{j}(\vec{k}) = e\vec{v}(\vec{k}) \qquad (3\text{-}7\text{-}32)$$

$$\frac{\partial \vec{j}(\vec{k})}{\partial t} = \frac{e}{m_h^*}\left[e\vec{E} + e\vec{v}_n(\vec{k}) \times \vec{B} \right] \qquad (3\text{-}7\text{-}33)$$

所以，$2N-1$ 个电子的集体运动效果与一个空穴的运动效果一样。

3. 空穴的性质

设能带中有一个 $\vec{k}_e$ 态没有电子，即能带中出现一个空穴，空穴的波矢用 $\vec{k}_h$ 表示。则存在以下对应关系：

对应关系① $\qquad\qquad\qquad \vec{k}_h = -\vec{k}_e \qquad\qquad\qquad\qquad (3\text{-}7\text{-}34)$

按照空穴的定义，一个空穴和能带中其他电子的总效果相同，所以空穴的波矢满足

$$\vec{k}_h = \sum_{k'_e \neq k_e} k'_e = \sum_{k'_e} k'_e - \vec{k}_e = -\vec{k}_e \qquad (3\text{-}7\text{-}35)$$

对应关系② $\qquad\qquad\qquad \varepsilon_h(\vec{k}_h) = -\varepsilon_e(\vec{k}_e) \qquad\qquad\qquad (3\text{-}7\text{-}36)$

空穴的能量应该等于满带中逸失一个 $\vec{k}_e$ 态电子后系统能量的变化，因此

$$\varepsilon_h(\vec{k}_h) = \sum_{k'_e \neq k_e} \varepsilon_e(k'_e) - \sum_{k'_e} \varepsilon_e(k'_e) \qquad (3\text{-}7\text{-}37)$$

$$= \sum_{k'_e \neq k_e} \varepsilon_e(k'_e) - \left[\sum_{k'_e \neq k_e} \varepsilon_e(k'_e) + \varepsilon_e(\vec{k}_e) \right] = -\varepsilon_e(\vec{k}_e) \qquad (3\text{-}7\text{-}38)$$

对应关系③ $\qquad\qquad\qquad \vec{v}(\vec{k}_n) = \vec{v}(\vec{k}_e) \qquad\qquad\qquad (3\text{-}7\text{-}39)$

利用空穴的性质式（3-7-34）和式（3-7-36），可得

$$v_h(\vec{k}_h) = \frac{1}{\hbar} \nabla_{\vec{k}_h} \varepsilon(\vec{k}_h) = \frac{1}{\hbar} \nabla_{(-\vec{k}_e)} [-\varepsilon(\vec{k}_e)] \qquad (3\text{-}7\text{-}40)$$

对应关系④ $\qquad\qquad\qquad m_h^* = -m_e^* \qquad\qquad\qquad (3\text{-}7\text{-}41)$

按照有效质量的定义

$$
\begin{aligned}
\frac{1}{(m_h)^*_{\alpha\beta}} &= \frac{1}{\hbar^2} \times \frac{\partial^2 \varepsilon(\vec{k}_h)}{\partial^2 (\vec{k}_h)_\alpha (\vec{k}_h)_\beta} = \frac{1}{\hbar^2} \times \frac{\partial}{\partial (\vec{k}_h)_\alpha} \times \left[\frac{\partial \varepsilon(\vec{k}_h)}{\partial (\vec{k}_h)_\beta} \right] \\
&= \frac{1}{\hbar^2} \times \frac{\partial}{\partial (-\vec{k}_e)_\alpha} \times \left\{ \frac{\partial [-\varepsilon(\vec{k}_e)]}{\partial (-\vec{k}_e)_\beta} \right\} \\
&= -\frac{1}{\hbar^2} \times \frac{\partial}{\partial (\vec{k}_e)_\alpha} \times \left[\frac{\partial \varepsilon(\vec{k}_e)}{\partial (\vec{k}_e)_\beta} \right] = -\frac{1}{(m_e)^*_{\alpha\beta}}
\end{aligned}
$$
$$(3\text{-}7\text{-}42)$$

由于近满带、近空带是电子的热激发形成的，因此，这两个能带的导电能力将随温度的升高按指数

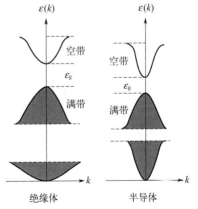

图 3-7-5 绝缘体和半导体的能隙特点

增加。

对于能隙较窄的非导体，电子比较容易从价带热激发到导带，形成近满带、近空带，称这类材料为半导体。如果能隙很大，以致很难将电子从价带热激发到导带，则这类材料几乎完全不导电，称为绝缘体。显然，半导体与绝缘体之间并不存在严格的界限，典型半导体的能隙 $\varepsilon_g < 2\sim3eV$，绝缘体的能隙 $\varepsilon_g > 4\sim5eV$，如图 3-7-5 所示。

名词解释——满带、近满带、空带、禁带、价带、导带

能带被占据的几个概念分别为满带、近满带、空带、禁带、价带、导带。

满带：能带中所有电子状态都被电子占据。

近满带：能带中大部分电子状态被电子占据，只有少数空态。

空带：能带中所有电子状态均未被电子占据。

禁带：不能填充电子的能区。在能带结构中能态密度为零的能量区间，常用来表示价带和导带之间的能态密度为零的能量区间。禁带宽度的大小决定了材料是具有半导体性质还是具有绝缘体性质。半导体的禁带宽度较小，当温度升高时，电子可以被激发传到导带，从而使材料具有导电性。绝缘体的禁带宽度很大，即使在较高的温度下，仍是电的不良导体。

价带：在 0k 时能被电子占满的最高能带，对半导体价带通常是满带。价带电子被束缚在原子周围，而不像导体、半导体里导带的电子一样能够脱离原子晶格自由运动。在某种材料的电子能带结构图像中，价带位于导带的下方，在价带和导带的中间绝缘（绝缘体）或由能隙（或称"禁带"）间隔，而在金属中，价带和导带之间没有能隙。

导带：能带中只有部分电子状态被电子占据，其余为空态。对于金属，所有价电子所处的能带就是导带。对于半导体，所有价电子所处的能带为所谓价带，比价带能量更高的能带是导带。在绝对零度温度下，半导体的价带是满带，受到光电注入或热激发后，价带中的部分电子会越过禁带进入能量较高的空带，空带中存在电子后即成为导电的能带——导带。

根据电子在导带价带和禁带中的数量和位置，把材料分为导体、绝缘体和半导体三部分，如图 3-7-6 所示。

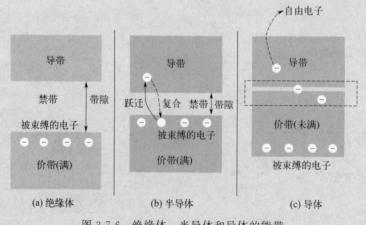

图 3-7-6 绝缘体、半导体和导体的能带

四、导体、半导体和绝缘体的能带论解释

在晶体周期场中运动的 N 个电子，它们的单电子能级用 $\varepsilon_n(\vec{k})$ 表示，可分为一系列能带，N 个电子按能量最低原理来填充。电子的填充情况包括以下两类：

① 电子恰好填满最低的一系列能带，再高的各带全都是空的。最高的满带称为价带，最低的空带称为导带，价带最高能级（价带顶）与导带最低能级（导带底）之间的能量范围称为带隙。与这种情况相对应的就是绝缘体和半导体。带隙宽度大的为绝缘体（如 10eV），带隙宽度小的为半导体（如 1eV）。

② 除去完全被电子填满的一系列能带外，还有只是部分被电子填充的能带，后者即所谓的导带。这时最高占据能级为费米能级，它位于一个或几个能带的能量范围之内。在每一个部分占据的能带中，$\vec{k}$ 空间都有一个占有电子与不占有电子区域的分界面，所有这些表面的集合就是费米面。与这种情况相对应的就是金属导体。

假设晶体由 N 个原胞组成，则每个能带可以容纳 $2N$ 个电子。因此每个原胞有奇数个价电子的晶体一定是导体。对于每个原胞有偶数个价电子的晶体，如果存在能带的交叠，则是导体；如果没有能带交叠，则能隙小的是半导体，能隙大的是绝缘体。

对于碱金属来说，属于体心立方晶格，每个原胞有一个原子，提供一个价电子，ns 电子只占一半能带，为导体。比如 Li：$1s^2 2s^1$；Na：$1s^2 2s^2 2p^6 3s^1$；K：$1s^2 2s^2 2p^6 3s^2 3p^6 4s^1$，每个原胞提供一个价电子，能带为半满，属于导体。

对于碱土金属，每个原胞提供两个价电子，ns 电子填满了 ns 能带，但 ns 能带与上面 np 能带形成能带交叠，故仍为导体。比如 Be：$1s^2 2s^2$；Mg：$1s^2 2s^2 2p^6 3s^2$；Ca：$1s^2 2s^2 2p^6 3s^2 3p^6 4s^2$，每个原胞提供两个价电子，满带但能带有交叠，故仍为导体。

对于 Ge、Si 和金刚石晶体，具有面心立方点阵的复式晶格，价电子的组态为 $\cdots ns^2 np^2$。每个原胞有 8 个价电子，构成满带且能带不交叠。但是禁带宽度不同，Si 和 Ge 禁带宽度分别为 1.17eV 和 0.744eV，因此是半导体；但金刚石的禁带宽度为 5.4eV，所以是绝缘体。

金属和半导体之间存在一种被称为类金属的中间情况，即导带底与价带顶具有相同的能量（零带隙宽度）或导带与价带发生少量交叠（负带隙宽度）。从而导致导带中存在一定数量的电子（其浓度远小于典型的金属，但远大于典型的半导体），其价带中存在一定数量的空穴。

属于类金属的有石墨、砷、锑、铋等，其电子密度比金属小几个数量级，但是远大于半导体，如图 3-7-7 所示。

一般将上述类金属称为半金属。但是如今人们发现了一种新型的磁性材料，其独特之处在于它只有一种自旋方向的电子处于费米面呈现金属性；而与其相反的自旋取向的电子态密度在费米面为零，显示出绝缘或半导体性质，其英文称作

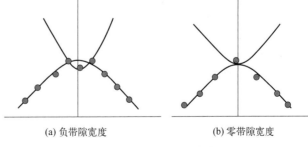

(a) 负带隙宽度   (b) 零带隙宽度

图 3-7-7 类金属的能带特征

half-metal，为此人们把 semi-metal 译作类金属，而把 half-metal 译作半金属。

总之，通过布洛赫电子在恒定电场下的运动方式并结合电子填充能带的情况，成功地把固体材料分成了导体、半导体、绝缘体和类金属等，这是能带论的巨大成就，也是自由电子气体模型所无法解释的。

类比解释——禁带宽度

一个能带宽度，固体中电子的能量是不可以连续取值的，而是一些不连续的能带，要导电就要有自由电子存在，自由电子存在的能带称为导带（能导电）。被束缚的电子要成为自由电子，就必须获得从价带跃迁到导带的足够能量，这个能量的最小值就是禁带宽度。禁带宽度是半导体的一个重要特征参量，其大小主要决定于半导体的能带结构，即与晶体结构和原子的结合性质等有关。

对禁带宽度可以结合下面这个生活例子理解。比如地面上有个水坑，如果水坑窄，人们一下就能跳过去，这就是导体；如水坑比较宽，有人跳得远可以一次跳过去，如果一次跳不过去，可以找个砖在中间垫一下再跳过去，这就是半导体。

名词解释——半金属

半金属又称准金属，是介于金属与非金属的单质，如硼、硅、锗、砷、锑、硒、碲等。组成这些单质的元素在元素周期表中 P 区左上到右下的对角线附近。半金属一般为半导体。它们的导电性与金属不同，一般随温度的升高而增强。半金属在电气、冶金等方面有广泛的应用。

习题

（1）什么是布洛赫振荡？为什么实空间中电子的振荡运动很难看到？

（2）什么是空穴？如何理解导带、价带、满带、空带等概念？

（3）依据能带的填充特点，固体材料可以分为几类？试用能带论阐述导体、绝缘体、半导体以及类金属中电子在能带中填充的特点。

（4）为什么说晶体原胞中电子数目若为奇数，相应的晶体具有金属导电性？

（5）半导体材料的价带基本上填满了电子（近满带），价带中电子能量表示式 $E(k) = -1.016 \times 10^{-34} k^2$（J），其中能量顶点取在价带顶，这时若 $k = 1 \times 10^6 \, \mathrm{cm}^{-1}$ 处电子被激发到更高的能带（导带），而在该处产生一个空穴，试求出此空穴的有效质量、波矢、准动量、共有化运动速度和能量。

（6）由 N 个原子组成的半导体材料硅晶体中一个能带最多可以填充多少个电子？

（7）在恒定磁场中，电子在实空间的轨道和在 $\vec{k}$ 空间的轨道的关系如何？

（8）费米面的物理意义，怎样从实验上研究费米面？

第八节　金属的费米面和能带论的局限性

费米面是与金属中传导电子的动力学性质相关的一个数学结构。在 $\vec{k}$ 空间中，能量 $\varepsilon(\vec{k})$ 为常数的点构成等能面，能量等于费米能级 ε_F 的等能面称为费米面。在绝对温度为 0K（简称绝对零度）时，电子将填满费米能级以下所有能量状态。此时费米面是电子的占据态与未占据态的分界面。

对于绝缘体和半导体，由于没有部分填充的能带，因此费米面的概念失去意义，而代之以导带底附近或价带顶附近的等能面来描述绝缘体和半导体的性质。因此，金属也被称为具有费米面的固体，这可能是目前描述金属的最好形式。金属的大部分电学性质，特别是电输运性质，是由费米面附近的电子态确定的，只有费米面附近的电子才有可能跃迁到附近的空态上去，电流就是因为费米面附近的能态占据状况发生变化引起的。

一、费米面的构造

1. 哈里森构图法

第一章讨论过费米面，当时是基于自由电子模型讨论的，在绝对零度时，电子在 $\vec{k}$ 空间形成一个球，即费米球，费米面为球面，其半径为费米波矢值 k_F。

$$k_F^3 = 3\pi^2 n \tag{3-8-1}$$

在考虑晶格周期势场的影响后，再次讨论费米面。在晶格周期势场存在时，费米面的意义不变，但是费米面的形状不一定是球面，其形状可能变得很复杂。考虑到对于许多金属，近自由电子近似是一个很好的近似，所以，人们提出了一种从自由电子费米面过渡到近自由电子费米面的方法，称为哈里森构图法。该构图法可以避开复杂的理论计算，对简单金属很有效。

哈里森构图法中需要注意以下事项：

① 周期势场使得电子在布里渊区边界处产生能隙，形成能带结构，且是倒格矢的周期函数。

② 周期势场几乎总使等能面垂直于布里渊区边界，并使得等能面上的尖角变圆滑（钝化）。

③ 费米面所包围的总体积仅仅依赖于电子密度，而不依赖于周期势的细节。

2. 哈里森构图法的步骤

哈里森构图法的基本步骤如下：

① 画出布里渊区的广延区图形。

② 画出自由电子费米面（费米面的广延区图）。

③ 将落在各个布里渊区的费米球片段平移适当的倒格矢进入简约布里渊区中等

价部位。

④ 对自由电子费米面加以修正，即费米面同布里渊区边界垂直相交，尖角处要钝化。

接下来以二维正方晶格为例，从自由电子模型的费米面过渡到准自由电子模型的费米面，从而说明在绝对零度时，在弱周期场的作用下费米面的构造方法。

3. 二维正方晶格的费米面（采用哈里森构图法）

用哈里森构图法画出二维正方晶格的费米面的步骤如下。

① 首先画出二维正方晶格的布里渊区，如图 3-8-1 所示。

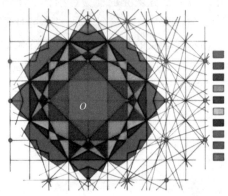

图 3-8-1　二维正方晶格的布里渊区

② 再以第一布里渊区中心为原点，以费米波矢为半径画圆，即得到自由电子的费米圆。

设面积为 S 的二维正方晶格结构的金属含有 N 个电子，每个原胞包含一个 η 价的金属原子，N 个电子在基态时全部分布在费米圆内，若二维正方晶格的晶格常量为 a，则有

$$N = \pi k_F^2 \times 2 \times \frac{S}{4\pi^2} \tag{3-8-2}$$

所以费米半径为

$$k_F = \left(2\pi \frac{N}{S}\right)^{\frac{1}{2}} = (2\pi n)^{\frac{1}{2}} = \left(2\pi \frac{\eta}{a^2}\right)^{\frac{1}{2}} \tag{3-8-3}$$

可见，费米半径与金属的价数 η 有关。当 $\eta = 1、3、5$ 时，相应的费米半径分别为

$$\begin{cases} (k_F)_{\eta=1} = \dfrac{\sqrt{2\pi}}{a} < \dfrac{|\vec{b}_1|}{2} = \dfrac{\pi}{a} \\[2mm] (k_F)_{\eta=3} = \dfrac{\sqrt{6\pi}}{a}, \dfrac{|\vec{b}_1|}{2} < k_F < \dfrac{|\vec{b}_1 + \vec{b}_2|}{2} \\[2mm] (k_F)_{\eta=5} = \dfrac{\sqrt{10\pi}}{a}, \dfrac{|\vec{b}_1 + \vec{b}_2|}{2} < k_F < |\vec{b}_1| \end{cases} \tag{3-8-4}$$

以第一布里渊区中心为原点，以费米波矢为半径画自由电子的费米圆（如图 3-8-2 和图 3-8-3 所示）。

③ 将落在各个布里渊区的费米球片段平移适当的倒格矢进入简约布里渊区中等价部位（费米面的简约区图）。

④ 按照要求修正自由电子的费米圆，即费米面同布里渊区边界垂直相交，尖角处要钝化，就可以得到近自由电子的费米面。

对自由电子费米面加以修正，使费米面同布里渊区边界垂直相交，尖角处要钝化，即得到近自由电子的费米面，如图 3-8-4 和图 3-8-5 所示。

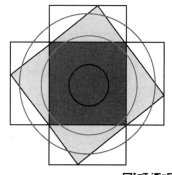

图 3-8-2　二维正方晶格费米圆的扩展区

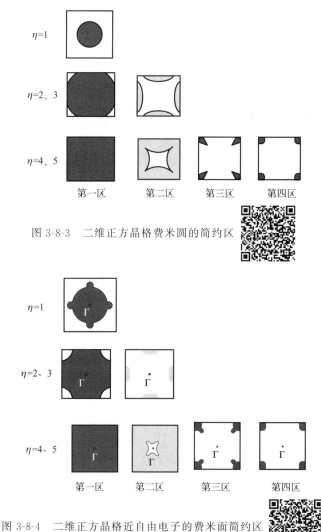

图 3-8-3　二维正方晶格费米圆的简约区

图 3-8-4　二维正方晶格近自由电子的费米面简约区

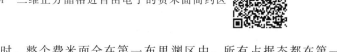

由图可见，当 $\eta=1$ 时，整个费米面全在第一布里渊区中，所有占据态都在第一个能带；当 $\eta=2$ 或 3 时，第一个能带和第二个能带中都有电子占据态和非占据态存在。且从图 3-8-5

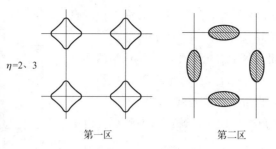

$\eta=2、3$

第一区   第二区

图 3-8-5 二维正方晶格近自由电子的费米面周期区

费米面周期区图示中可知，费米面所围区域内没有电子分布的称为空穴型，费米面所围区域内被电子占据的称为电子型。当 $\eta \geqslant 4$ 时，第一个能带是满带，其余带没填满，第二区出现空穴型费米面，第三区、第四区出现电子型费米面。

类比解释——费米面

电子是费米子，根据泡利不相容原理，不能有两个或者两个以上电子具有完全相同的状态。换句话说，一个能级上最多能够容纳两个自旋相反的电子，也就是一个能级有两个电子态。现在有 n 个电子，根据泡利不相容原理，它们显然不能全部堆在一个能级上。为了保持系统具有最低的能量，只能从低到高依次去占据各个能级。在绝对零度下，n 个电子排完能够排到的最高能级就是费米能级。

这就好比一间阶梯教室，每一排只有两个座位。进来一堆人，你不能坐别人身上，所以只能从第一排开始依次占座，等所有人都按照次序坐好以后，坐在最高一阶那排的人占据的就是费米能级。那么，显然在温度为 0K 时，费米能级以下全坐满，费米能级以上的位置全部是空的。由此人们就可以发现，费米能级将教室分成两个部分，即座位被占据的部分和座位未被占据的部分。在半导体物理中人们将座位被占据部分的教室称为 $\vec{k}$ 空间。温度为 0K时的系统称为基态。基态时费米能级构成的等能面称为费米面。费米面将空间分成两个部分，被电子占据的区域和未被电子占据的区域。当温度高于 0K 时，系统会从基态变成激发态，电子受到热激发以后，就有可能跳出费米能级，跑到能级更高的地方去占据座位。但要注意的是，费米能级并非真正物理上的一个等级，比如对于非简并半导体来说，费米能级的位置往往位于禁带中。而禁带之所以被称为禁带，就是因为其中没有允许电子存在的能级。

二、实际金属的费米面

1. 一价碱金属的费米面

一价碱金属（Li、Na、K、Rb、Cs）是体心立方结构，价电子只有一个 s 电子，形成固体时，s 态展宽成能带，半满占据。在所有金属中，碱金属是唯一的费米面完全在一个布里渊区内，且近似为球形的金属，费米球没有和布里渊区界面相交。假设晶格常数为 a，其费

米半径为

$$k_{\mathrm{F}} = (3\pi^2 n)^{\frac{1}{3}} = \left(3\pi^2 \frac{2}{a^3}\right)^{\frac{1}{3}} \approx 0.620\left(\frac{2\pi}{a}\right) \tag{3-8-5}$$

体心立方的倒格子是边长为 $4\pi/a$ 的面心立方，其第一布里渊区为菱形十二面体，它的内切球半径是原点到第一布里渊区边界的最近距离，即面心立方倒格子面对角线的 1/4，所以

$$k_m = \frac{1}{4}\left[\sqrt{2}\left(\frac{4\pi}{a}\right)\right] \approx 0.707\left(\frac{2\pi}{a}\right) \tag{3-8-6}$$

因此，费米面完全在第一布里渊区内，在周期势的作用下，费米面都是稍稍变形的球；图 3-8-6 所示为碱金属 Li 和 Cs 的近自由电子的费米面，可见已经变形了。

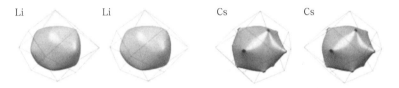

图 3-8-6　金属 Li 和 Cs 的近自由电子的费米面

2. 二价碱土金属的费米面

对于立方晶系的二价碱土金属〔Ca(FCC)、Sr(FCC)、Ba(BCC)〕，每个原胞有两个 s 价电子。由于费米球和第一布里渊区等体积，因而和布里渊区界面相交，导致电子并没有全部在第一布里渊区，而是有一部分填到了第二区，因此费米面在第一区形成空穴球面，第二区形成电子球面。对于六角密堆积结构的二价金属 Be、Mg，由于在第一布里渊区六角面上几何结构因子为零，弱周期势场在此不产生带隙，仅当考虑二级效应，如自旋轨道耦合时才能解除简并。这些金属的费米面可看作由自由电子球被布里渊区边界切割，并将高布里渊区部分移到第一布里渊区得到。因此，费米面的形状很复杂，如图 3-8-7 所示，会出现空穴型宝冠状、电子型雪茄状等。

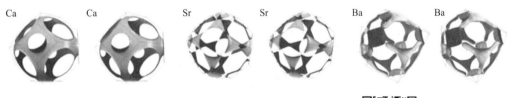

图 3-8-7　金属 Ca、Sr、Ba 的近自由电子的费米面

3. 三价金属铝的费米面

三价金属铝，具有面心立方结构，每个原胞含有 3 个价电子，自由电子的费米球将延伸

至第一布里渊区以外。由于周期势的作用，使得第二、第三布里渊区的费米面变得支离破碎，如图 3-8-8、图 3-8-9 所示。

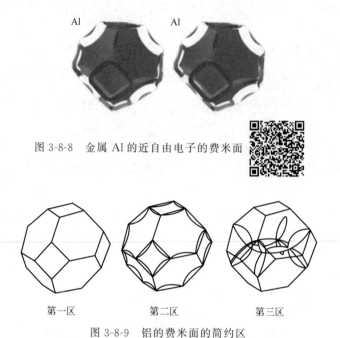

图 3-8-8　金属 Al 的近自由电子的费米面

第一区　　　　　第二区　　　　　第三区

图 3-8-9　铝的费米面的简约区

4. 一价贵金属的费米面

一价贵金属包括 Cu、Ag、Au 等，均为面心立方结构，它们的 s 轨道附近还有 d 轨道，形成固体时，s 轨道交叠积分大，演变成宽的 s 带，d 轨道因交叠积分小，变成一窄的 d 带。11 个电子将 d 带填满，s 带填了一半。费米面在 s 带中，但 d 带离费米面很近，导致球形费米面发生畸变，因而出现复杂的输运行为，但是仍属于单带金属。比如对于金属铜，假设晶格常数为 a，其费米半径为

$$k_F = (3\pi^2 n)^{\frac{1}{3}} = 3\pi^2 \frac{4}{a^3} \approx 0.782\left(\frac{2\pi}{a}\right)$$　　　　　（3-8-7）

面心立方的倒格子是边长为 $4\pi/a$ 的体心立方，其第一布里渊区为截角八面体，它的内切球半径是体心立方倒格子体对角线的 $1/4$，所以

$$k_m = \frac{1}{4}\left[\sqrt{3}\left(\frac{4\pi}{a}\right)\right] \approx 0.866\left(\frac{2\pi}{a}\right)$$　　　　　（3-8-8）

电子能级填充满了以后的最后那个面叫费米表面，在动量空间是个几何表面。如果是自由电子，它就是个球。但是在金属如 Au 和 Ag 里，它有着各种各样的形状，如图 3-8-10 所示。

贵金属，如铜具有 FCC 结构，每个初基元胞有一个 4s 电子。费米面初看起来是一个球，但是实验证明，在点阵周期势强烈作用下，铜的费米面畸变得很厉害。球体沿 [111] 方向被拉成一个圆柱的凸起，构成一个连通的费米面，它在很大的面积上与第一布里渊区的六边形面接触。在周期区图示中，它构成一个复连通的费米面。

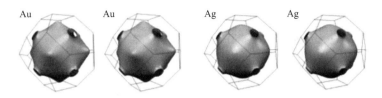

图 3-8-10　金属 Au 和 Ag 的近自由电子的费米面

如图 3-8-11 所示，对于金属铜而言，它的费米面就多了好几个"窟窿"，而对于金属钙，这些"窟窿"长得更大，使得这个所谓的"球面"只剩下了一些小片相连。过渡族金属元素有未满的 d 壳层，因而过渡族金属的费米面在 d 带中，由于 d 带由 5 个相互交叠的窄带构成，因此态密度有强的起落变化。

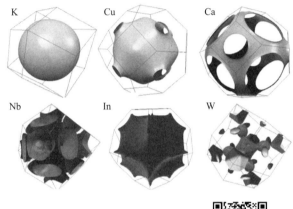

图 3-8-11　几种元素晶体的费米面

拓展阅读——近自由电子的费米面

费米面是与金属中传导电子动力学性质有关的一个数学结构，它被定义为在 $\vec{k}$ 空间能量为常数 E_F 的曲面。在绝对零度下，费米面就是电子占据态与非占据态的分界面。这与第一章自由电子索末菲模型中提到的费米面一致。

布洛赫电子的动力学性质强烈地依赖于等能面的形状，弱场下，只有费米面附近能态占据状况发生变化，因此费米面的概念给金属的主要物理性质提供了精确的解释；这一点，是自由电子费米气体模型无法实现的。

对于绝缘体和非简并半导体，费米面正好处于能隙中，严格地讲，能隙里没有电子的允许态，因此费米面的概念就失去了意义。处理绝缘体和半导体，通常不用费米面，而用导带底或者价带顶附近的等能面。因此，金属也可以被定义为"具有费米面的固体"。

受到点阵周期势的影响，实际金属费米面的形状可能很复杂。赝势方法证明近自由电子近似是一个很好的近似，电子的行为十分接近自由电子。

是否可以从自由电子的费米面过渡到近自由电子的费米面？哈里森提出的构图法使得人们可以不通过理论计算，十分有效地构造许多简单金属费米面的素描。注意下列事实：

① 电子与点阵的相互作用在布里渊区边界产生能隙，形成能带结果，能谱 $\varepsilon_n(\vec{k})$ 是倒点阵的周期函数。

② 点阵周期势几乎总使等能面垂直于布里渊区边界，使得等能面上的尖锐角圆滑化。

③ 费米面所包围的总体积仅仅依赖于电子的浓度，而不依赖于周期势的细节。

④ 真实金属电子，由于周期势作用，在布里渊区存在能隙，使得费米面畸变，费米面垂直于布里渊区界面，使得尖角圆滑化，很容易由自由电子的费米面得到近自由电子的费米面。

三、能带论的局限性

能带论是研究固体电子运动的一个主要理论，它被广泛地用于研究导体、绝缘体及半导体的物理性能，为这些不同的领域提供一个统一的分析方法。许多实验已证实晶体电子能带的存在，软 X 射线发射谱就是其中之一。虽然能带论是为实验所验证的成功的理论，但毕竟还是一种近似理论。能带论的基础是单电子理论，是将本来相互关联运动的粒子看成在一定的平均势场中彼此独立运动的粒子。所以，能带论不是一个精确的理论，在应用中必然存在局限性。

建立在严格周期势场中单电子近似下的能带理论，获得了巨大成功。用有无部分填充能带来区分金属和非金属，基本上是正确的。同时，能带论预言能隙的宽度与原子间距有关，如果施加压力减小原子间距，将导致能带展宽，形成部分填充能带。从而，原来的满带非金属会变成金属。所以，按照能带论，任何非导体材料在足够大的压强下可以实现价带和导带的重叠，从而呈现金属导电性。比如低温下的惰性气体在足够高的压强下可以发生金属化的转变。54 号元素氙 Xe 在高压下 5p 能带和 6s 能带发生交叠，呈现金属化转变。氙的电子分布为

$$1s^2 2s^2 2p^6 3s^2 3p^6 3d^{10} 4p^6 4d^{10} 5s^2 5p^6 6s^0 \qquad (3\text{-}8\text{-}9)$$

这种与能带是否交叠相对应的金属—绝缘体的转变称为威尔逊转变，把从非金属态变成金属态所需的压强称为金属化压强。

但是，能带论也有局限性，比如对于一些过渡金属氧化物中的 MnO 晶体，每个原胞有 5 个 3d 电子，并未填满 3d 能带，而氧的 2p 能带是满带。按照能带论，它应该是金属，实际上却是绝缘体。而同样是过渡金属氧化物的 TiO、VO、ReO₃ 反而是很好的导体。

造成上述不足的原因主要是能带论忽略了电子之间的关联效应，而对于过渡金属中的窄能带，电子之间存在很强的关联。要考虑这种关联就要用到 Hubbard 模型，该模型能量本征值的求解已经不属于固体物理基础的内容。

此外，能带论忽略了电子和离子实之间的相互作用，而晶格振动导致的离子实会对电子

产生散射。所以要考虑晶体的输运行为，必须引入离子实，亦即考虑晶格振动的影响。

拓展阅读——Hubbard 模型

习题

(1) 费米面的物理意义是什么？怎样从实验中研究费米面？

(2) 近自由电子近似下金属费米面的哈里森构图法的内容有哪些？

(3) 固体能带论的物理意义及其局限性是什么？

(4) 解释布里渊区对能带的物理意义。

(5) 画出能带的简约区、扩展区和周期（重复）区图。

(6) 计算简单立方点阵的单价金属第一布里渊区中被电子填充的状态所占比例。

(7) 设一维晶格中电子能带可以写成 $E(k) = (\hbar^2/ma^2)\left[\dfrac{7}{8} - \dfrac{1}{4}\cos(ka) + \dfrac{1}{8}\cos(2ka)\right]$，

其中 a 为晶格常数，m 是电子的质量，求：

① 能带的宽度；

② 电子的平均速度；

③ 能带底部和顶部的电子有效质量；

④ 如果电子能带变成 $E(k) = (\hbar^2/ma^2)\left[\dfrac{7}{8} - \cos(ka) + \dfrac{1}{8}\cos(2ka)\right]$，结果又如何？

(8) 对于二维正方点阵，画出近自由电子的能量等值线。对于每个初基晶胞内含有两个价电子的二价金属，画出费米面。选择使电子费密面闭合的区域图，指出费密面属于电子型还是空穴型。

(9) 对于二维简单正方点阵，证明第一布里渊区角隅上的点 $(\pi/a, \pi/a)$ 的自由电子动能是区边中心点 $(\pi/a, 0)$ 的二倍，对简单立方点阵相应的倍数又是多少？并由此解释对二价金属的电导率的影响。

第四章

晶格振动及晶体热学性质

本章重点、难点

（1）一维原子链晶格振动的经典理论。

（2）简约布里渊区，波矢 q 空间。

（3）能量量子化、声子。

（4）离子晶体的长波近似。

（5）热容理论模型。

 导读

一、晶格振动及其研究意义

第三章主要讨论了 $T=0K$ 时理想晶体中价电子的行为，而离子实则假定其固定在平衡位置，此静止晶格模型对于解释主要由导电电子决定的平衡态性质和输运性质方面相当成功。但是，按照此理想模型，在严格的周期势中运动的电子不会受到散射作用，因此导致热导和电导趋于无穷大，这与实际情况不相符；而且，对于绝缘体的许多物理性质也无法解释。

实际上，在有限的温度下，组成晶体的原子（离子实）并非固定在格点位置不动，而是以格点为平衡位置做微小的振动，称为晶格振动。晶格振动将使晶体势场偏离严格的周期性，对布洛赫电子产生散射作用，进而影响到与电子有关的输运性质。显然，晶格振动的强弱依赖于温度，晶体的比热、热膨胀和热传导等热学性质直接依赖于晶格振动。此外，晶体的光吸收和光发射等光学性质，电子和电子之间产生不同于库仑力的相互作用，形成库珀对，产生超导电性等，均与晶格振动有关。针对晶格振动的研究，对于解决晶体宏观的热学性质、电学性质、光学性质、超导电性、磁性、结构相变等一系列物理问题，都有重要的作用。

拓展阅读——晶格振动发展简史

二、热容理论的发展

从晶体中原子的振动出发讨论晶体的宏观物性，常称为晶格动力学。晶格动力学的研究是从讨论晶体热学性质开始的，而热运动在宏观性质上最直接的表现便是比热容。早在 19 世纪，根据经典统计理论的能量均分定理，把比热容与原子振动联系起来，解释了杜隆—珀蒂经验定律。但由于经典理论不涉及原子的振动频率，任何晶体的比热容只决定于系统的自由度，而与温度无关，因此无法解释在低温下比热容随温度降低而减小的实验事实。

> ### 拓展阅读——杜隆-珀蒂定律
>
> 1819 年，法国科学家 P.-L. 杜隆和 A. T. 珀蒂在测定了许多单质的比热容之后，发现大多数固态单质的原子热容几乎都相等，这被称为杜隆-珀蒂定律。在室温下，此定律对大多数金属和一些非金属是正确的，对有些物质如硼、铍、金刚石等则在高温下才比较正确。到 19 世纪中叶，人们逐渐认识到这是由于 1mol 的单质原子中所含原子数目相等，物体温度升高所需热量决定于原子的多少而与原子的种类无关。后来又用统计力学能量均分原理对此做了确切的理论推导。杜隆-珀蒂定律首次揭示了宏观物理量比热容与微观粒子数之间的直接联系，杜隆-珀蒂定律还修正了部分原子质量，为统一原子量提供了独特的信息，正确的原子量是发现周期律的依据。所以杜隆-珀蒂定律在物理学以及化学的发展过程中起到了重要的历史性作用。

> ### 拓展阅读——晶格动力学发展简史
>
>

1907 年，爱因斯坦将晶体中的原子看成一些具有相同频率 ω_E 并能在空间自由振动的独立振子，每个振子的能量以 $\hbar\omega_E$ 为单位量子化，当温度趋于绝对零度时，得到了比热容趋于零的结论。爱因斯坦开创了固体比热容量子理论的先河，使得物质的比热容在低温区间的变化趋势与实验结果相接近。但是，由于该模型过于简单，超过一定的温度范围后，对任何材料都不能给出正确结果。

1912 年，德拜发表了一篇"关于比热容理论"的论文，改进了爱因斯坦热容模型，他把晶格振动的"简正模"看作似乎是一个连续的、各向同性的介质中的波，而不是集中在一些分立格点上振动的波。虽然德拜模型仍然较为简单，但实际上却简洁有效。在常温下，理论结果服从杜隆-珀蒂定律；在温度 T 趋于 0 时，和 T^3 成正比，与实验结果相吻合，成功解释了物质热容的很多现象。

1913 年，玻恩和卡门在他们发表的题为《关于比热容理论》的论文中，考虑到周期性晶格模型，提出晶格系统的运动不应用个别原子的振动去描述，而应用具有一定波矢、频率和偏振的行波来表示，称为系统的"简正模"，每个波的能量与具有相同频率的谐振子一样是量子化的。与晶体相联系的波的频率不是单一频率，而是具有一定的频率分布，这个频率分布按复杂的规律依赖于原子间的相互作用。

除了热学性质以外，晶格动力学对于晶体的光学性质、电学性质等都有很大的影响。所以，固体的输运性质只靠能带论是不能解释的，必须结合晶格振动才能给出合理的描述。

离子实之间的关联作用，使晶格的薛定谔方程变成多体问题。对于这样的多体问题，本章将利用离子实对平衡位置偏离很小这一事实，对这种偏离作级数展开。级数展开后，只保留到第一个非零项（2次项），即简谐近似，相应的晶体称为简谐晶体。

三、本章的内容构成

本章首先利用晶格振动的经典处理方法，建立离子实的运动方程，得到晶格振动"简正模"的能量和频率，并讨论其能量或频率随波矢的变化，即色散关系。然后对晶格振动进行量子力学处理，引进简正坐标将多体问题化为单体问题，建立离子实（声子）的概念。最后，讨论晶格振动谱的实验测定、晶体的热容模型以及非简谐项带来的物理效应。

习题

（1）晶格振动及其特点。
（2）热容理论的发展过程以及各模型的优缺点。

第一节　晶格振动的经典处理

一、简谐近似

在静止晶格模型下，格点位矢代表平衡位置，为了与考虑晶格振动后的格点位矢区分，可将第三章中体系哈密顿量中的格点位矢用 $\vec{R}_n^0$ 表示，而离子实的瞬时坐标用 $\vec{R}_n$ 表示。按照绝热近似理论，系统总的波函数可以写成电子部分和离子实部分的乘积，即

$$\psi = \varphi(\vec{r}, \vec{R}_n^0)\chi(\vec{R}_n) \tag{4-1-1}$$

式中，$\varphi(\vec{r}, \vec{R}_n^0)$ 为描述电子的波函数，此时离子实仍位于平衡位置；$\chi(\vec{R}_n)$ 为离子实的波函数，因而，系统的薛定谔方程为

$$\hat{H}\varphi(\vec{r}, \vec{R}_n^0)\chi(\vec{R}_n) = \varepsilon\varphi(\vec{r}, \vec{R}_n^0)\chi(\vec{R}_n) \tag{4-1-2}$$

将薛定谔方程两边左乘 $\varphi^*(\vec{r}, \vec{R}_n^0)$，并对电子坐标积分，得

$$\int \varphi^* [\hat{H}_e + V_{en}(\vec{r}, \vec{R}_n^0) + \hat{H}_n + V_{en}(\vec{r}, \vec{R}_n) - V_{en}(\vec{r}, \vec{R}_n^0)]\varphi\chi(\vec{R}_n)\,\mathrm{d}\vec{r} = \int \varepsilon\varphi^*\varphi\chi(\vec{R}_n)\,\mathrm{d}\vec{r} \tag{4-1-3}$$

整理得

$$\left\{\varepsilon^e + \hat{H}_n + \int \varphi^* \left[V_{en}(\vec{r}, \vec{R}_n) - V_{en}(\vec{r}, \vec{R}_n^0)\right]\varphi \mathrm{d}\vec{r}\right\}\chi(\vec{R}_n) = \varepsilon\chi(\vec{R}_n) \tag{4-1-4}$$

式中，ε^e 是电子系统哈密顿量的本征值。将体系的总能量写成电子部分 ε^e 和离子实部分 ε^n 之和，则晶格的薛定谔方程为

$$\left[\hat{T}_n + V(\vec{R}_n)\right]\chi(\vec{R}_n) = \varepsilon^n\chi(\vec{R}_n) \tag{4-1-5}$$

其中，离子实之间的相互作用势为

$$V(\vec{R}_n) = V_{nm}(\vec{R}_n, \vec{R}_m) + \int \varphi^*(\vec{r}, \vec{R}_n^0)\left[V_{en}(\vec{r}, \vec{R}_n) - V_{en}(\vec{r}, \vec{R}_n^0)\right]\varphi(\vec{r}, \vec{R}_n^0)\mathrm{d}\vec{r} \tag{4-1-6}$$

由式（4-1-6）可知，由于离子实之间的关联作用，方程变成多体问题，难以求解。但是，晶格振动是原子自平衡位置发生的微小偏移，是一个典型的小振动问题，处理时一般取简谐近似方法处理，而相应的晶体称为简谐晶体。

假设晶体中包含 N 个原子，第 n 个原子的平衡位置为 $\vec{R}_n$，偏离平衡位置的位移矢量为 $\vec{u}^n(t)$，则原子的位置 $\vec{R}_n(t) = \vec{R}_n + \vec{u}^n(t)$，而 $\vec{u}^n(t)$ 可以用三个不同方向的位移分量表示，则 N 个原子的位移矢量共有 $3N$ 个分量，写成 $u_i(i = 1, 2, \cdots, 3N)$，$N$ 个原子体系的势能函数 V 可以在平衡位置附近展成泰勒级数，即

$$V = V_0 + \sum_{i=1}^{3N}\left(\frac{\partial V}{\partial u_i}\right)_0 u_i + \frac{1}{2}\sum_{i,j=1}^{3N}\left(\frac{\partial^2 V}{\partial u_i \partial u_j}\right)_0 u_i u_j + \text{高阶项} \tag{4-1-7}$$

其中，在平衡位置处，$\displaystyle\sum_{i=1}^{3N}\left(\frac{\partial V}{\partial u_i}\right)_0 u_i = 0$。

设 $V_0 = 0$，略去二阶以上的高阶项，则

$$V = \frac{1}{2}\sum_{i,j=1}^{3N}\left(\frac{\partial^2 V}{\partial u_i \partial u_j}\right)_0 u_i u_j \tag{4-1-8}$$

势能函数仅保留至 u_i 的二次项。这是展开式中第一个不为零的项，如果在总势能中只保留到这一项，便称为简谐近似。也就是说，为了使问题既简化又能抓住主要矛盾，在分析讨论晶格振动时，将原子间互作用能的泰勒级数中的非线性项忽略掉的近似称为简谐近似。

在简谐近似下，由 N 个原子构成的晶体的晶格振动，可等效成 $3N$ 个独立的谐振子的振动。每个谐振子的振动模式称为简正振动模式，它对应着所有的原子都以该模式的频率做振动，它是晶格振动模式中最简单最基本的振动方式。

简谐近似是晶格动力学处理很多物理问题的出发点，但对于热膨胀和热传导等现象的处理，则必须考虑高阶项的作用，主要是位移的 3 次项和 4 次项，称为非简谐近似。

由于晶体内原子数量较多，且原子间还存在相互作用，引入简谐近似后仍然很难得出解析解，因此通常先以一维原子链模型引入，然后再推广到三维晶格振动模型。

拓展阅读——谐振子

所谓谐振，在运动学上称为简谐振动。该振动是物体在一个位置附近往复偏离该振动中心位置（叫平衡位置）进行运动，在这个振动形式下，物体受力的大小总是和它偏离平衡位置的距离成正比，并且受力方向总是指向平衡位置。振动是粒子运动的另一种形式，谐振子

的振动也是最简单的理想振动模型。做简谐振动的质点即谐振子。即把振动物体看作不考虑体积的微粒（或者质点，点电荷）的时候，这个振动物体就叫谐振子。

　　根据晶格振动理论研究固体性质时，为了使问题得到简化，常用谐振子模型来处理原子之间的相互作用。一方面，在量子力学中，谐振子问题是可以得到严格解析解的；另一方面，对于固体而言，其中的原子都在做微振动，把原子之间的相对运动简化为谐振子是可行的。一般而言，这种简化是有效的；但在研究较高温度下的固体性质时，晶格振动的非谐效应不能忽略。

二、一维单原子链晶格振动

1. 模型与运动方程

　　如图 4-1-1 所示，设一维单原子链中，原子间距（晶格常量）为 a，布拉维格子的格矢 $R_n = na$，N 为原子总数，原子质量为 M。

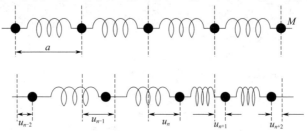

第n-2个原子　　第n-1个原子　　第n个原子　　第n+1个原子　　第n+2个原子

图 4-1-1　一维单原子链的平衡位置和瞬时位置

　　假设原子只在沿原子链方向振动，由牛顿第二定律，链上任一原子的运动方程为

$$M\ddot{u}_n = -\frac{\partial V}{\partial u_n} \tag{4-1-9}$$

　　u_n 是以 na 为中心振动的原子在沿链方向对其平衡位置的偏离，对于由 N 个原子组成的一维单原子链，应有 N 个这样的方程。在简谐近似下，并且只考虑最近邻原子间的相互作用，则有

$$V = \frac{1}{2}\beta\left[(u_n - u_{n-1})^2 + (u_{n+1} - u_n)^2\right] \tag{4-1-10}$$

　　其中

$$\beta = \phi_{xx}(a) = -\frac{\mathrm{d}^2\varphi(x)}{\mathrm{d}x^2} \tag{4-1-11}$$

　　所以

$$-\frac{\partial V}{\partial u_n} = \beta(u_{n+1} + u_{n-1} - 2u_n) \tag{4-1-12}$$

则运动方程变为

$$m\ddot{u}_n = \beta(u_{n+1} + u_{n-1} - 2u_n) \qquad (4\text{-}1\text{-}13)$$

将此运动方程与弹簧振子所受的弹性恢复力 $F = -kx$ 比较，可知两式的形式相同，式 (4-1-13) 左边 u_n 上部的两点代表二阶倒数；右边相当于原子振动所受的恢复力，β 即为弹性恢复力系数，又称为微观弹性模量。进而，原子间的相互作用可以用弹簧表示，如图 4-1-1 所示。

此组方程的解应有波的形式，为了与电子波函数区别，将晶格振动的波矢取为 q，容易验证格波解应具有如下形式

$$u_n(t) = A\,\mathrm{e}^{i(qna - \omega t)} \qquad (4\text{-}1\text{-}14)$$

式中，ω、A 为常数。

类比解释——格波

由于固体中原子间有相互作用，当一个原子偏离平衡位置发生振动时，会挤压或是牵拉紧邻的原子，引起周围原子偏离平衡位置振动，就像风吹麦浪，田地里麦子被风吹得高低起伏像波浪一样。因此，在固体物理中，常将晶格振动的解用平面波的解的形式来描述，但是由于原子只在格点位置（平衡位置）振动，而在格点与格点之间没有晶格振动，因此又称为格波。

将格波解式 (4-1-14) 代入运动方程式 (4-1-13)，得

$$-M\omega^2 A\,\mathrm{e}^{i(naq - \omega t)} = \beta\{A\,\mathrm{e}^{i[(n+1)aq - \omega t]} + A\,\mathrm{e}^{i[(n-1)aq - \omega t]} - 2A\,\mathrm{e}^{i(naq - \omega t)}\} \qquad (4\text{-}1\text{-}15)$$

整理得

$$M\omega^2 = \beta(2 - \mathrm{e}^{-iaq} - \mathrm{e}^{iaq}) \qquad (4\text{-}1\text{-}16)$$

利用欧拉公式化简式 (4-1-16)，得

$$M\omega^2 = \beta\left\{2 - [\cos(aq) - i\sin(aq)] - [\cos(aq) - i\sin(aq)]\right\} = 4\beta\sin^2\frac{aq}{2} \qquad (4\text{-}1\text{-}17)$$

解得

$$\omega = 2\sqrt{\frac{\beta}{m}}\ \left|\sin\frac{aq}{2}\right| \qquad (4\text{-}1\text{-}18)$$

可以发现，式 (4-1-18) 与 n 无关，表明 N 个联立方程可归结为同一个方程，只要 ω 和 q 之间满足此解中的关系，则给定的试探解就表示联立方程的解。通常将 ω 与 q 的关系称为色散关系，将 $\omega(q)$ 作为 q 的函数称为晶格振动谱，可以通过实验的方法测得或根据原子间相互作用力的模型从理论上进行计算获得。

类比解释——色散关系

色散关系在晶格振动研究中非常重要，其命名可以借助光的色散理解。对于平面波，不同频率的光在介质中传播的速度不同，因此会发生色散现象，而频率对应着 ω，波速对应于 q，因此把 ω 与 q 的关系称为色散关系。

2. 波矢的取值和格波的特征

由于点阵中格点数目很多，一般不考虑边界效应，即忽略原子链两端的影响。因此可以采用与处理晶体电子运动情况一样的边界条件，即周期性边界条件或玻恩-卡门边界条件，因而有

$$u_n(na) = u_{n+N}(na + Na) \tag{4-1-19}$$

利用式（4-1-14）可以得到

$$A\,\mathrm{e}^{i(qna-\omega t)} = A\,\mathrm{e}^{i[q(na+Na)-\omega t]} \tag{4-1-20}$$

即 $\exp(iNaq) = 1$，依据欧拉公式可知 $\cos Naq = 1$，即

$$q = \frac{2\pi}{Na}l \tag{4-1-21}$$

所以波矢 q 的取值为

$$q = \frac{2\pi}{Na}l = \frac{b}{N}l \tag{4-1-22}$$

式中，l 为整数；$b = 2\pi/a$ 为一维单原子链的倒格子基矢。可见在周期性边界条件下，波矢的取值是量子化的。弹性波在介质中的波矢是连续的。因而，波矢取值的差异是格波和弹性波的区别之一。

由色散关系式（4-1-18），可以画出色散关系图谱，如图 4-1-2 所示。

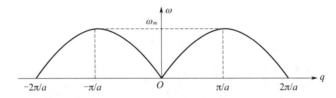

图 4-1-2 　一维单原子链的色散关系图谱

由色散关系式以及图 4-1-2，可以看出：

① ω 是波矢 q 的周期性函数：$\omega(q+G_h) = \omega(q)$，$G_h = 2\pi h/a$ 是倒格矢，h 为整数。所以，当波矢 q 变为 $q+G_h$ 时，原子的振动频率 ω 不变，它们描述相同的格波。即

$$u\left(q+\frac{2\pi}{a}h\right) = A\,\mathrm{e}^{i\left[\left(q+\frac{2\pi}{a}h\right)na-\omega t\right]} = A\,\mathrm{e}^{i(qna-\omega t)} = u(q) \tag{4-1-23}$$

为了清晰表示，可用图 4-1-3 所示的两列横波来描述上述情形。由图 4-1-3 可见，波长较短的格波包含更多的振荡，但就原子本身的振动来说，这两列波表述的是原子的同一个物理运动，是等价的，原子振动频率和振幅都没有变化。

所以，为了保证 q 取值的单值性，应将 q 的取值限制在简约布里渊区内，即

$$-\frac{\pi}{a} < q \leqslant \frac{\pi}{a} \tag{4-1-24}$$

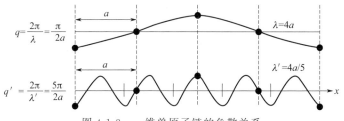

$$q = \frac{2\pi}{\lambda} = \frac{\pi}{2a} \qquad \lambda = 4a$$

$$q' = \frac{2\pi}{\lambda'} = \frac{5\pi}{2a} \qquad \lambda' = 4a/5$$

图 4-1-3 一维单原子链的色散关系

在此范围之外的波矢，可以通过平移一定的倒格矢移入第一布里渊区，但不再提供任何新的晶格振动模。因此，有物理意义的波矢 q 的取值是有范围的，这是格波和介质弹性波的又一个差异。通常把第一布里渊区内的波矢称为简约波矢，图 4-1-2 的虚线范围便是色散关系的简约区。

由格波的色散关系式（4-1-18），可以求得格波的群速度

$$v_g = \frac{\partial \omega}{\partial q} = \sqrt{\frac{\beta}{M}} a \cos \frac{1}{2} qa \qquad (4\text{-}1\text{-}25)$$

它是介质中能量传输的速度，显然它依赖于波矢或频率。此外，在布里渊区边界 $q = \pm\pi/a$ 处，群速度为零，但 ω 最大，这也是不连续媒质中波的重要特点之一。

由波矢的取值式（4-1-22）可知，每个波矢在波矢空间的平均线度为 $2\pi/Na = 2\pi/L$，故许可波矢的线密度为 $L/2\pi$；又由第一布里渊区长度为 $2\pi/a$，得到在第一布里渊区，波矢 q 的取值共有

$$\frac{2\pi}{a} \times \frac{L}{2\pi} = \frac{Na}{a} = N \qquad (4\text{-}1\text{-}26)$$

也就是说，在第一布里渊区晶格振动波矢的数目等于晶体原胞的数目，这也是格波的独立波矢数目。波矢在第一布里渊区均匀分布，有 N 个分立的取值，即式（4-1-22）中的整数 l 可取：$-\frac{N}{2} < l \leqslant \frac{N}{2}$，共有 N 个。

② $\omega(q)$ 具有反演对称性，即 ω 是 q 的偶函数，即 $\omega(-q) = \omega(q)$。

③ 长波极限下的格波。当波长很长时，对应波矢满足

$$q = \frac{2\pi}{\lambda} \to 0 \qquad (4\text{-}1\text{-}27)$$

则，色散关系可以化简为

$$\omega = 2\sqrt{\frac{\beta}{m}} \left| \sin \frac{aq}{2} \right| \approx 2\sqrt{\frac{\beta}{m}} \left| \frac{aq}{2} \right| = a\sqrt{\frac{\beta}{m}} |q| \qquad (4\text{-}1\text{-}28)$$

即长波极限下，频率 ω 线性依赖于波矢 q，如图 4-1-4 中的虚线所示。随着 q 的增加，在起始段曲线开始线性上升，表明 q 趋于零的长波极限下，晶格可以看成弹性连续介质。显然，此时格波传播的速度（群速度）$v_g = a\sqrt{\frac{\beta}{m}}$，对

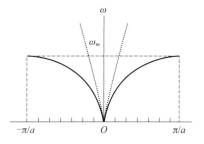

图 4-1-4 一维单原子链色散关系的长波极限

应速度的最大值，群速度（$\partial\omega/\partial q$）和相速度（$\omega/q$）相等。

由于长波极限下，波长 $\lambda=2\pi/q$ 远大于晶格常数 a，此时，分立的格点可近似为连续分布，导致频率 ω 与波矢 q 的关系和声波在介质中的传播类似，故而此色散关系谱线又称为声学支，每一组（ω，q）所对应的振动模式也相应地称为声学模。

随着波矢 q 的进一步增加，曲线逐渐偏离直线向下弯曲，这是因为随着 q 的增加，波长 $\lambda=2\pi/q$ 变小，当 λ 与晶格常数 a 可以比拟时，晶格已不能被看成连续介质，格波将受到原子的严重散射。由于 q 在 $-\dfrac{\pi}{a}$ 和 $\dfrac{\pi}{a}$ 之间取值，故当 $q_{max}=\dfrac{\pi}{a}$ 时，相应的格波波长最小，$\lambda_{min}=\dfrac{2\pi}{q_{max}}=2a$。这个结果的物理意义是很清楚的，因为在晶格中不可能存在半波长比晶格常数 a 小的格波。

三、一维双原子链晶格振动

1. 运动方程和解

如图 4-1-5 所示，设一维双原子链中，原子质量分别为 m 和 M，且 $m<M$，晶格常数为 a，恢复力系数 β，总长 $L=Na$，N 为原胞总数，链上的原子由其所属原胞数 n 及基元中的序号 $p=1$，2 来标记。其中，质量为 M 的原子编号为 $n-1,1$、$n,1$、$n+1,1$；质量为 m 的原子编号为 $n-1,2$、$n,2$、$n+1,2$；$u_{n,1}$、$u_{n,2}$ 是相应于原子 M、m 在沿链方向对其平衡位置的偏离。

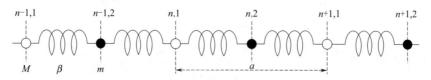

图 4-1-5　一维双原子链

与单原子链类似，只考虑最近邻原子的相互作用，运动方程为

$$\begin{cases}M\ddot{\mu}_{n,1}=\beta(\mu_{n,2}+\mu_{n-1,2}-2\mu_{n,1})\\M\ddot{\mu}_{n,2}=\beta(\mu_{n,1}+\mu_{n+1,1}-2\mu_{n,2})\end{cases} \tag{4-1-29}$$

则可取解的形式为

$$\begin{cases}u_{n,1}=A\mathrm{e}^{i(qna-\omega t)}\\u_{n,2}=B\mathrm{e}^{i(qna-\omega t)}\end{cases} \tag{4-1-30}$$

代入运动方程得

$$\begin{cases}(M\omega^2-2\beta)A+\beta(1+\mathrm{e}^{-iaq})B=0\\\beta(1+\mathrm{e}^{iaq})A+(m\omega^2-2\beta)B=0\end{cases} \tag{4-1-31}$$

式（4-1-31）可看成以 A、B 为未知数的线性齐次方程，则 A、B 有非零解的条件为其

系数行列式等于零，即

$$\begin{vmatrix} M\omega^2 - 2\beta & \beta(1 + e^{-iaq}) \\ \beta(1 + e^{iaq}) & (m\omega^2 - 2\beta) \end{vmatrix} = 0 \tag{4-1-32}$$

整理得

$$mM\omega^4 - 2\beta(m + M)\omega^2 + 4\beta^2 \sin^2\left(\frac{1}{2}aq\right) = 0 \tag{4-1-33}$$

所以一维双原子链的 ω 与 q 满足

$$\omega_{\pm}^2(q) = \beta\frac{m + M}{mM}\left[1 \pm \sqrt{1 - \frac{4mM}{(m + M)^2}\sin^2\left(\frac{1}{2}aq\right)}\right] \tag{4-1-34}$$

此为一维双原子链的色散关系。

2. 波矢的取值和格波的特征

与一维单原子链的情形类似，波矢 q 的取值同样由周期性边界条件来定，即

$$\begin{cases} u_{n,1}(na) = u_{n+N,1}(na + Na) \\ u_{n,2}(na) = u_{n+N,2}(na + Na) \end{cases} \tag{4-1-35}$$

得波矢 q 的取值为

$$q = \frac{2\pi}{Na}l = \frac{b}{N}l \tag{4-1-36}$$

式中，l 为整数；$b = 2\pi/a$ 为一维双原子链的倒格子基矢。可见在周期性边界条件下，波矢的取值和一维单原子链取值完全一样。且 ω 同样是波矢 q 的周期性函数 $\omega(q + G_h) = \omega(q)$，$\omega(q)$ 具有反演对称性。将波矢 q 的取值限制在第一布里渊区，波矢的取值也是量子化的，且在第一布里渊区格波的独立波矢数目等于晶体原胞的数目，有 N 个分立的取值。只是与单原子链相比，对应于每个波矢 q，一维双原子链出现了两个频率不同的振动模式（两支格波），因此，双原子链共有 $2N$ 个不同的振动模式。这两支格波，一支命名为光学支 ω_{O}，另一支命名为声学支 ω_{A}，即

$$\begin{cases} \omega_{\mathrm{O}}^2(q) = \omega_+^2(q) = \beta\frac{m + M}{mM}\left[1 + \sqrt{1 - \frac{4mM}{(m + M)^2}\sin^2\left(\frac{1}{2}aq\right)}\right] \\ \omega_{\mathrm{A}}^2(q) = \omega_-^2(q) = \beta\frac{m + M}{mM}\left[1 - \sqrt{1 - \frac{4mM}{(m + M)^2}\sin^2\left(\frac{1}{2}aq\right)}\right] \end{cases} \tag{4-1-37}$$

一维双原子链的色散曲线如图 4-1-6 所示，光学支格波的频率大于声学支格波，且在声学支的频率极大值和光学支的频率极小值之间存在一个频率空隙，称为带通滤波器。即频率超过光学支的最大频率和频率处在光学支和声学支的频隙范围内的波不能在晶体中传播。

令 $\mu = \dfrac{mM}{m + M}$ 为约化质量，由式（4-1-31）可以得到两个原子的振幅值比为

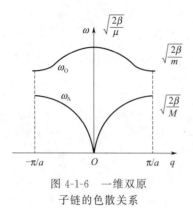

图 4-1-6 一维双原
子链的色散关系

$$\frac{A}{B}=\frac{\beta(1+\mathrm{e}^{-iaq})}{2\beta-M\omega^2} \tag{4-1-38}$$

对于声学支格波，由于其最大频率为 $\omega_-=\omega_{A\max}=\sqrt{\dfrac{2\beta}{M}}$，因此在整个第一布里渊区（简约波矢）范围内（不含边界），有：$2\beta-M\omega_-^2>0$。因而，第一布里渊区中声学支相邻两原子的振幅之比大于 0，即声学支格波相邻原子都是沿着同一方向振动的。而对于光学支格波，由于其最小频率 $\omega_-=\omega_{O\min}=\sqrt{\dfrac{2\beta}{m}}>\sqrt{\dfrac{2\beta}{M}}$，因此 $2\beta-M\omega_+^2<0$。因而，第一布里渊区中光学支相邻两原子的振幅之比小于 0，意味着光学支格波与相邻原子振动方向是相反的，如图 4-1-7 所示。

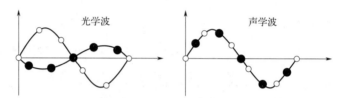

图 4-1-7 一维双原子链的光学波和声学波相邻原子振动

当 $q\to 0$ 时，有

$$\begin{cases}\omega_O=\omega_+\approx(2\beta/\mu)^{\frac{1}{2}}\\[2mm]\omega_A=\omega_-\approx a\left[\dfrac{\beta}{2(m+M)}\right]^{\frac{1}{2}}|q|\end{cases} \tag{4-1-39}$$

显然，在 $q\to 0$ 的长波近似下，声学支格波与一维单原子链的情况类似，频率 ω 与波矢 q 的关系和声波在介质中的传播类似，这也是把 ω_- 命名为声学支的原因。将 $q\to 0$ 时的光学支 ω_O 和声学支 ω_A 分别代入以 A、B 为未知数的线性齐次方程组［式（4-1-31）］，整理后得两原子振幅之比为

$$\left(\frac{A}{B}\right)_+\approx-\frac{m}{M}\;;\;\left(\frac{A}{B}\right)_-\approx 1 \tag{4-1-40}$$

由式（4-1-40）可见，对于长声学波，相邻的两个轻、重原子的位移相同，原胞内的不同原子以相同的振幅和位相做整体运动。因此，长声学波代表了原胞质心的运动。而对于长光学波，相邻的两个轻、重原子的位移相反，且 $MA+mB=0$，所以原胞的质心保持不动，即长光学波代表原胞中两个原子的相对振动。

当 $q=\pi/a$ 时，即在第一布里渊区边界时，有

$$\begin{cases}\omega_O=(\omega_+)_{\min}=(2\beta/m)^{\frac{1}{2}}\\[2mm]\omega_A=(\omega_-)_{\max}=(2\beta/M)^{\frac{1}{2}}\end{cases} \tag{4-1-41}$$

则振幅之比为

$$\begin{cases} \left(\dfrac{A}{B}\right)_+ = 0 \Rightarrow A = 0 \\ \left(\dfrac{A}{B}\right)_- = \infty \Rightarrow B = 0 \end{cases} \tag{4-1-42}$$

即在布里渊区边界，光学支频率对应最小值，质量大的重原子停止振动，频率仅与质量小的轻原子有关；声学支则恰好相反，频率对应最大值，质量小的轻原子停止振动，频率仅与质量大的重原子有关。而轻、重原子在布里渊区边界会分别形成系统的两种驻波状态，其群速度为零，与分别由轻、重原子组成的一维单原子链的振动情况类似。

对于离子晶体来说，长波极限下，与 ω_+ 对应的两种原子的振动方向相反，出现极化现象，这种振动类似于振荡电偶极矩，可以和同频率的电磁波相互作用，引起共振吸收。在实际的离子晶体中，会导致强烈的远红外吸收，因而，称 ω_+ 为光学支。

四、三维晶格振动

1. 模型

设三维无限大的晶体，每个原胞（格点）中有 p 个原子，各原子的质量分别为 m_1、m_2、$\cdots$、m_p，原胞中原子平衡时的相对位矢分别为 $\vec{r}_1$、$\vec{r}_2$、$\cdots$、$\vec{r}_p$。平衡时顶点位矢为 $\vec{R}_n$ 的原胞内第 s 个原子的位矢为 $\vec{R}_n + \vec{r}_s$，如图 4-1-8 所示，偏离平衡位置在 a 方向的位移分量为 $u_a\begin{pmatrix} n \\ s \end{pmatrix}$。

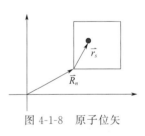

图 4-1-8　原子位矢

2. 运动方程和解

仿照一维的运动情况，人们可以写出三维时每个原子的振动方程：

$$m\ddot{\mu}_a\begin{pmatrix} n \\ s \end{pmatrix} = \cdots \tag{4-1-43}$$

式中，$a = x$，y，z 表示三个不同方向；$s = 1$，2，3，$\cdots$，p 表示基元中的原子，这样的方程共有 $3p$ 个类似的。在简谐近似下，式（4-1-43）的右端是位移的线性代数式，可设试探解为

$$u_a\begin{pmatrix} n \\ s \end{pmatrix} = A'_{as} \mathrm{e}^{\mathrm{i}[(\vec{R}_n + \vec{r}_s) \cdot \vec{q} - \omega_{as} t]} = A_{as} \mathrm{e}^{\mathrm{i}(\vec{R}_n \cdot \vec{q} - \omega_{as} t)} \tag{4-1-44}$$

将此试探解代入运动方程中，指数项可消去，得到 $3p$ 个如下形式的线性齐次方程：

$$-m_s \omega_{as}^2 A_{as} = \cdots \tag{4-1-45}$$

与一维情况类似，将 A_{as} 看作未知数，则 A_{as} 有非零解，则其系数行列式为零，从而可以得到 $3p$ 个 ω 的实根。在 $3p$ 个实根中，有 3 个当波矢 $q \rightarrow 0$ 时，$\omega_{Ai} = v_{Ai}(q)q$，（$i = 1$，2，

3)，这 3 支格波称为声学支格波，描述原胞的整体振动，与弹性波一致；其余的 $(3p-3)$ 支格波称之为光学支格波，它们在长波近似下，描写 p 个原子的相对振动，且原胞的质心保持不动。显然，对于 $p=1$ 的简单晶格，只存在声学支格波。

3. 波矢的取值

设晶体有 N 个原胞，原胞的基矢为 $\vec{a}_1$、$\vec{a}_2$、$\vec{a}_3$，沿基矢方向各有 N_1、N_2、N_3 个原胞。采用周期性边界条件，如图 4-1-9 所示，则有

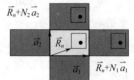

图 4-1-9 周期性边界条件

$$\begin{cases} u_a\begin{pmatrix} n \\ s \end{pmatrix} = u_a\begin{pmatrix} n_1, n_2, n_3 \\ s \end{pmatrix} = u_a\begin{pmatrix} n_1+N_1, n_2, n_3 \\ s \end{pmatrix} \\[2mm] u_a\begin{pmatrix} n \\ s \end{pmatrix} = u_a\begin{pmatrix} n_1, n_2, n_3 \\ s \end{pmatrix} = u_a\begin{pmatrix} n_1, n_2+N_2, n_3 \\ s \end{pmatrix} \\[2mm] u_a\begin{pmatrix} n \\ s \end{pmatrix} = u_a\begin{pmatrix} n_1, n_2, n_3 \\ s \end{pmatrix} = u_a\begin{pmatrix} n_1, n_2, n_3+N_3 \\ s \end{pmatrix} \end{cases} \quad (4\text{-}1\text{-}46)$$

代入式（4-1-44），得

$$\begin{cases} e^{i(\vec{R}_n \cdot \vec{q} - \omega t)} = e^{i(\vec{R}_n \cdot \vec{q} + N_1 \vec{a}_1 \cdot \vec{q} - \omega t)} \\[1mm] e^{i(\vec{R}_n \cdot \vec{q} - \omega t)} = e^{i(\vec{R}_n \cdot \vec{q} + N_2 \vec{a}_2 \cdot \vec{q} - \omega t)} \\[1mm] e^{i(\vec{R}_n \cdot \vec{q} - \omega t)} = e^{i(\vec{R}_n \cdot \vec{q} + N_3 \vec{a}_3 \cdot \vec{q} - \omega t)} \end{cases} \quad (4\text{-}1\text{-}47)$$

从而有

$$\begin{cases} N_1 \, \vec{q}_1 \cdot \vec{q} = 2\pi l_1 \\ N_2 \, \vec{q}_2 \cdot \vec{q} = 2\pi l_2 \\ N_3 \, \vec{q}_3 \cdot \vec{q} = 2\pi l_3 \end{cases} \quad (4\text{-}1\text{-}48)$$

其中 l_1、l_2、l_3 为任意整数，由于波矢 $\vec{q}$ 具有倒格矢的量纲，由上述关系可令

$$\vec{q} = \frac{l_1}{N_1} \vec{b}_1 + \frac{l_2}{N_2} \vec{b}_2 + \frac{l_3}{N_3} \vec{b}_3 \quad (4\text{-}1\text{-}49)$$

式中，$\vec{b}_1$、$\vec{b}_2$、$\vec{b}_3$ 为倒格子基矢。

可见三维格波的波矢是不连续的，取分立的值。波矢可看成是以 b_i/N_i（$i=1$，2，3）为基矢的倒格子空间的布拉维格子的格矢。与能带论电子相比，晶格振动格波波矢的取值和电子的布洛赫波波矢的取值情况完全相同。对应于能带，这里也存在许可的频率以及声学支和光学支之间禁止的频率。频率具有点群对称性 $\omega(\vec{q}) = \omega(a\vec{q})$、周期性 $\omega(\vec{q}+\vec{G}_h) = \omega(\vec{q})$ 和反演对称性 $\omega(\vec{q}) = \omega(-\vec{q})$，其中 a 代表晶体所属点群的任一对称操作，$\vec{G}_h$ 是倒格矢。为了保证取值的单值性，一般把波矢 $\vec{q}$ 的取值限制在第一布里渊区内，称为简约波矢。

在 $\vec{q}$ 空间，允许的波矢代表点均匀分布，每个波矢代表点占有的体积为

$$\frac{\vec{b}_1}{N_1} \cdot \left(\frac{\vec{b}_2}{N_2} \times \frac{\vec{b}_3}{N_3} \right) = \frac{\Omega^*}{N} = \frac{(2\pi)^3}{N\Omega} = \frac{(2\pi)^3}{V_c} \quad (4\text{-}1\text{-}50)$$

由此可得波矢密度，即波矢空间中单位体积的波矢数目，为

$$\frac{1}{\dfrac{(2\pi)^3}{V_c}} = \frac{V_c}{(2\pi)^3} \tag{4-1-51}$$

简约波矢的数目为

$$\Omega^* \cdot \frac{V_c}{(2\pi)^3} = \frac{\Omega^* N\Omega}{(2\pi)^3} = N \tag{4-1-52}$$

在第一布里渊区，波矢 $\vec{q}$ 的取值有 N 个。考虑到一个独立的波矢 q 和频率 $\omega(\vec{q})$ 确定系统的一个独立的振动模式，而一个波矢 q 可以对应 $3p$ 个不同的频率，所以独立的格波数（或独立的振动模式数）等于 $3pN$，对应三维晶体的总自由度数。

对于具有 N 个原胞的晶体，假设每个原胞有 p 个原子，m 是晶体的维数，则根据前面的讨论：晶格振动的简约波矢数目等于晶体的原胞数 N；晶体中格波的支数等于原胞内原子的自由度数 mp，其中有 m 支声学波，$m(p-1)$ 支光学波；格波振动频率数目等于晶体的自由度数 mpN。

显然，对于 $p=1$ 的三维简单晶格，与一维单原子链类似，只有声学支，有 3 支声学支。在一维单原子链中，原子振动方向与波传播方向一致，只能产生纵波，即纵声学支（LA）。而三维简单晶格中，除了原子振动方向与波传播方向一致的纵声学支外，还有两个原子振动方向与波传播方向垂直的横声学支（TA）存在。对于产生纵声学支（LA）和横声学支（TA）的振动模式来说，原子间相互作用的力常数不同，因此，LA 和 TA 通常并不简并，而两支横声学支可能会由于晶体的对称性是简并的。对于 $p>1$ 的三维复式晶格，与一维双原子链类似，除声学支外，还有光学支。同样可分为纵光学支（LO）和横光学支（TO）。

例如金刚石结构的三维晶体（$m=3$），设晶体有 N 个原胞，则由于金刚石结构为复式格子，每个原胞有 2 个原子（$p=2$），所以晶格振动的波矢数目等于晶体的原胞数 N；格波振动频率数目等于晶体的自由度数，为 $6N$；晶体中格波的支数等于原胞内原子的自由度数，为 6，其中 3 支声学波、3 支光学波。

硅晶体为金刚石结构，具有和金刚石同样数量的格波，图 4-1-10 给出了沿着第一布里渊区的三个对称方向 <001>、<110> 和 <111> 的色散关系，其中声学支的两个横波和光学支的两个横波分别是简并的。

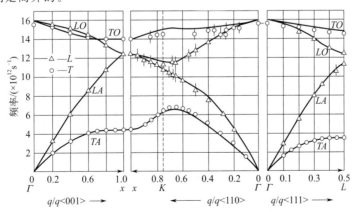

图 4-1-10　金刚石结构硅晶体的格波波谱

习题

（1）什么是简谐近似？试写出一维单原子链晶格振动波的色散关系并证明。采用周期性边界条件讨论波矢 $\vec{q}$ 的取值，并说明它和介质弹性波波矢取值的差异。

（2）什么是声学支？什么是光学支？它们是如何命名的？声学支和光学支中原子振动各有什么特点？出现光学支的条件是什么？

（3）三维晶体中包含 N 个原胞，每个原胞有 n 个原子，该晶体晶格振动的格波简正模式总数是多少？其中声学波和光学波各有多少？

（4）金刚石结构有几支格波，几支声学波，几支光学波？设晶体有 N 个原胞，晶格振动模式数为多少？

（5）一维无限长双原子链，原子质量为 m 和 M，且 $m < M$，原胞长为 a，恢复力系数为 β，试写出一维双原子链晶格振动波的色散关系，标出光学支和声学支，并给出证明。说明当 $m = M$ 时，色散关系回到一维单原子链情况。

（6）有一维双原子链，两种原子的质量分别为 M 和 m，且 $M > m$，相邻原子间的平衡间距为 a，作用力常数为 β，考虑原子链的一维振动，求格波简正模的频率与波矢间的关系；证明波矢 $\vec{q}$ 和 $q + (m\pi/a)$（其中 m 为整数）描述的格波是全同的。

（7）考虑一双原子链的晶格振动，链上最近邻原子间的力常数交替地等于 β 和 2β，令原子质量相等，并且最近邻的间距是 $a/2$，试求在 $q = 0$ 和 $q = \pi/a$ 处的 $\omega(q)$，并粗略地画出色散关系。

（8）阐述玻恩-卡门边界条件，并说明引入该条件的理由是什么。

（9）你认为简单晶格存在强烈的红外吸收吗？

（10）证明：N 个原胞的一维双原子链（相邻原子间距为 a），其 $2N$ 个格波解，当 $M = m$ 时与一维单原子链结果一一对应。

（11）以一维单原子链为例，说明晶格振动模式数等于晶体的自由度数。

第二节　长波近似

已知声学波中，相邻原子都沿同一方向振动；光学波中，原胞内的不同原子相对振动。当波长比原胞的线度大得多时，即长波近似下，声学支和光学支格波的振动特点更加明显，这时声学波代表了原胞质心的振动；光学波中，原胞的质心保持不动，两个原子做方向相反的振动。一般把波矢趋于零时的声学波和光学波分别称为长声学波和长光学波。研究长波近似具有重要意义，它能揭示固体宏观性质的微观本质。

一、长声学波

由一维双原子链的色散关系可知，在 $q \to 0$ 的长波近似下，声学支格波频率 ω 与波矢 q 近似为线性关系，一维双原子链的长声学波的波速为

$$v_p = \frac{\omega_A}{q} = a \left[\frac{\beta}{2(m+M)} \right]^{\frac{1}{2}} \tag{4-2-1}$$

式中，v_p 为常数；a 为晶格常数，不是原子间距。

因此，长声学波的特性与晶体中的弹性波一致。

实际上，对于长声学波，不仅相邻原胞中原子振动的位相差趋近于零，振幅也近于相等。这是由于长声学波的波长比原胞线度大很多时，在半个波长内就已经包含了许多原胞，这些原胞都整体地沿同一方向运动。因此，晶格可以近似地看成连续介质，而长声学波则可以近似地认为是弹性波。

下面以一维连续介质为例，来说明长声学波与弹性波的一致性。

对于一维连续介质，设 x 点的位移为 $u(x)$；$(x + dx)$ 点的位移为 $u(x + dx)$，连续介质因位移而引起的形变为

$$\frac{u(x + dx) - u(x)}{dx} = \frac{du(x)}{dx} \tag{4-2-2}$$

设介质的弹性模量 c，则因形变而产生的恢复力为

$$F(x) = c \frac{du(x)}{dx} \tag{4-2-3}$$

同理，在 $(x - dx)$ 点，因形变而产生的恢复力为

$$F(x - dx) = c \frac{du(x - dx)}{dx} \tag{4-2-4}$$

考虑介质中 x 点与 $(x - dx)$ 点间长度为 dx，设一维介质的质量线密度为 ρ，则长度为 dx 的介质的质量为 ρdx，而作用在长度为 dx 的介质上有两个方向相反的恢复力 $F(x)$ 及 $F(x - dx)$，因此其运动方程为

$$\rho dx \frac{d^2 u(x,t)}{dt^2} = c \left[\frac{du(x)}{dx} - \frac{du(x - dx)}{dx} \right] \tag{4-2-5}$$

亦即

$$\rho dx \frac{d^2 u(x,t)}{dt^2} = c \frac{\partial^2 u(x,t)}{\partial x^2} \tag{4-2-6}$$

此式为标准的波动方程，其解为

$$u(x,t) = u_0 e^{i(qx - \omega t)} \tag{4-2-7}$$

式中，ω、q 分别为介质弹性波的圆频率和波矢。

代入波动方程式（4-2-6）可得

$$\omega^2 = \frac{cq^2}{\rho} \qquad (4\text{-}2\text{-}8)$$

由此可得弹性波的传播相速度为

$$v = \frac{\omega}{q} = \sqrt{\frac{c}{\rho}} \qquad (4\text{-}2\text{-}9)$$

对于简单情形，介质的弹性模量 c 相当于杨氏模量。

将上述讨论用于原子间距为 $a/2$ 的一维复式格子，应变为

$$\frac{\mathrm{d}u(x)}{\mathrm{d}x} = \frac{u_{m+1} - u_m}{a/2} \qquad (4\text{-}2\text{-}10)$$

式中，u_{m+1} 及 u_m 分别为第 $m+1$ 个和第 m 个原子的位移；a 为晶格常数。恢复力式（4-2-3）可写为 $F = c\dfrac{u_{m+1} - u_m}{a/2}$。此外，因第 $m+1$ 个原子的位移而引起的对第 m 个原子产生的恢复力可写为 $F = \beta(u_{m+1} - u_m)$，两式比较可得弹性模量 c 与恢复力常数 β 之间的关系为 $c = \beta a/2$。对于一维复式格子，质量密度 $\rho = \dfrac{m+M}{a}$。所以，一维复式格子弹性波的传播相速度 $v_{弹} = \sqrt{\dfrac{c}{\rho}} = a\left[\dfrac{\beta}{2(m+M)}\right]^{1/2}$，和一维复式格子长声学波的波速式（4-2-1）完全一致。因而对于长声学波，晶格可以看作连续介质。

二、长光学波

在离子晶体中，由于光学波描述的是原胞内的正、负离子之间的相对运动，在两个波节之间同种电荷的离子位移方向相同，异号电荷离子位移方向相反，因此波节面就将晶体分成许多薄层，在每个薄层里由于异性电荷离子位移方向相反而形成了退极化场，导致晶体呈现出宏观上的极化，因此，离子晶体的长光学波又称为极化波。

现在分析由两种不同离子（正、负离子）所组成的一维复式格子，u_+ 表示质量为 M 的正离子位移，u_- 表示质量为 m 的负离子位移，q^* 代表离子有效电荷。由正、负离子的相对位移引起的宏观电场强度，设为 $\vec{E}$。此时，作用在离子上的除了准弹性恢复力之外，还有电场的作用。但是，必须注意，作用在某一离子上的电场不能包括该离子本身所产生的电场，因此应从正、负离子的相对位移所引起的宏观电场强度 $\vec{E}$ 中减去该离子本身所产生的场强，称为有效场强，定义为 $\vec{E}_{ef}$。按照牛顿定律，可以得到质量为 M 的正离子和质量为 m 的负离子的运动方程：

$$\begin{cases} M\ddot{\vec{u}}_+ = -\beta(\vec{u}_+ - \vec{u}_-) + q^* \vec{E}_{ef} \\ M\ddot{\vec{u}}_- = -\beta(\vec{u}_- - \vec{u}_+) + q^* \vec{E}_{ef} \end{cases} \qquad (4\text{-}2\text{-}11)$$

其中，$\vec{u}=\vec{u}_+ - \vec{u}_-$，代表正负离子间的相对位移。采用洛伦兹有效场近似，在 SI 制中，则有

$$\vec{E}_{ef} = \vec{E} + \frac{1}{3\varepsilon_0}\vec{P} \qquad (4\text{-}2\text{-}12)$$

式中，$\vec{E}$ 为宏观电场强度；ε_0 代表真空介电常量；$\vec{P}$ 代表极化强度，其计算方程为

$$\vec{P} = \frac{N}{V}(q^*\vec{u} + \alpha_{ef}E_{ef}) \qquad (4\text{-}2\text{-}13)$$

式中，N 为原胞数目；V 为晶体体积；α 为原胞中正、负离子极化率之和，即 $\alpha = \alpha_+ + \alpha_-$。

将式（4-2-13）代入运动方程组［式（4-2-11）］中，并将两式除以 $m+M$ 后相减，可以得到

$$\mu\ddot{\vec{u}} = -\beta\vec{u} + q^*\vec{E}_{ef} \qquad (4\text{-}2\text{-}14)$$

式中，μ 为约化质量。引入位移参量

$$\vec{W} = \left(\frac{N\mu}{V}\right)^{\frac{1}{2}}\vec{u} = \left(\frac{\mu}{\Omega}\right)^{\frac{1}{2}}\vec{u} \qquad (4\text{-}2\text{-}15)$$

则式（4-2-13）和式（4-2-14）可以进行如下变换

$$\begin{aligned}
\vec{P} &= \frac{1}{\Omega} \times \frac{q^*}{1-\dfrac{\alpha}{3\Omega\varepsilon_0}}\vec{u} + \frac{\alpha}{\Omega-\dfrac{\alpha}{3\varepsilon_0}}\vec{E} \\[2mm]
&= \frac{1}{\Omega} \times \frac{q^*}{1-\dfrac{\alpha}{3\Omega\varepsilon_0}} \times \frac{\vec{W}\,\Omega^{\frac{1}{2}}}{\mu^{\frac{1}{2}}} + \frac{\alpha}{\Omega-\dfrac{\alpha}{3\varepsilon_0}}\vec{E} \\[2mm]
&= \frac{q^*}{1-\dfrac{\alpha}{3\Omega\varepsilon_0}} \times \frac{1}{(\Omega\mu)^{\frac{1}{2}}}\vec{W} + \frac{\alpha}{\Omega-\dfrac{\alpha}{3\varepsilon_0}}\vec{E} \\[2mm]
&= \frac{\dfrac{q^*}{(\Omega\mu)^{\frac{1}{2}}}}{1-\dfrac{\alpha}{3\Omega\varepsilon_0}}\vec{W} + \frac{\alpha}{\Omega-\dfrac{\alpha}{3\varepsilon_0}}\vec{E}
\end{aligned}$$

式中，Ω 为原胞的体积。

$$\begin{aligned}
\mu\ddot{\vec{u}} &= -\beta\vec{u} + q^*\left[\vec{E} + \frac{1}{3\varepsilon_0\Omega-\alpha}(q^*\vec{u}+\alpha\vec{E})\right] \\[2mm]
&= \left[-\beta + \frac{(q^*)^2}{3\varepsilon_0\Omega-\alpha}\right]\vec{u} + q^*(1+\frac{\alpha}{3\varepsilon_0\Omega-\alpha})\vec{E} \qquad (4\text{-}2\text{-}16)
\end{aligned}$$

由位移参量变形得

$$\vec{u} = \sqrt{\frac{\Omega}{\mu}}\,\vec{W} \qquad (4\text{-}2\text{-}17)$$

将式（4-2-17）代入式（4-2-16）得

$$\overline{M}\,\frac{\Omega^{\frac{1}{2}}}{\mu^{\frac{1}{2}}}\,\ddot{\overrightarrow{W}} = \left[-k + \frac{(q^*)^2}{3\varepsilon_0\Omega - \alpha}\right]\frac{\Omega^{\frac{1}{2}}}{\mu^{\frac{1}{2}}}\,\overrightarrow{W} + q^*(1 + \frac{\alpha}{3\varepsilon_0\Omega - \alpha})\,\overrightarrow{E} \tag{4-2-18}$$

化简得

$$\ddot{\overrightarrow{W}} = \left[-\frac{k}{\overline{M}} + \frac{\dfrac{(q^*)^2}{\overline{M}}}{3\varepsilon_0\Omega - \alpha}\right]\overrightarrow{W} + \frac{q^*}{(\overline{M}\Omega)^{\frac{1}{2}}} \times \frac{3\varepsilon_0\Omega}{3\varepsilon_0\Omega - \alpha}\,\overrightarrow{E} \tag{4-2-19}$$

对式（4-2-15），令

$$b_{21} = \frac{\dfrac{q^*}{(\mu\Omega)^{\frac{1}{2}}}}{1 - \dfrac{\alpha}{3\varepsilon_0\Omega}} \tag{4-2-20}$$

$$b_{22} = \frac{\alpha}{\Omega - \dfrac{\alpha}{3\varepsilon_0}} \tag{4-2-21}$$

对式（4-2-19），令

$$b_{11} = -\frac{k}{\mu} + \frac{\dfrac{(q^*)^2}{3\mu\varepsilon_0\Omega}}{1 - \dfrac{\alpha}{3\varepsilon_0\Omega}} \tag{4-2-22}$$

$$b_{12} = \frac{\dfrac{q^*}{(\mu\Omega)^{\frac{1}{2}}}}{1 - \dfrac{\alpha}{3\varepsilon_0\Omega}} \tag{4-2-23}$$

则式（4-2-15）和式（4-2-19）可以化简为

$$\begin{cases} \ddot{\overrightarrow{W}} = b_{11}\,\overrightarrow{W} + b_{12}\,\overrightarrow{E} \\ \overrightarrow{P} = b_{21}\,\overrightarrow{W} + b_{22}\,\overrightarrow{E} \end{cases} \tag{4-2-24}$$

对比式（4-2-20）和式（4-2-23），可得 $b_{12} = b_{21}$。此组方程是黄昆在 1951 年讨论光学波的长波近似时引进的，称为黄昆方程。

黄昆方程的物理意义很明显，方程中的第一式代表振动方程，$b_{11}\,\overrightarrow{W}$ 表示准弹性恢复力，$b_{12}\,\overrightarrow{E}$ 表示电场 $\overrightarrow{E}$ 附加了恢复力。方程第二式代表极化方程，$b_{21}\,\overrightarrow{W}$ 表示离子相对位移引起的极化，$b_{22}\,\overrightarrow{E}$ 表示宏观电场 $\overrightarrow{E}$ 附加的极化。

设黄昆方程的解具有如下形式：$\overrightarrow{W} = A\,\mathrm{e}^{\mathrm{i}(\vec{q}\cdot\vec{r} - \omega t)}$，位移 W 与波矢 q 垂直的部分构成横波，记为 W_T；位移 W 与波矢 q 平行的部分构成纵波，记为 W_L。横向位移是无散的（旋度不为零），纵向位移是无旋的（散度不为零）。即

$$\begin{cases} \vec{W} = \vec{W}_L + \vec{W}_T \\ \nabla \times \vec{W}_T = 0, \nabla \cdot \vec{W}_L \neq 0 \\ \nabla \times \vec{W}_T \neq 0, \nabla \times \vec{W}_L = 0 \end{cases} \tag{4-2-25}$$

由于电介质中没有自由电荷，所以电位移 $\vec{D}$ 无散，即

$$\nabla \cdot \vec{D} = \nabla \cdot (\varepsilon_0 \vec{E} + \vec{P}) = 0 \tag{4-2-26}$$

将黄昆方程的第二式极化方程代入式（4-2-26），得

$$\nabla \cdot (\varepsilon_0 \vec{E} + b_{21} \vec{W} + b_{22} \vec{E}) = 0 \tag{4-2-27}$$

人们讨论的电场是无旋的，则有

$$\vec{W}_L = -\frac{\varepsilon_0 + b_{22}}{b_{12}} \vec{E} \tag{4-2-28}$$

表明极化引起的宏观场是一个纵向场，它趋于减小纵向位移，从而增加了纵向振动的恢复力，因此提高了纵光学波的频率 ω_{L0}。

将式（4-2-28）代入黄昆方程的第一式运动方程得

$$\ddot{\vec{W}}_L + \ddot{\vec{W}}_T = b_{11}(\vec{W}_L + \vec{W}_T) - \frac{b_{12}b_{21}}{\varepsilon_0 + b_{22}} \vec{W}_L \tag{4-2-29}$$

从而有

$$\begin{cases} \ddot{\vec{W}}_T = b_{11} \vec{W}_T \\ \ddot{\vec{W}}_L = (b_{11} - \frac{b_{12}b_{21}}{\varepsilon_0 + b_{22}}) \vec{W}_L \end{cases} \tag{4-2-30}$$

分别称为横向振动方程和纵向振动方程，所以有

$$\begin{cases} \omega_{TO}^2 = -b_{11} = \omega_0^2 \\ \omega_{LO}^2 = -b_{11} + \frac{b_{12}b_{21}}{\varepsilon_0 + b_{22}} = \omega_{TO}^2 + \frac{b_{12}b_{21}}{\varepsilon_0 + b_{22}} \end{cases} \tag{4-2-31}$$

式中，ω_0 为离子本征振动频率。为了将黄昆方程的系数 b_{22}、b_{21}（$= b_{12}$）和晶体的介电常量联系起来，人们考虑下列两种极端情况。

① 对于静电场：$\ddot{\vec{W}} = 0$，则由黄昆方程第一式得

$$\vec{W} = -\frac{b_{12}}{b_{11}} \vec{E} = \frac{b_{12}}{\omega_{TO}^2} \vec{E}$$

将此式代入黄昆方程第二式得

$$\vec{P} = (b_{22} + \frac{b_{12}^2}{\omega_{TO}^2}) \vec{E}$$

又由 $\vec{P} = (\varepsilon_r - 1)\varepsilon_0 \vec{E}$

则

$$b_{22} + \frac{b_{12}^2}{\omega_{T0}^2} = \varepsilon_0 (\varepsilon_r - 1)$$

式中，ε_r 为晶体的静电介电常量。

② 对于光频电场，位移为零，即 $\vec{W} = 0$，代入黄昆方程第二式，并利用式 $\vec{P} = (\varepsilon_\infty - 1)\varepsilon_0 \vec{E}$，得

$$\vec{P} = b_{22} \vec{E} = \varepsilon_0 (\varepsilon_\infty - 1) \vec{E}$$

从而得

$$b_{22} = \varepsilon_0 (\varepsilon_\infty - 1)$$

式中，ε_∞ 为晶体的光频介电常量。

综上，有

$$\begin{cases} b_{11} = -\omega_{T0}^2 = -\omega_0 \\ b_{12} = b_{21} = \sqrt{\varepsilon_0 (\varepsilon_r - \varepsilon_\infty)} \, \omega_{T0} \\ b_{22} = (\omega_\infty - 1)\omega_0 \end{cases} \tag{4-2-32}$$

将式（4-2-32）中的后两式代入式（4-2-31）的第二式，得

$$\frac{\omega_{T0}^2}{\omega_{L0}^2} = \frac{\varepsilon_\infty}{\varepsilon_r} \tag{4-2-33}$$

这就是著名的 LST 关系。可知：由于静电介电常量 ε_r 恒大于光频介电常量 ε_∞，因此，长光学纵波的频率 ω_{L0} 恒大于长光学横波的频率 ω_{T0}。这是由于长光学纵波伴随着一个宏观电场，增加了纵向振动的恢复力，因此提高了纵光学波的频率 ω_{L0}。同时，这意味着在长光学纵波的频率 ω_{L0} 和长光学横波的频率 ω_{T0} 之间形成一个频率禁区，在 $\omega_{T0} < \omega < \omega_{L0}$ 频率范围内的电磁波不能在晶体中传播，几乎全部被晶体表面反射掉，因而在反射率和波长的关系上出现反射峰。

例如，实验发现在 NaCl 晶体对红外光的反射率与波长关系曲线中出现了一个平缓的峰值区，如图 4-2-1 所示，证明了上述分析的合理性。

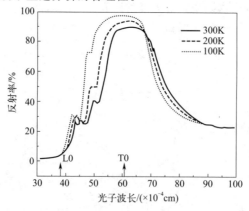

图 4-2-1　氯化钠晶体的反射率与波长的关系

不过，对于实际晶体，由于总存在耗散，并且随温度升高，其耗散变大，因此一般不会百分之百出现反射峰。另外，当 $\omega_{T0} \to 0$，$\varepsilon_r \to \infty$，而 $\varepsilon_r \to \infty$ 意味着晶体内部出现自发极化，所以把趋于零的 ω_{T0} 称为光学软模，由 LST 关系发展出来的自发极化理论，也叫作铁电软模理论。

由于长光学波是极化波，因此长光学波声子又称为极化声子。此外，只有长光学纵波才伴随着一个宏观的极化电场，因此极化声子主要是指纵光学声子。综上可以看出，长光学横波并不伴随着宏观的、无旋的极化电场，有旋场是无散的。也就是说，这种场也满足式（4-2-27），所以长光学横波可能伴随着一个有旋的宏观电场，这个场不会引起静电极化，但会引起有旋的磁场。按照麦克斯韦方程，有旋的电场感生出有旋的磁场，而有旋的磁场又会感生出有旋的电场。现在已发现长光学横波确实具有电磁性，因而长光学横波声子是电磁声子。长光学横波具有电磁性，可以和光场发生耦合，耦合场的量子叫做声光子。

世界著名物理学家小史——黄昆
拓展阅读——黄昆方程

习题

（1）以一维连续介质为例，说明长声学波与弹性波的一致性。

（2）试解释离子晶体中的长光学波又称为极化波的原因。

（3）写出黄昆方程并说明各个符号的意义，指出黄昆方程的意义。

（4）什么是 LST 关系？由该关系可以解释哪些现象？

（5）为什么 NaCl 晶体对红外光的反射率与波长关系曲线中会出现一个平缓的峰值区？

（6）长光学支格波与长声学支格波本质上有何差别？

（7）长声学格波能否导致离子晶体的宏观极化？

（8）金刚石中的长光学纵波频率与同波矢的长光学格横波频率是否相等？对于 KCl 晶体，结论又是什么？

（9）对于光学横波，对应 $\omega_T \to 0$ 是什么物理图像？

（10）何谓极化声子？何谓电磁声子？

（11）质量分别为 M 和 m（设 $M > m$）的两种原子以 a 和 $a/3$ 相间排成如图所示的一维晶体链，若只考虑近邻原子间的弹性相互作用，设相邻原子间的恢复力系数同为 β。

① 写出每种原子的动力学方程式；

② 写出格波方程式；

③ 导出色散关系式。

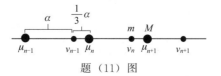

题（11）图

第三节 简谐晶体的量子理论

本章第一节中，利用原子坐标（原子的位矢或位移）来描写晶格的本征振动，得到运动方程式（4-1-43）及其本征振动的特解式（4-1-44），而且每个原子的运动可以写成这些特解的线性组合，即以各种频率本征振动的叠加。但是原子坐标使得与系统的总能量相对应的哈密顿量中有原子坐标的交叉项，导致原子坐标描写的运动是相互耦合的，不易进行量子化处理。

为了将原子坐标的交叉项消去，可以借用理论力学的质点系微振动的正则坐标，采用正交变换使得体系的哈密顿矩阵对角化，去掉交叉项。由于这里主要讨论晶格的简谐振动，因此将在正则坐标系中处理简谐振动的坐标，称为简正坐标。下面具体讨论该正交变换。

一、简正坐标

1. 简正坐标、简正模

设某晶体中含有 N 个原子，在简谐近似下，将势能项式（4-1-8）代入晶格的薛定谔方程式（4-1-5），则该晶体晶格振动部分的哈密顿量为

$$H = T_n + V = \frac{1}{2} \sum_{i=1}^{3N} m_i \dot{u}_i^2 + \frac{1}{2} \sum_{i,j=1}^{3N} \left(\frac{\partial^2 V}{\partial u_i \partial u_j} \right)_0 u_i u_j \tag{4-3-1}$$

式中，u_i（$i=1, 2, \cdots, 3N$），表示原子对平衡位置的偏离分量。

以上是用原子坐标来描写晶格振动，如果令

$$\eta_i = \sqrt{M_i} u_i \tag{4-3-2}$$

称为约化坐标，则在简谐近似下，晶格振动的哈密顿变为

$$H = T_n + V = \frac{1}{2} \sum_{i=1}^{3N} \dot{\eta}_i^2 + \frac{1}{2} \sum_{i,j=1}^{3N} \lambda_{ij} \eta_i \eta_j \tag{4-3-3}$$

其中 λ_{ij} 称为力常数

$$\lambda_{ij} = \frac{\partial^2 V}{\partial \eta_i \partial \eta_j} \tag{4-3-4}$$

用矩阵表示上述哈密顿量，则有

$$H = T_n + V = \frac{1}{2} \dot{\eta}^+ \dot{\eta} + \frac{1}{2} \eta^+ \lambda \eta \tag{4-3-5}$$

其中：

$$\eta^+ = (\eta_1^* \ \eta_2^* \cdots \eta_{3N}^*) \ , \ \dot{\eta}^+ = (\dot{\eta}_1^* \ \dot{\eta}_2^* \cdots \dot{\eta}_{3N}^*) \tag{4-3-6}$$

$$\eta = \begin{bmatrix} \eta_1 \\ \eta_2 \\ \vdots \\ \eta_{3N} \end{bmatrix} \ , \ \dot{\eta} = \begin{bmatrix} \dot{\eta}_1 \\ \dot{\eta}_2 \\ \vdots \\ \dot{\eta}_{3N} \end{bmatrix} \tag{4-3-7}$$

$$\lambda = \begin{bmatrix} \lambda_{11} & \lambda_{12} & \cdots & \lambda_{1(3N)} \\ \lambda_{21} & \lambda_{22} & \cdots & \lambda_{2(3N)} \\ \vdots & \vdots & \vdots & \vdots \\ \lambda_{(3N)1} & \lambda_{(3N)2} & \cdots & \lambda_{(3N)(3N)} \end{bmatrix} \tag{4-3-8}$$

由于

$$\lambda_{ij} = \frac{\partial^2 V}{\partial \eta_i \partial \eta_j} = \frac{\partial^2 V}{\partial \eta_j \partial \eta_i} = \lambda_{ji} \tag{4-3-9}$$

因此 λ 为实对称方矩阵。根据矩阵代数，一个实对称方阵 λ，总能找到一个正交方阵 A，使得 $A^{-1}\lambda A$ 成为对角方阵。令

$$\omega^2 = A^{-1}\lambda A \tag{4-3-10}$$

则

$$\omega^2 = \begin{bmatrix} \omega_1^2 & 0 & \cdots & 0 \\ 0 & \omega_2^2 & \cdots & 0 \\ \vdots & \vdots & \vdots & \vdots \\ 0 & 0 & \cdots & \omega_{3N}^2 \end{bmatrix} \tag{4-3-11}$$

式中，$\omega_1^2, \omega_2^2, \cdots, \omega_{3N}^2$ 是方阵 λ 的本征值。

根据矩阵代数，正交方阵 A 满足：$A^+ A = E$，令约化坐标 $\eta = AQ$，则有

$$\begin{cases} \eta^+ = Q^+ A^+ = Q^+ A^{-1} \\ \dot{\eta} = A\dot{Q} \\ \dot{\eta}^+ = \dot{Q}^+ A^+ = \dot{Q}^+ A^{-1} \end{cases} \tag{4-3-12}$$

其中 Q^+、Q 分别为

$$Q^+ = (Q_1^* \ Q_2^* \cdots Q_{3N}^*) \ , \ Q = \begin{bmatrix} Q_1 \\ Q_2 \\ \vdots \\ Q_{3N} \end{bmatrix} \tag{4-3-13}$$

则对应 Q 的矩阵元称为简正坐标。从而系统的哈密顿变为

$$H = T_n + V = \frac{1}{2}\dot{\eta}^+ \dot{\eta} + \frac{1}{2}\eta^+ \lambda \eta = \frac{1}{2}\dot{Q}^+ A^{-1} A \dot{Q} + \frac{1}{2}Q^+ A^{-1}\lambda A Q$$

$$= \frac{1}{2} \dot{Q}^{+} \dot{Q} + \frac{1}{2} Q^{+} \omega^2 Q = \frac{1}{2} \sum_j (\dot{Q}_j^2 + \omega_j^2 Q_j^2) \qquad (4\text{-}3\text{-}14)$$

可见，哈密顿在简正坐标下已经对角化。由分析力学可知系统的拉格朗日函数 $L = T - V$，从而得正则动量

$$P_j = \frac{\partial L}{\partial \dot{Q}_j} = \dot{Q}_j \qquad (4\text{-}3\text{-}15)$$

则哈密顿量变为

$$H = \frac{1}{2} \sum_j (P_j^2 + \omega_j^2 Q_j^2) \qquad (4\text{-}3\text{-}16)$$

利用哈密顿正则方程，有

$$\dot{P}_j = -\frac{\partial H}{\partial Q_j} = -\omega_j^2 Q_j \qquad (4\text{-}3\text{-}17)$$

对式（4-3-15）求导，然后减去式（4-3-17）可得

$$\ddot{Q}_j + \omega_j^2 Q_j = 0 \qquad (4\text{-}3\text{-}18)$$

式中，$j = 1, 2, \cdots, 3N$。

式（4-3-18）是标准的谐振子方程。从上面的推导可以看出：在简谐近似下，通过引入简正坐标，可使动能和势能函数同时对角化，即系统的哈密顿量对角化，$3N$ 个耦合的微振动方程变为 $3N$ 个独立的谐振子方程。每个谐振子以特定的频率 ω_j 振动，描述体系的集体振动，是 $3N$ 个原子坐标 η_i 同时参与的振动，常称为体系的一个简正模。

当体系只存在一个单模振动 Q_j，其他 $Q_{i \neq j} = 0$ 时，则有

$$Q_j = C e^{-i \omega_j t}$$

由 $\eta = AQ$ 可得

$$\eta_i = \mathrm{Re} \sum_j a_{ij} Q_j = \mathrm{Re}[C a_{ij} e^{-i \omega_j t}] \qquad (4\text{-}3\text{-}19)$$

式中，$i = 1, 2, \cdots, 3N$。该式表明，$3N$ 个 η_i 都以同样的频率 ω_j 振动。所以，一个简正坐标所描述的是体系中所有原子一起参与的共同振动，是集体运动的描写法。因此，简正坐标又称为集体坐标。

此外，由于 $A^{+} A = E$，所以矩阵元满足

$$\begin{cases} \sum_j a_{ij}^{*} a_{kj} = \delta_{ik} \\ \sum_i a_{ij}^{*} a_{ik} = \delta_{jk} \end{cases} \qquad (4\text{-}3\text{-}20)$$

上式表示本征模的完备性，下式表示本征模的正交归一性。因此，所有的简正模构成一个正交、完备集，晶格的任何振动可以表示为它们的线性组合。

经过上述分析可知，简正坐标变换后，可使得哈密顿矩阵元对角化，过渡到量子力学时，只需把哈密顿中的动量换成动量算符即可，从而得到

$$\left[\sum_{j=1}^{3N}\frac{1}{2}\left(-\hbar^2\frac{\partial^2}{\partial Q_j^2}+\omega_j^2 Q_j^2\right)\right]\psi(Q_1,Q_2,\cdots,Q_{3N})=E\psi(Q_1,Q_2,\cdots Q_{3N}) \qquad (4\text{-}3\text{-}21)$$

由于哈密顿函数中没有交叉项，可以分离变量，对其中的每一个简正坐标，均有

$$\frac{1}{2}\left(-\hbar^2\frac{\partial^2}{\partial Q_j^2}+\omega_j^2 Q_j^2\right)\varphi(Q_j)=\varepsilon_j\varphi(Q_j) \qquad (4\text{-}3\text{-}22)$$

式（4-3-22）为标准的谐振子方程，其解为

$$\varepsilon_j=\left(n_j+\frac{1}{2}\right)\hbar\omega_j$$

$$\varphi_{n_j}(Q_j)=\sqrt{\frac{\omega_j}{\hbar}}\exp\left(-\frac{\xi^2}{2}\right)H_{n_j}(\xi) \qquad (4\text{-}3\text{-}23)$$

式中，$H_{n_j}(\xi)$ 表示厄米多项式，且 $\xi=\sqrt{\dfrac{\omega_j}{\hbar}}Q_j$，则整个系统的本征能量和本征波函数为

$$E=\sum_{j=1}^{3N}\varepsilon_i=\sum_{j=1}^{3N}\left(n_j+\frac{1}{2}\right)\hbar\omega_j \qquad (4\text{-}3\text{-}24)$$

$$\psi(Q_1,Q_2,\cdots,Q_{3N})=\prod_{j=1}^{3N}\varphi_{n_j}(Q_j) \qquad (4\text{-}3\text{-}25)$$

可见简正坐标的引入可使问题简化。

拓展阅读——简正模

在经典物理学中，很多运动都可以近似为简谐运动；即使是复杂的耦合运动，也可以将其分解为几个简谐运动的线性叠加，将分解后的简谐运动称为简正模。物理学家们将固体中原子的复杂耦合运动分解为简正模。引入了简正模之后，体系哈密顿量 H 中的势能部分之间就不再是关联的了。

受到外力的激发，一个复杂系统的运动（n 个自由度），可以通过 n 个互相正交的基函数（正交基）线性组合表示，而每个基函数所表示的简谐运动模式称为简正模式（或称本征振动、本征函数），每种运动模式所对应的频率称为本征频率。举例而言，在两端拉紧、绳长为 L 的弦线上形成的驻波波长、频率均不连续；弦振动的本征频率，对应的振动方式称为简正模式。一个系统的简正模式对应的简正频率反映系统的固有频率特性。

振荡系统的简正模，即系统的所有部分都以相同的频率和相位以正弦函数形式的运动模式。振荡系统最简单的运动模式是简正模的叠加。简正模的意思就是各个模式之间可以独立运动，也就是说一个模式的激发不会导致其他模式的运动。在简正模中，运动固有的频率称为固有频率或者共振频率。简正模是由物质的材料、形状等物性参数决定的，外力只起到激发作用，不管外力是否存在，简正模都是客观存在的。

简正模是无阻尼系统的一种自由振动方式；在线性叠加前提下，系统的任何复合运动都可分解为简正振动方式的和。相当于力 F 分解称为 F_x、F_y 和 F_z，力 F 相当于复合运动，而力的分量 F_x、F_y 和 F_z 就相当于简正模式。

2. 格波

简正坐标 Q_j 描写的运动表示系统中每个原子以相同的频率 ω_j 振动，它对时间的依赖关系为 $e^{-i\omega_j t}$，因为是体系的本征振动，所以振幅不依赖于时间。因而，对于频率为 ω_j 的简正振动模式可以表示为 $e^{-i\omega_j t} f(\vec{r})$，对于简单晶格而言，每个格点只有一个原子，则位矢

$$\vec{r} = \vec{R}_l = l_1 \, \vec{a}_1 + l_2 \, \vec{a}_2 + l_3 \, \vec{a}_3 \qquad (4\text{-}3\text{-}26)$$

设坐标原点上原子的振动为

$$A_{j\sigma} e^{-i\omega_j t}, f(0) = A_{j\sigma}, \sigma = 1,2,3 \qquad (4\text{-}3\text{-}27)$$

式中，σ 表示原子振动的偏振方向；$A_{j\sigma}$ 为相应偏振方向上的振幅。由于晶格的平移对称性，每个格点是完全等同的，因此各个原子在相同偏振方向的振幅 $f(\vec{R}_l)$ 必然相同，但是它们彼此之间可以相差一个相位因子 $\lambda(\vec{R}_l)$。

如果令

$$\begin{cases} f(\vec{a}_1) = \lambda(\vec{a}_1) f(0) \\ f(\vec{a}_2) = \lambda(\vec{a}_2) f(0) \\ f(\vec{a}_3) = \lambda(\vec{a}_3) f(0) \end{cases} \qquad (4\text{-}3\text{-}28)$$

则由平移算符的定义可知

$$\begin{cases} f(l_1 \, \vec{a}_1) = \lambda^{l_1}(\vec{a}_1) f(0) \\ f(l_2 \, \vec{a}_2) = \lambda^{l_2}(\vec{a}_2) f(0) \\ f(l_3 \, \vec{a}_3) = \lambda^{l_3}(\vec{a}_3) f(0) \end{cases} \qquad (4\text{-}3\text{-}29)$$

从而任一格点 $\vec{R}_l$ 上原子的振动振幅为

$$f(\vec{R}_l) = \lambda^{l_1}(\vec{a}_1)\lambda^{l_2}(\vec{a}_2)\lambda^{l_3}(\vec{a}_3)f(0) \tag{4-3-30}$$

由平移对称性特点得

$$|\lambda(\vec{a}_1)| = |\lambda(\vec{a}_2)| = |\lambda(\vec{a}_3)| \equiv 1 \tag{4-3-31}$$

又

$$f(\vec{a}_i + \vec{a}_j) = \lambda(\vec{a}_i + \vec{a}_j)f(0) = \lambda(\vec{a}_i)\lambda(\vec{a}_j)f(0) \tag{4-3-32}$$

所以

$$\lambda(\vec{a}_i + \vec{a}_j) = \lambda(\vec{a}_i)\lambda(\vec{a}_j) \tag{4-3-33}$$

因此,可令

$$\lambda(\vec{a}_i) = \mathrm{e}^{i\vec{q}\cdot\vec{a}_i} \tag{4-3-34}$$

从而有

$$f(\vec{R}_l) = \lambda^{l_1}(\vec{a}_1)\lambda^{l_2}(\vec{a}_2)\lambda^{l_3}(\vec{a}_3)f(0) = A_{j\sigma}\mathrm{e}^{i\vec{q}\cdot(l_1\vec{a}_1 + l_2\vec{a}_2 + l_3\vec{a}_3)} = A_{j\sigma}\mathrm{e}^{i\vec{q}\cdot\vec{R}_l} \tag{4-3-35}$$

由此得到一个类波解

$$A_{j\sigma}\mathrm{e}^{i(\vec{q}\cdot\vec{R}_l - \omega_j t)} \tag{4-3-36}$$

式中,$\vec{q}$ 是波矢。由于晶格的不连续性,波的振幅只在格点的位置上有定义,因此称为格波。

综合前面的讨论,一个包括 $3N$ 个自由度的三维晶格,存在 $3N$ 个独立的简正模,等价于 $3N$ 个独立的格波。

拓展阅读——格波与弹性波的区别和联系

① 格波的传播介质并非连接介质,而是由原子、离子等形成的晶格。

② 格波是各个粒子振动互相耦合的结果,描述了不同粒子振动之间的联系。

③ 弹性波是连续变化的而格波不是,一般情况下,不能把格波看成弹性波。

---

3. 一维单原子链情况

由上述分析可得由 N 个原子组成的一维单原子链的本征解

$$u_{nq}(na, t) = A_q\mathrm{e}^{i[qna - \omega(q)t]} \tag{4-3-37}$$

表示一个波矢为 q、频率为 $\omega(q)$ 的格波所描述的晶格中原子的位移。q 可以取 N 个值,原子的振动应该是所有格波的叠加,即

$$u_n(R_n, t) = \sum_q u_{nq} = \sum_q A_q\mathrm{e}^{i[qna - \omega(q)t]} = \frac{1}{\sqrt{NM}}\sum_q Q(t)\mathrm{e}^{iqna} \tag{4-3-38}$$

其中

$$Q_q(t) = \sqrt{NM} A_q \mathrm{e}^{-\mathrm{i}\omega(q)t} \tag{4-3-39}$$

显然，一维单原子链的约化坐标为

$$\eta_n = \sqrt{M} u_n(R_n, t) = \frac{1}{\sqrt{N}} \sum_q Q_q(t) \mathrm{e}^{\mathrm{i}naq} \tag{4-3-40}$$

按照前面的讨论，式（4-3-39）就是简正坐标，坐标变换的矩阵元为

$$a_{nq} = \frac{1}{\sqrt{N}} \mathrm{e}^{\mathrm{i}naq} \tag{4-3-41}$$

利用式（4-3-39），可以使得系统的哈密顿量对角化，亦即式（4-3-42）应成立。

$$\begin{cases} T = \frac{1}{2} M \sum_{R_n} \dot{u}(R_n) \, \dot{u}(R) = \frac{1}{2} \sum_q | \, \dot{Q}_q \, |^2 \\ U = \frac{1}{2} \sum_n \beta(u_{n+1} - u_n)^2 = \frac{1}{2} \sum_q \omega_q^2 \, | \, Q(q) \, |^2 \end{cases} \tag{4-3-42}$$

下面对上述结果给出推导，首先是动能项。

$$T = \frac{1}{2} M \sum_{R_n} [\dot{u}(R_n)] \tag{4-3-43}$$

代入式（4-3-38），得

$$\begin{aligned} T &= \frac{1}{2} M \cdot \frac{1}{NM} \sum_n \Big[\sum_{q'} \dot{Q}_{q'}(t) \mathrm{e}^{\mathrm{i}naq'} \sum_q \dot{Q}_q(t) \mathrm{e}^{\mathrm{i}naq} \Big] \\ &= \frac{1}{2} \sum_{q'} \sum_q \dot{Q}_{q'}(t) \, \dot{Q}_q(t) \frac{1}{N} \sum_n \mathrm{e}^{\mathrm{i}na(q'+q)} \\ &= \frac{1}{2} \sum_{q'} \sum_q \dot{Q}_{q'}(t) \, \dot{Q}_q(t) \delta_{q', -q} \\ &= \frac{1}{2} \sum_q \dot{Q}_{-q}(t) \, \dot{Q}_q(t) \\ &= \frac{1}{2} \sum_q \big| \, \dot{Q}_q(t) \, \big|^2 \end{aligned} \tag{4-3-44}$$

类似的势能相

$$\begin{aligned} V &= \frac{1}{2} \sum_n \beta(u_{n+1} - u_n)^2 \\ &= \frac{\beta}{2NM} \sum_n \Big(\sum_{q'} \big[Q_{q'}(t) \mathrm{e}^{\mathrm{i}(n+1)aq'} - Q_{q'}(t) \mathrm{e}^{\mathrm{i}naq'} \big] \Big) \Big(\sum_q \big[Q_q(t) \mathrm{e}^{\mathrm{i}(n+1)aq} - Q_q(t) \mathrm{e}^{\mathrm{i}naq} \big] \Big) \\ &= \frac{\beta}{2m} \sum_{q'} \sum_q Q_{q'}(t) Q_q(t) (\mathrm{e}^{\mathrm{i}aq'} - 1)(\mathrm{e}^{\mathrm{i}aq} - 1) \frac{1}{N} \sum_n \mathrm{e}^{\mathrm{i}na(q+q')} \\ &= \frac{\beta}{2m} \sum_{q'} \sum_q Q_{q'}(t) Q_q(t) (\mathrm{e}^{\mathrm{i}aq'} - 1)(\mathrm{e}^{\mathrm{i}aq} - 1) \frac{1}{N} \sum_n \mathrm{e}^{\mathrm{i}na(q+q')} \end{aligned}$$

$$= \frac{\beta}{2m} \sum_{q'} \sum_q \sum_q Q_{q'}(t) Q_q(t) (e^{iaq} - 1)(e^{iaq'} - 1) \delta_{q',-q}$$

$$= \frac{1}{2} \sum_q |Q_q(t)|^2 \omega^2(q) \qquad (4\text{-}3\text{-}45)$$

其中

$$\omega^2(q) = \frac{4\beta}{M} \sin^2\left(\frac{aq}{2}\right)$$

以上讨论可知哈密顿是对角化的，因此，式（4-3-39）是一维单原子链的简正坐标。式（4-3-44）和式（4-3-45）的推导中用到了如下的关系式

$$\begin{cases} Q_{-q}(t) = Q_q^*(t) \\ \dfrac{1}{N} \sum_n e^{ina(q-q')} = \delta_{qq'} \end{cases} \qquad (4\text{-}3\text{-}46)$$

下面给出式（4-3-46）的证明，由式（4-3-38）得

$$\begin{cases} u^*(R_n,t) = \dfrac{1}{\sqrt{NM}} \sum_q Q_q^*(t) e^{-iqR_n} \\ u(R_n,t) = \dfrac{1}{\sqrt{NM}} \sum_{-q} Q_{-q}^*(t) e^{-iqR_n} \end{cases} \qquad (4\text{-}3\text{-}47)$$

由于原子位移 $u(R_n,t)$ 是实数，因此方程组［式（4-3-47）］中两式的左侧相等，则右侧也相等，可得到 $Q_{-q}(t) = Q_q^*(t)$，则式（4-3-46）第一式得证。

下面证明第二式：

当 $q = q'$，则

$$\frac{1}{N} \sum_{n=0}^{N-1} e^{ina(q-q')} = 1 \qquad (4\text{-}3\text{-}48)$$

当 $q \neq q'$，由周期性边界条件，可令

$$q - q' = \frac{2\pi}{Na}(s - s') \qquad (4\text{-}3\text{-}49)$$

则

$$q - q' = \frac{2\pi}{Na}(s - s') = \frac{2\pi}{Na}l = h \qquad (4\text{-}3\text{-}50)$$

其中，s、s'、l 均为整数，则

$$\frac{1}{N} \sum_n e^{ina(q-q')} = \frac{1}{N} \sum_0^{N-1} e^{inah} = \frac{1}{N} \sum_0^{N-1} (e^{iah})^n = \frac{1}{N} \frac{1-(e^{iah})^N}{1-e^{iah}}$$

$$= \frac{1}{N} \frac{1 - e^{iNa\frac{2\pi}{Na}l}}{1 - e^{ia\frac{2\pi}{Na}l}} = 0 \qquad (4\text{-}3\text{-}51)$$

则式（4-3-46）的第二式得证。

二、声子

1. 声子定义

由上面的讨论可知，一个独立的 q、$\omega_s(q)$ 描写的格波等价于由简正坐标 Q_{qs} 描述的谐振子，其能量本征值是以 $\hbar\omega_s(q)$ 为单位量子化的，同样三维晶格振动的总能量，由式（4-3-24）可知也是量子化的。对于晶格振动，将格波的能量量子 $\hbar\omega_s(q)$ 定义为声子。

2. 声子的特点

① 声子不是真实的粒子，并不携带真实的动量，称为"准粒子"，它反映的是晶格原子集体运动状态的激发单元。多体系系统集体运动的激发单元，常称为元激发。声子只存在于晶体中，脱离晶体后就没有意义了。固体中，把格波激发的量子称作元激发或准粒子。

以一维单原子链为例，说明声子不携带真实的动量。波矢为 q 的格波总动量

$$P(q) = m\,\frac{\mathrm{d}}{\mathrm{d}t}\sum_{n=1}^{N}\mu_n = m\,\frac{\mathrm{d}}{\mathrm{d}t}\sum_{n=1}^{N}A\exp^{\mathrm{i}(naq-\omega t)}$$

$$= Am\,\frac{\mathrm{d}}{\mathrm{d}t}\exp^{-\mathrm{i}\omega t}\sum_{n=1}^{N}\exp^{\mathrm{i}naq} \tag{4-3-52}$$

又

$$q = \frac{2\pi}{Na}h$$

则

$$P(q) = -iAm\omega\exp^{-\mathrm{i}\omega t}\,\frac{\exp^{\mathrm{i}a\frac{2\pi}{Na}h}\left[1-\exp^{(\mathrm{i}a\frac{2\pi}{Na}h)^N}\right]}{1-\exp^{\mathrm{i}a\frac{2\pi}{Na}h}} = 0 \tag{4-3-53}$$

② 一个格波（一种振动模式）称为一种声子（一个 ω、q 就是一种声子），当这种振动模式处于 $\left(n_i+\dfrac{1}{2}\right)\hbar\omega_i$ 本征态时，称为有 n_i 个声子，n_i 为这种声子的声子数。

③ 由于所有的简正模是相互独立的，在温度 T 一定时，每一个简正模的能量式（4-3-22）仅仅依赖于它的频率和平均声子占据数，而与其他简正模的占据情况无关。而晶体中可以激发任意一个相同的声子，因此声子是玻色型的准粒子，其平均声子占据数遵循玻色统计

$$\bar{n}(\omega) = \frac{1}{\mathrm{e}^{\frac{\hbar\omega}{k_B T}}-1} \tag{4-3-54}$$

由式（4-3-54）可知

$$T = 0, \bar{n}(\omega) = 0 \tag{4-3-55}$$

$$T \to \infty, \bar{n}(\omega) = \frac{1}{e^{\hbar\omega/k_B T} - 1} = \frac{1}{1 + \hbar\omega/k_B T - 1} = \frac{k_B T}{\hbar\omega} \tag{4-3-56}$$

说明 $T > 0$ 才产生声子。

④ 当电子（或光子）与晶格振动相互作用时，交换能量以 $\hbar\omega$ 为单位，若电子从晶格获得 $\hbar\omega$ 能量，称为吸收一个声子，若电子给晶格 $\hbar\omega$ 能量，称为发射一个声子。

⑤ 在简谐近似下，声子是理想的玻色气体，声子间无相互作用。而非简谐作用可以引入声子间的相互碰撞，正是这种非简谐作用保证了声子气体能够达到热平衡状态。晶格振动的波和声子可以理解为固体中原子振动的波粒二象性。声子概念的引入，特别容易描述晶体的热传导和电子与晶格的相互作用。

类比解释——声子

晶体中原子之间相互作用可近似作为简谐力，某一原子振动带动相邻原子随之振动，形成各种模式的波动，称为格波。格波的能量量子就是相应模式的声子。声子的本质是能量。人们用手在脸旁边扇风，虽然看不见风，但是能感受到微风拂过。声子就和风一样，虽然看不见摸不着，但它是真实存在的，都是能量的形式。声子是玻色子，服从玻色-爱因斯坦统计分布规律。

拓展阅读——元激发

元激发是固体理论中一个重要的概念。固体中的元激发是指固体中粒子之间、粒子自旋之间、带电粒子与电磁波之间各有相互作用，从而产生粒子的各种集体运动，通常表现为不同的振动或波动，其能量量子就是元激发。因其具有粒子的性状，又称准粒子。按所服从的统计分布规律，元激发可分成玻色子和费米子两大类。声子就是用来描述固体中晶格振动的一种准粒子。

在固体物理中，所谓基态一般是指体系在能量最低时的状态。对于晶体而言，处于基态意味着晶格的周期性完整无缺，每个组成原子都固定在平衡位置。因此，真实的晶体总是处于激发状态。对于能量靠近基态的低激发态，往往可认为是一些独立基本激发单元的集合，它们具有确定的能量和波矢，这些基本激发单元就是元激发。所有元激发能量量子的总和，即为体系所具有的激发态能量。

金属中的电子不仅排斥其他电子，还会吸引周围的正离子，正离子的位移可以表示为点阵简正坐标的叠加，这便是电子和声子的耦合。

类比解释——占据数

电子有可能在这儿有可能在那儿，就像同学们在宿舍的概率、在图书馆出现的概率、在食堂出现的概率，这个概率就是占据数。

习题

（1）简述简正坐标及其作用。

（2）什么是简正模？什么是格波？格波和弹性波之间有什么区别？

（3）什么是声子？与光子有什么相似之处与不同之处？声子有没有物理动量？

（4）相距为不是晶格常数倍数的两个同种原子，其最大振幅是否相同？

（5）晶体中声子数目是否守恒？

第四节　晶格比热

实验上发现，固体的比热在高温时是一个与温度和材料性质无关的常数 $3Nk_B$（N 为晶体中原子的个数；k_B 为玻尔兹曼常量，$k_B = 1.38 \times 10^{-23} \text{J/K}$）；随着温度下降，在某一温度下，固体的比热容开始减小。对绝缘体来说，晶体的比热按 T^3 趋于零；对金属来说，则按 $bT^3 + \gamma T$ 趋于零。下面分别用经典理论和量子理论来解释晶体比热的规律。

一、晶体比热的一般原理

晶体的比热容一般是指定容比热容，按照热力学

$$C_V = \left(\frac{\partial \overline{E}}{\partial T} \right)_V \qquad (4\text{-}4\text{-}1)$$

式中，$\overline{E}$ 为晶体的平均内能，包括与热运动无关的基态能量、晶格振动的平均能量（晶格热能）和电子热能三部分。

从而比热容可以写成晶格振动比热和晶体电子比热两部分，晶体电子比热已经在第一章论述过，所以本节只讨论晶格振动比热。

根据经典的能量均分定理，每一个自由度的平均能量是 $(1/2)k_B T$，若晶体有 N 个原子，则晶体中原子的总自由度为 $6N$（考虑了振动自由度），在绝缘体情形下，晶体总的能量为

$$\varepsilon = 3Nk_B T \qquad (4\text{-}4\text{-}2)$$

从而比热容为

$$C_V = \left(\frac{\partial \overline{E}}{\partial T} \right)_V = 3Nk_B \qquad (4\text{-}4\text{-}3)$$

由式（4-4-3）可知比热容是一个与温度无关的常数，这一结论称为杜隆-珀蒂定律。经典统计理论可以解释绝缘体的比热遵从杜隆-珀蒂定律，但是却不能解释高温下金属中电子对比热容的贡献可以忽略不计，以及比热容在低温下随温度下降而趋于零的事实。经典理论具有其自身的局限性，接下来从晶格振动的量子理论分析晶格比热容随温度变化的规律。

二、晶格比热的量子理论

晶体可以看成一个热力学系统，在简谐近似下，晶格中原子的热振动可以看成相互独立的简谐振动，每个谐振子的能量都是量子化的。第 s 个谐振子的能量为

$$\varepsilon_s = \left(n_{qs} + \frac{1}{2} \right) \hbar \omega_s(q) \tag{4-4-4}$$

式中，n_{qs} 是频率为 ω_s 的谐振子的平均声子数，满足玻色统计。从而，第 s 个谐振子的能量可以写成

$$\varepsilon_s = \frac{\hbar \omega_s}{e^{\hbar \omega_s / k_B T} - 1} + \frac{1}{2} \hbar \omega_s \tag{4-4-5}$$

在三维情形下，简谐晶体在温度 T 时的能量为

$$\varepsilon = \varepsilon^{equ} + \sum_{\vec{q}s}^{3pN} \left[\frac{\hbar \omega_s(\vec{q})}{e^{\hbar \omega_s(\vec{q})/k_B T} - 1} + \frac{1}{2} \hbar \omega_s(\vec{q}) \right] \tag{4-4-6}$$

式中，波矢 $\vec{q}$ 取值数目为原胞数 N，$s = 1, 2, 3, \cdots, 3p$；p 为原胞中的原子数目；ε^{equ} 为原子处在平衡位置处静止的能量。

式中的第三项是量子力学处理得到的简正模的零点能，因此简谐晶体在温度为 T 时的能量仅第二项与温度有关。因而晶体的定容比热为

$$C_V = \left(\frac{\partial \varepsilon}{\partial T} \right)_V = \frac{\partial}{\partial T} \left(\sum_{\vec{q}s}^{3pN} \frac{\hbar \omega_s(\vec{q})}{e^{\hbar \omega_s(\vec{q})/k_B T} - 1} \right) \tag{4-4-7}$$

由式（4-4-7）可以看出：

① 晶格振动的比热容依赖于温度和该振动模的频率，与经典的结果截然不同。

② 高温情形下，$k_B T \gg \hbar \omega_s(\vec{q})$，因而 $\hbar \omega_s(\vec{q})/k_B T \ll 1$，则

$$e^{\hbar \omega_s(\vec{q})/k_B T} \approx 1 + \frac{\hbar \omega_s(\vec{q})}{k_B T} \tag{4-4-8}$$

则式（4-4-7）可以化简为

$$C_V = \sum_{\vec{q}s}^{3pN} \frac{\partial}{\partial T} \frac{\hbar \omega_s(\vec{q})}{e^{\hbar \omega_s(\vec{q})/k_B T} - 1} \approx \sum_{\vec{q}s}^{3pN} k_B = 3pN k_B \tag{4-4-9}$$

式中，pN 为晶体中的原子总数，所以每个原子对比热的贡献为 $3k_B$，这就是杜隆-珀蒂定律。

如果在展开式中取温度的更高次项，就可给出对该定律的高温量子修正，在这里不再讨论。

③ 低温情形下，此时 $k_B T \ll \hbar \omega_s(\vec{q})$，因而 $\hbar \omega_s(\vec{q})/k_B T \gg 1$，所以

$$\frac{\hbar \omega_s(\vec{q})}{\mathrm{e}^{\hbar \omega_s(\vec{q})/k_B T} - 1} \to 0 \tag{4-4-10}$$

表明 $\hbar \omega_s(\vec{q}) \gg k_B T$ 这部分晶格振动模式对比热的贡献可以忽略。

通过前面讨论可知，对于复式格子（$P > 1$），晶格振动模式分为光学支和声学支，而光学支的 $\hbar \omega_s(\vec{q})$ 大于声学支，所以由以上的分析可知，在较低的温度下，光学支对于比热的影响可以忽略。

对于声学支，当 $\hbar \omega_s(\vec{q})$ 很大时，对应色散曲线偏离线性关系的部分，在较低的温度下，可以忽略这部分声学支对于比热的影响。从而，在较低的温度下，可以只考虑 3 支声学支线性部分对比热的贡献，可令

$$\omega_s(\vec{q}) = c_s(\hat{q}) q \tag{4-4-11}$$

式中，$c_s(\hat{q})$ 为比例系数，代表不同方向传播的声速；$\hat{q}$ 为 $\vec{q}$ 的单位矢量。

对于宏观晶体，原胞数目 N 很大，波矢 $\vec{q}$ 在简约布里渊区中有 N 个取值，所以波矢 $\vec{q}$ 近似为准连续的，频率也是准连续的。故式（4-4-9）中对 $\vec{q}$ 的求和可以改成积分。利用式（4-4-11）和波矢密度，在很低温度下，有

$$C_V = \frac{\partial}{\partial T} \sum_s^{3p} \int \frac{\hbar c_s(\hat{q}) \vec{q}}{\mathrm{e}^{\hbar c_s(\hat{q}) \vec{q}/k_B T} - 1} \times \frac{V \mathrm{d} \vec{q}}{8\pi^3} \tag{4-4-12}$$

积分范围限制在第一布里渊区。但是，按照前面的分析，在较低的温度下，$\hbar \omega_s(\vec{q}) \gg k_B T$ 部分对上面的积分贡献很小，因而，积分也可看成是在整个波矢空间进行。采用球坐标积分，体积元

$$\mathrm{d}V = r^2 \sin\phi \, \mathrm{d}r \, \mathrm{d}\theta \, \mathrm{d}\phi \Rightarrow \mathrm{d}\vec{q} = q^2 \mathrm{d}q \, \mathrm{d}\Omega \tag{4-4-13}$$

令

$$x = \frac{\hbar c_s(\hat{q}) \vec{q}}{k_B T} \tag{4-4-14}$$

则

$$q = \frac{k_B T}{\hbar c_s(\hat{q})} x, \quad \mathrm{d}q = \frac{k_B T}{\hbar c_s(\hat{q})} \mathrm{d}x \tag{4-4-15}$$

代入式（4-4-12），可得

$$C_V = \frac{\partial}{\partial T} \left(\sum_s^{3p} \int \frac{\hbar c_s(\hat{q}) q q^2}{\mathrm{e}^x - 1} \frac{V \mathrm{d}q \, \mathrm{d}\Omega}{8\pi^3} \right) = \frac{\partial}{\partial T} \left\{ \frac{(k_B T)^4}{\hbar^3} \sum_s^{3p} \int \frac{1}{[c_s(\hat{q})]^3} \frac{\mathrm{d}\Omega}{8\pi^3} \int_0^{\infty} \frac{V x^3}{\mathrm{e}^x - 1} \mathrm{d}x \right\} \tag{4-4-16}$$

令

$$\frac{1}{c^3} = \frac{1}{3} \sum_s^{3p} \int \frac{1}{[c_s(\hat{q})]^3} \frac{\mathrm{d}\Omega}{4\pi} \tag{4-4-17}$$

式中，c 为平均声速。且积分

$$\int_0^\infty \frac{x^3}{\mathrm{e}^x - 1} \mathrm{d}x = \frac{\pi^4}{15} \tag{4-4-18}$$

由此，可得低温比热为

$$C_V \approx \frac{\partial}{\partial T} \left[\frac{(k_B T)^4}{\hbar^3} \frac{V\pi^4}{15} \frac{3}{2\pi^2 c^3} \right] = \frac{2\pi^2}{5} k_B V \frac{(k_B T)^3}{(\hbar c)^3} \tag{4-4-19}$$

可见晶格的低温比热随 T^3 变化。

④ 对于一般温度情形，直接把式（4-4-9）的右边对温度求微商得

$$C_V = k_B \sum_{\vec{q}s}^{3pN} \frac{\mathrm{e}^{\hbar\omega_s(\vec{q})/k_B T}}{\left[\mathrm{e}^{\hbar\omega_s(\vec{q})/k_B T} - 1 \right]^2} \left[\hbar\omega_s(\vec{q})/k_B T \right]^2 \tag{4-4-20}$$

将 C_V 中的求和改成积分，认为等频面在波矢空间为球面，则体积元 $\mathrm{d}q$ 对应的波矢数目

$$\frac{V_c}{(2\pi)^3} 4\pi q^2 \mathrm{d}q = \frac{V}{2\pi^2} q^2 \mathrm{d}q \tag{4-4-21}$$

所以有

$$C_V = \frac{k_B V}{2\pi^2} \sum_s^{3p} \int_{FBZ} \frac{\mathrm{e}^{\hbar\omega_s(\vec{q})/k_B T}}{\left[\mathrm{e}^{\hbar\omega_s(\vec{q})/k_B T} - 1 \right]^2} \left[\hbar\omega_s(\vec{q})/k_B T \right]^2 q^2 \mathrm{d}q \tag{4-4-22}$$

上述积分既要考虑所有的 $\omega_s(\vec{q})$，又要考虑到第一布里渊区是多面体，所以很难精确计算一般温度下的晶格比热，为此需要做近似处理，常用方法有德拜模型和爱因斯坦模型。

三、三维晶体比热的德拜模型

德拜模型的主要思想是把晶体视为各向同性的连续弹性介质，格波视为弹性波；有一支纵波、两支横波；晶格振动频率为 $0 \sim \omega_D$（ω_D 为德拜频率）。

按照德拜模型中格波视为弹性波的假设，则频率和波矢之间的色散关系应是线性关系，即 $\omega = cq$，比例系数 c 为平均声速。因而，对应的应是声学支，一支纵波、两支横波。晶格振动频率为 $0 \sim \omega_D$ 的假设，亦即截止频率的假设，实际上是把对第一布里渊区的积分改成对半径 $q_D = \omega_D/c$ 的球的积分。球的半径为最大波矢，球体积应该与第一布里渊区体积相等，包含 N 个许可的波矢，称为德拜球。此外最大波矢的假设也使得积分可积，因为理想的连续介质是一个无穷自由度体系，且对波矢无限制，从而使得体系的能量发散。

由于波矢空间中，每个波矢（代表点）所占体积为 $(2\pi)^3/V$，则由上述分析得

$$N \times \frac{(2\pi)^3}{V} = \frac{4}{3}\pi q_{\mathrm{D}}^3 \tag{4-4-23}$$

所以

$$q_{\mathrm{D}}^3 = N \times \frac{6\pi^2 N}{V} = 6\pi^2 n \tag{4-4-24}$$

式中，n 为单位体积的原子数，或原子数密度。

按照德拜模型，存在 3 个等同的声学支，则积分式（4-4-22）变为

$$C_{\mathrm{V}} = \frac{k_{\mathrm{B}}V}{2\pi^2}\sum_{s=1}^{3}\int_{FBZ} \frac{\mathrm{e}^{\hbar\omega_s(\vec{q})/k_{\mathrm{B}}T}}{\left[\mathrm{e}^{\hbar\omega_s(\vec{q})/k_{\mathrm{B}}T}-1\right]^2}\left[\hbar\omega_s(\vec{q})/k_{\mathrm{B}}T\right]^2 q^2\,\mathrm{d}q$$

$$= \frac{3k_{\mathrm{B}}V}{2\pi^2}\int_0^{q_{\mathrm{D}}} \frac{\mathrm{e}^{\hbar cq/k_{\mathrm{B}}T}}{(\mathrm{e}^{\hbar cq/k_{\mathrm{B}}T}-1)^2}(\hbar cq/k_{\mathrm{B}}T)^2 q^2\,\mathrm{d}q \tag{4-4-25}$$

令 $x = \hbar cq/k_{\mathrm{B}}T$，并定义一个德拜温度 Θ_{D}，即

$$k_{\mathrm{B}}\Theta_{\mathrm{D}} = \hbar\omega_{\mathrm{D}} = \hbar cq_{\mathrm{D}} \tag{4-4-26}$$

则积分上下限变为

$$\begin{cases} q = 0 \Rightarrow x = 0 \\ q = q_{\mathrm{D}} \Rightarrow x = \dfrac{hcq_{\mathrm{D}}}{k_{\mathrm{B}}T} = \dfrac{\Theta_{\mathrm{D}}}{T} \end{cases} \tag{4-4-27}$$

所以式（4-4-25）变为

$$C_{\mathrm{V}} = \frac{3k_{\mathrm{B}}V}{2\pi^2}\int_0^{\Theta_{\mathrm{D}}/T} \frac{\mathrm{e}^x}{(\mathrm{e}^x-1)^2}\left(\frac{k_{\mathrm{B}}T}{\hbar c}x\right)^2 \frac{k_{\mathrm{B}}T}{\hbar c}\,\mathrm{d}x$$

$$= \frac{3k_{\mathrm{B}}^4 VT^3}{2\pi^2\hbar^3 c^3}\int_0^{\Theta_{\mathrm{D}}/T} \frac{x^4\mathrm{e}^x}{(\mathrm{e}^x-1)^2}\,\mathrm{d}x = 9nk_{\mathrm{B}}V\left(\frac{T}{\Theta_{\mathrm{D}}}\right)^3\int_0^{\frac{\Theta_{\mathrm{D}}}{T}} \frac{x^4\mathrm{e}^x}{(\mathrm{e}^x-1)^2}\,\mathrm{d}x$$

$$= 9Nk_{\mathrm{B}}\left(\frac{T}{\Theta_{\mathrm{D}}}\right)^3\int_0^{\Theta_{\mathrm{D}}/T} \frac{x^4\mathrm{e}^x}{(\mathrm{e}^x-1)^2}\,\mathrm{d}x \tag{4-4-28}$$

其中

$$\Theta_{\mathrm{D}} = \frac{6\pi^2 n\hbar^3 c^3}{k_{\mathrm{B}}^3} \tag{4-4-29}$$

所以德拜模型下晶格比热为

$$C_{\mathrm{V}} = 3Nk_{\mathrm{B}}f_{\mathrm{D}}\left(\frac{\Theta_{\mathrm{D}}}{T}\right) \tag{4-4-30}$$

其中函数 f_{D} 称为德拜函数，为

$$f_{\mathrm{D}}(x) = \frac{3}{x^3}\int_0^x \frac{y^4\mathrm{e}^y}{(\mathrm{e}^y-1)^2}\,\mathrm{d}y \tag{4-4-31}$$

显然，低温时 $x = \Theta_{\mathrm{D}}/T \to \infty$，德拜函数变为

$$f_D(x) = \frac{3}{x^3} \times \frac{4\pi^4}{15} = \frac{4\pi^4}{5x^3} = \frac{4\pi^4}{5}\left(\frac{T}{\Theta_D}\right)^3 \qquad (4\text{-}4\text{-}32)$$

所以低温时德拜模型下晶格比热为

$$C_V = \frac{12\pi^4 N k_B}{5}\left(\frac{T}{\Theta_D}\right)^3 \qquad (4\text{-}4\text{-}33)$$

亦即在极低温度下，比热与 T^3 成正比，这个规律称为德拜 T^3 定律。温度越低，理论与实验吻合得越好，德拜 T^3 定律与前面较低温度下得到的规律式（4-4-19）一样。高温时，$x = \Theta_D/T \to 0$，德拜函数变为

$$\begin{aligned}
f_D\left(\frac{\Theta_D}{T}\right) &= 3\left(\frac{T}{\Theta_D}\right)^3 \int_0^{\frac{\Theta_D}{T}} \frac{e^x}{(e^x - 1)^2} x^4 \, dx \\
&= 3\left(\frac{T}{\Theta_D}\right)^3 \int_0^{\frac{\Theta_D}{T}} \frac{1}{(e^{x/2} - e^{-x/2})^2} x^4 \, dx \\
&\approx 3\left(\frac{T}{\Theta_D}\right)^3 \int_0^{\frac{\Theta_D}{T}} \frac{1}{\left(\frac{x}{2} + \frac{x}{2}\right)^2} x^4 \, dx \\
&= 3\left(\frac{T}{\Theta_D}\right)^3 \int_0^{\frac{\Theta_D}{T}} x^2 \, dx = 1
\end{aligned} \qquad (4\text{-}4\text{-}34)$$

所以高温时德拜模型下晶格比热为

$$C_V = 3N k_B f_D\left(\frac{\Theta_D}{T}\right) = 3N k_B \qquad (4\text{-}4\text{-}35)$$

高温时与实验规律（杜隆-珀蒂定律）相吻合。

由上面讨论可以看出，在 $T \ll \Theta_D$ 的极低温度下，晶格比热需用量子统计来处理，得到德拜 T^3 定律；在 $T \gg \Theta_D$ 的高温度下，与经典理论对应的杜隆-珀蒂定律规律一样。所以，德拜温度是处理晶格系统时量子统计和经典统计适用的分界线。第一章引入的费米温度对处理电子系统也有同样的作用。

需要说明的是德拜频率 $\omega_D = c q_D$ 中的 c 实际上应该对应一支纵波波速 c_L 和两支简并的横波速 c_T 的平均声速，即

$$\frac{3}{c^{-3}} = \frac{1}{c_L^3} + \frac{2}{c_T^3} \qquad (4\text{-}4\text{-}36)$$

从而，德拜温度变为

$$\Theta_D = \frac{\hbar \omega_D}{k_B} = \frac{\hbar}{k_B} \bar{c} \, (6\pi^2 n)^{\frac{1}{3}} \qquad (4\text{-}4\text{-}37)$$

从式（4-4-37）可以看出，德拜温度应该与温度无关，但是实验结果表明德拜温度并不是常量，尤其是中间温度区域，如氯化钠的德拜温度在 40K 出现极小值，这反映了德拜模型的粗糙性。要比较准确地给出比热容和温度的关系，必须从晶格振动模型去严格得到声子谱密度。

四、晶体比热的爱因斯坦模型

爱因斯坦模型认为晶体中原子的振动是相互独立的，所有原子都具有同一频率 ω_E。设晶体由 N 个原子组成，因为每个原子可以沿三个方向振动，共有 $3N$ 个频率为 ω_E 的振动，ω_E 称为爱因斯坦频率。

按照爱因斯坦模型，晶体中只存在频率为 ω_E 的声子，共有 $3N$ 个，所以晶格的能量为

$$\varepsilon = \sum_{i=1}^{3N} \left(n_i + \frac{1}{2} \right) \hbar\omega_E = 3N \left(\frac{\hbar\omega_E}{\mathrm{e}^{\hbar\omega_E/k_BT} - 1} + \frac{1}{2}\hbar\omega_E \right) \tag{4-4-38}$$

从而，爱因斯坦模型下晶格比热为

$$C_V = \frac{\partial\varepsilon}{\partial T} = 3Nk_B \frac{\mathrm{e}^{\frac{\hbar\omega_E}{k_BT}}}{\left(\mathrm{e}^{\hbar\omega_E/k_BT} - 1\right)^2} \left(\frac{\hbar\omega_E}{k_BT} \right)$$

$$= 3Nk_B f_E \left(\frac{\hbar\omega_E}{k_BT} \right) \tag{4-4-39}$$

其中

$$f_E \left(\frac{\hbar\omega_E}{k_BT} \right) = \left(\frac{\hbar\omega_E}{k_BT} \right)^2 \frac{\mathrm{e}^{\hbar\omega_E/k_BT}}{\left(\mathrm{e}^{\hbar\omega_E/k_BT} - 1\right)^2} \tag{4-4-40}$$

式（4-4-40）称为爱因斯坦比热函数。通常用爱因斯坦温度 Θ_E 代替频率 ω_E，定义为 $k_B\Theta_E = \hbar\omega_E$，从而爱因斯坦模型下的晶格比热变为

$$C_V = 3Nk_B f_E \left(\frac{\Theta_E}{T} \right) \tag{4-4-41}$$

爱因斯坦温度 Θ_E 的确定主要依据实验数据，要让选取的 Θ_E 值，在比热显著改变的温度范围内，使理论曲线与实验数据更相符。对于大多数固体材料，Θ_E 在 $100\sim300\mathrm{K}$ 的温度范围内。

显然，在 $T \gg \Theta_E$ 的高温情形，爱因斯坦比热函数变为

$$f_E \left(\frac{\Theta_E}{T} \right) = \left(\frac{\Theta_E}{T} \right)^2 \frac{1}{(\mathrm{e}^{\Theta_E/2T} - \mathrm{e}^{-\Theta_E/2T})^2} \approx \left(\frac{\Theta_E}{T} \right)^2 \frac{1}{\left[(1 + \frac{\Theta_E}{2T}) - (1 - \frac{\Theta_E}{2T}) \right]^2} = 1 \tag{4-4-42}$$

所以，高温下晶格比热为

$$C_V = 3Nk_B f_E \left(\frac{\Theta_E}{T} \right) \approx 3Nk_B \tag{4-4-43}$$

与实验吻合。当 $T \ll \Theta_E$ 的低温时，爱因斯坦比热函数变为

$$f_E\left(\frac{\Theta_E}{T}\right) = \left(\frac{\Theta_E}{T}\right)^2 \frac{\mathrm{e}^{\frac{\Theta_E}{T}}}{\left(\mathrm{e}^{\frac{\Theta_E}{T}} - 1\right)^2} \approx \left(\frac{\Theta_E}{T}\right)^2 \frac{1}{\mathrm{e}^{\frac{\Theta_E}{T}}} \tag{4-4-44}$$

所以，按照爱因斯坦模型，低温下的晶格比热为

$$C_V = 3Nk_B f_E\left(\frac{\Theta_E}{T}\right) \approx 3Nk_B \left(\frac{\Theta_E}{T}\right)^2 \frac{1}{\mathrm{e}^{\frac{\Theta_E}{T}}} \tag{4-4-45}$$

表明随温度的降低，晶格比热按照指数下降，要比德拜的 T^3 趋于零的速度更快，因而爱因斯坦模型在低温时不能与实验相吻合。造成此结果的原因是：依据爱因斯坦温度的定义，爱因斯坦频率 ω_E 约为 10^{13} Hz，处于远红外光频区，相当于长光学波极限。而具体计算表明，在甚低温度下，格波的频率很低，属于长声学波，所以，在甚低温度下，晶体的比热主要由长声学波决定，因此，爱因斯坦模型在低温时无法与实验相吻合。

因此，对于复式晶格，应将德拜模型和爱因斯坦模型相结合，用德拜近似处理声学支，积分区域为德拜球（等于第一布里渊区的体积）；用爱因斯坦模型处理光学支，把所有的光学支近似为常数频率波，即爱因斯坦频率 ω_E。则晶体的比热为声学支和光学支贡献之和，即

$$C_V = C_V^{\text{acoustic}} + C_V^{\text{optic}} = 3Nk_B f_D\left(\frac{\Theta_D}{T}\right) + (3p - 3)Nk_B f_E\left(\frac{\Theta_E}{T}\right) \tag{4-4-46}$$

式中，N 为原胞数目；p 为原胞中的原子数目。

习题

（1）简述晶体比热的德拜模型和爱因斯坦模型。

（2）什么是德拜球？试给出德拜模型下晶格振动色散关系的表达式，说明德拜模型在解释晶格比热温度关系上有哪些成功和不足，并说明其原因。

（3）对于原子间距为 a，由 N 个原子组成的一维单原子链，在德拜近似下：

① 计算晶格振动频谱；

② 证明低温极限下，比热正比于温度 T。

（4）由 N 个原子组成的体积为 V 的晶体，在德拜近似下，设其声速为 v，试求德拜频率和德拜温度，并简述其意义。

（5）对于金属铝，计算在什么温度晶格比热和电子比热相等。

（6）有一简单立方晶体，晶格常数为 0.12nm，弹性波速 $c_L = c_T = 900\text{m/s}$，求其德拜频率。

（7）对一体积为 V 的晶体，求周期性边界条件允许的格波波矢 q 在 q 空间的分布密度，以及在第一布里渊区 q 的取值总数；若为电子波，结果将如何？用德拜近似求一维单原子链的热容 $C_V(T)$ 的表达式，并证明在低温极限下，它与温度 T 成正比。

(8) 对于长度为 L、原子数为 N 的一维晶体，晶格常数为 a，按照德拜模型求出晶格热容，并讨论高低温极限。

(9) 爱因斯坦模型在低温下与实验存在偏差的根源是什么？

(10) 在甚低温下，不考虑光学波对热容的贡献合理吗？

(11) 在甚低温下，德拜模型为什么与实验相符？

第五节　声子态密度

对晶格比热容的求和变成积分时，也可以对频率加以变换。由于每支格波的频率均随波矢准连续地变化，因此把对振动模式的求和转化为对频率的积分，将使问题大为简化。为此，定义单位频率间隔内的振动模的数目，即

$$g(\omega) = \lim_{\Delta\omega \to 0}\left(\frac{\Delta n}{\Delta\omega}\right) \tag{4-5-1}$$

为晶格振动的模式密度，或频率分布函数，也称为声子态密度。其中 Δn 为 $\omega \sim \Delta\omega$ 间隔内晶格振动模的数目。故对于每支格波对比热的贡献可以表示为

$$C_V = \int_0^{\omega_m} k_B \frac{e^{\hbar\omega/k_B T}}{\left(e^{\hbar\omega/k_B T} - 1\right)^2}\left(\frac{\hbar\omega}{k_B T}\right)^2 g(\omega)\,d\omega \tag{4-5-2}$$

由于总模式数等于总自由度数，因此设简单晶体有 N 个原子，则

$$\int_0^{\omega_m} g(\omega)\,d\omega = 3N \tag{4-5-3}$$

式中，ω_m 为最高频率，又称截止频率。

因为频率是波矢的函数，因此可以在波矢空间内求出模式密度的表达式，如图 4-5-1 所示。

在 q 空间中的体积元为

$$dv = ds\,dq \tag{4-5-4}$$

式中，dq 为 ω 和 $\Delta\omega$ 两个等频面间的垂直距离；ds 为等频面上的面积元。则该体积元内包含的波矢数目为

$$\frac{V_c}{(2\pi)^3} ds\,dq \tag{4-5-5}$$

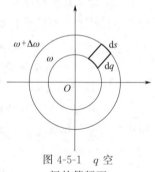

图 4-5-1　q 空间的等频面

则在 $\omega \sim \Delta\omega$ 之间振动模的数目 Δn 为

$$\Delta n = \frac{V_c}{(2\pi)^3} \times (\text{频率为 } \omega \text{ 和 } \omega + d\omega \text{ 的等频率面间的体积}) \tag{4-5-6}$$

所以

$$\Delta n = \frac{V_C}{(2\pi)^3}\int \mathrm{d}s\,\mathrm{d}q \tag{4-5-7}$$

由梯度定义知

$$\mathrm{d}\omega = |\nabla_q\omega(q)|\,\mathrm{d}q \tag{4-5-8}$$

所以

$$\Delta n = \left[\frac{V_C}{(2\pi)^3}\int \frac{\mathrm{d}s}{|\nabla_q\omega(q)|}\right]\mathrm{d}\omega \tag{4-5-9}$$

从而可得一支格波的声子态密度为

$$g_a(\omega) = \frac{V_C}{(2\pi)^3}\int_{s_a} \frac{\mathrm{d}s}{|\nabla_q\omega_a(q)|} \tag{4-5-10}$$

晶体总的声子态密度为

$$g(\omega) = \sum_{a=1}^{3p}\frac{V_C}{(2\pi)^3}\int_{s_a} \frac{\mathrm{d}s}{|\nabla_q\omega_a(q)|} \tag{4-5-11}$$

式（4-5-11）是三维情况下的声子谱密度。二维情况等频面退化为等频线，一维情况下每支色散曲线退化为两个等频点。所以声子态密度可以表示为

$$g(\omega) = \begin{cases} \sum\limits_{a=1}^{3p}\dfrac{V_C}{(2\pi)^3}\int_{s_a}\dfrac{\mathrm{d}s}{|\nabla_q\omega_a(q)|} & \text{三维情况} \\[3mm] \sum\limits_{a=1}^{2p}\dfrac{S}{(2\pi)^2}\int_{s_a}\dfrac{\mathrm{d}l_\omega}{|\nabla_q\omega_a(q)|} & \text{二维情况} \\[3mm] \sum\limits_{a=1}^{p}\dfrac{L}{2\pi}\dfrac{2}{|\mathrm{d}\omega_a(q)/\mathrm{d}q|} & \text{一维情况} \end{cases} \tag{4-5-12}$$

显然，在 q 空间声子群速度等于零的临界点附近，对应声子谱密度的奇点，也称为范霍夫奇点。

下面计算德拜模型下的声子谱密度。按照德拜模型，格波视为三支等同的长声学波，$\omega = cq$，等频面为球面，所以

$$g(\omega) = \sum_{a=1}^{3p}\frac{V_C}{(2\pi)^3}\int_{s_a}\frac{\mathrm{d}s}{|\nabla_q\omega_a(q)|} = 3\frac{V_C}{(2\pi)^3}\int_{s_a}\frac{\mathrm{d}s}{c} - \frac{3V_C}{2\pi^2 c^3}\omega^2 \tag{4-5-13}$$

其中利用了如下关系

$$\begin{cases} q = \omega/c \\[2mm] \nabla_q\omega = \dfrac{\mathrm{d}\omega}{\mathrm{d}q} = c \\[2mm] s_\omega = 4\pi q^2 = \dfrac{4\pi\omega^2}{c^2} \end{cases} \tag{4-5-14}$$

当然，如果考虑一支纵波（L）和两支简并的横波（T）不等价，即

$$\begin{cases} \omega_L = c_L q \\ \omega_T = c_T q \end{cases} \tag{4-5-15}$$

则德拜模型下的声子谱密度变为

$$g(\omega) = \sum_{\alpha=1}^{3p} \frac{V_c}{(2\pi)^3} \int_{s_a} \frac{\mathrm{d}s}{|\nabla_q \omega_\alpha(q)|} = \frac{V_c}{(2\pi)^3} \left[\int_{\omega_L=\omega} \frac{\mathrm{d}s}{|\nabla_q \omega_L(q)|} + 2 \int_{\omega_T=\omega} \frac{\mathrm{d}s}{|\nabla_q \omega_T(q)|} \right]$$

$$= \frac{V_c}{(2\pi)^3} \left[\frac{1}{c_L} 4\pi \left(\frac{\omega}{c_L}\right)^2 + 2 \frac{1}{c_T} 4\pi \left(\frac{\omega}{c_T}\right)^2 \right] = \frac{V_c}{2\pi^2} \left(\frac{1}{c_L^3} + \frac{2}{c_T^3} \right) \omega^2 = \frac{3V_c}{2\pi^2 \bar{c}^3} \omega^2 \tag{4-5-16}$$

其中平均声速定义为

$$\frac{1}{\bar{c}^3} \equiv \frac{1}{3} \left(\frac{1}{c_L^3} + \frac{2}{c_T^3} \right) \tag{4-5-17}$$

利用声子态密度可以对前面的比热容重新求解，这里不再讨论。

习题

(1) 什么是声子态密度？写出声子态密度的一般表达式。求出一维单原子链晶格振动波的声子态密度函数，并作图表示出它和频率的关系。

(2) 一维单原子链，原子质量为 m，原子间距为 a，最近邻和次近邻原子间的相互作用力常数分别为 α 和 β，计算声子的色散关系以及模式密度。

(3) 由 N 个原子组成的体积为 V 的晶体，在德拜近似下，设其声速为 v，试求出晶格振动态密度函数 $g(\omega)$，并绘出 $g(\omega)$ 和 q 的关系曲线。

(4) 在绝对零度时还有格波存在吗？若存在，格波间还有能量交换吗？

(5) 对于一维双原子点阵，已知其中一种原子的质量 $m = 5 \times 1.67 \times 10^{-27}$ kg，另一种原子的质量 $M = 4m$，力常数 $\beta = 15$ N/m，求：

① 光学波的最大频率 ω_{max}^0 和最小频率 ω_{min}^0；

② 声学波的最大频率 ω_{max}^A；

③ 相应的声子能量是多少电子伏？

④ 在 300K 时，可以激发频率为 ω_{max}^0、ω_{min}^0 和 ω_{max}^A 的声子的概率为多少？

第六节 晶格振动谱的实验测定

晶格振动的频率 ω 与波矢 $\vec{q}$ 之间的关系 $\omega(\vec{q})$ 称为格波的色散关系，也称为晶格振动谱。测量晶格振动谱的实验方法主要通过中子、光子、X射线与晶格的非弹性散射完成，其中热中子的非弹性散射是最常用的方法，因为热中子的能量（0.02～0.04eV）和动量与声子的产生或湮灭所需的数值在同一数量级，所以在散射时，入射中子的能量与动量有显著变化。

将晶格振动用声子来描述，外部粒子和晶格相互作用后的能量和动量的变化传递给声子，则外部粒子和声子之间满足能量和动量守恒。

仅考虑一个声子的简单情况，设入射粒子能量为 ε，初动量为 $\vec{P}$；入射粒子和晶体相互作用后能量为 ε'，末态动量为 $\vec{P}'$。则入射粒子和声子组成的系统应该满足能量和动量守恒定律，即

$$\begin{cases} \varepsilon' = \varepsilon \pm \hbar\omega_{qs} \\ \vec{P}' = \vec{P} \pm \hbar\vec{q} + \hbar\vec{G}_h \end{cases} \tag{4-6-1}$$

式中，加号表示入射粒子吸收了一个声子，减号表示入射粒子放出了一个声子。下面人们简单讨论将入射粒子和晶格相互作用看作入射粒子和声子相互作用的合理性。首先，在零声子情况下，即把晶格看成是静止的，显然式（4-6-1）变为

$$\begin{cases} \varepsilon' = \varepsilon \\ \hbar\vec{k}' = \hbar\vec{k} + \hbar\vec{G}_h \Rightarrow \vec{k}' - \vec{k} = \vec{G}_h \end{cases} \tag{4-6-2}$$

这正是第二章讨论 X 射线衍射时的弹性散射条件，式（4-6-2）中的第 2 个公式正是劳厄条件。类似于第二章的讨论，对入射粒子和振动的晶格的相互作用，总的散射振幅可以表示为

$$A_{tot} = A\,\mathrm{e}^{-i\omega t}\int\rho(\vec{r})\mathrm{e}^{-i(\vec{k}-\vec{k}')\cdot\vec{r}}\,\mathrm{d}\vec{r} \tag{4-6-3}$$

式中，ω 为入射波的频率；$\rho(\vec{r})$ 为 $\vec{r}$ 处原子浓度。

仅考虑简单格子，并假定原子为点状散射中心，位置为 $\vec{R}_n(t)$，则有

$$\rho(\vec{r}) \propto \sum_n \delta[\vec{r} - \vec{R}_n(t)] \tag{4-6-4}$$

即要求 $\vec{r} = \vec{R}_n(t)$，所以总的散射振幅变为

$$A_{tot} \propto \mathrm{e}^{-i\omega t}\sum_n \mathrm{e}^{-i(\vec{k}'-\vec{k})\cdot\vec{R}_n(t)} \tag{4-6-5}$$

如果令晶格振动引起原子偏离平衡位置的小位移为 $\vec{R}_n(t)$，则总的散射振幅变为

$$\vec{R}_n(t) = \vec{R}_n + u_n(t) \tag{4-6-6}$$

由于 $\vec{R}_n(t)$ 为小量，则有

$$A_{tot} \propto \sum_n \mathrm{e}^{-i(\vec{k}'-\vec{k})\cdot\vec{R}_n}\,\mathrm{e}^{-i(\vec{k}'-\vec{k})\cdot\vec{u}_n(t)}\,\mathrm{e}^{-i\omega t} \tag{4-6-7}$$

$$\mathrm{e}^{-i(\vec{k}'-\vec{k})\cdot\vec{u}_n(t)} \approx 1 - i(\vec{k}'-\vec{k})\cdot\vec{u}_n(t) + \cdots \tag{4-6-8}$$

所以

$$A_{tot} \propto \sum_n \mathrm{e}^{-i(\vec{k}'-\vec{k})\cdot\vec{R}_n}[1 - i(\vec{k}'-\vec{k})\cdot u_n(t)]\,\mathrm{e}^{-i\omega t} \tag{4-6-9}$$

考虑到波矢为 $\pm\vec{q}$ 的第 s 支格波的 $\vec{u}_n(t)$ 为

$$\vec{u}_n(t) = \vec{u}_{0s} e^{\pm i[\vec{q} \cdot \vec{R}_n - \omega_s(\vec{q})t]} \qquad (4\text{-}6\text{-}10)$$

将式（4-6-10）代入式（4-6-9），并去掉与 q 无关的求和项（亦即只考虑与非弹性散射有关的项），得

$$A_{tot}^{inel} \propto \sum_n e^{-i(\vec{k}' - \vec{k} \mp \vec{q}) \cdot \vec{R}_n} (\vec{k}' - \vec{k}) \cdot \vec{u}_{0s} e^{-i[\omega \pm \omega_s(\vec{q})t]} \qquad (4\text{-}6\text{-}11)$$

式（4-6-11）为与非弹性散射有关的振幅。从式（4-6-11）可以看出，对应于散射波的频率为

$$\omega' = \omega \pm \omega_s(\vec{q}) \qquad (4\text{-}6\text{-}12)$$

从而

$$\hbar\omega'(\vec{q}) = \hbar\omega(\vec{q}) \pm \hbar\omega_s(\vec{q}) \qquad (4\text{-}6\text{-}13)$$

符合考虑声子后的能量守恒定律。

此外，式（4-6-11）中对应于散射波的波矢为 $\vec{k}' - \vec{k} \mp \vec{q}$，由于晶格的平移对称性，当且仅当

$$\vec{k}' - \vec{k} \mp \vec{q} = \vec{G}_h \qquad (4\text{-}6\text{-}14)$$

此时，非弹性散射波的振幅才不为零，亦即

$$\hbar\vec{k}' = \hbar\vec{k} \pm \hbar\vec{q} + \hbar\vec{G}_h \qquad (4\text{-}6\text{-}15)$$

此为考虑声子后的动量守恒定律。

由此可以看出，用声子取代晶格振动是合理的，而且使得问题的处理变得更简单。

一、中子的非弹性散射

由以上的讨论可知，中子与晶体的非弹性散射作用，可以看成中子与晶体中声子的相互作用，对应中子吸收或发射声子的过程。且中子与声子之间的散射过程满足能量守恒和准动量守恒。

类比解释——声子的检测

人们很难直接测量到声子，所以人们通过外部粒子和晶格发生相互作用来间接知道声子的作用。例如，对于黑洞的研究，人们看不到黑洞，所以观察黑洞对周围事物的影响，当发现周围事物发生变化的时候人们推测周围是有黑洞的。

设入射中子流的动量为 $\vec{p}$，M_n 为中子质量，能量 $\varepsilon = \dfrac{p^2}{2M_n}$。从晶体中出射的中子流动量为 $\vec{p}'$，能量为 $\varepsilon' = \dfrac{p'^2}{2M_n}$。则由能量守恒和准动量守恒得

$$\begin{cases} \dfrac{P'^2}{2M_n} - \dfrac{P^2}{2M_n} = \pm\hbar\omega_s(\vec{q}) \\[2mm] \vec{P}' - \vec{P} = \pm\hbar\vec{q} + \hbar\vec{G}_h \end{cases} \tag{4-6-16}$$

式中，"＋"号表示吸收一个声子；"－"号表示发射一个声子。

由于

$$\omega_s(\vec{q}) = \omega_s(\vec{q} \pm \vec{G}_h) \tag{4-6-17}$$

且由动量守恒得

$$\pm\vec{G}_h = \frac{\pm(\vec{p}' - \vec{p})}{\hbar} \tag{4-6-18}$$

所以有

$$\frac{P'^2}{2M_n} = \frac{P^2}{2M_n} \pm\hbar\omega_s\left[\frac{\pm(\vec{P}' - \vec{P})}{\hbar}\right] \tag{4-6-19}$$

实验中，固定入射中子流的动量为 $\vec{p}$，则相应的能量 $\varepsilon = \dfrac{P^2}{2M_n}$ 已知，当测出某一散射方向上的动量 $\vec{p}'$，对应的能量 $\varepsilon' = \dfrac{p'^2}{2M_n}$ 可求，从而可得到一组频率 $\omega_s(\vec{q})$ 和波矢 $\vec{q}$。即得到了晶体声子谱中的一个点 $[\omega_s(\vec{q}), \vec{q}]$，改变入射中子流的动量大小，可测出多个 $[\omega_s(\vec{q}), \vec{q}]$，从而得到该方向的谱线。改变晶体的取向，探测的方向，最后可测出晶体的整个声子谱。

中子谱仪的结构示意图如图 4-6-1 所示，利用中子散射谱仪测定晶格振动谱的工作，始于 20 世纪中期。起初，由于中子反应堆发射的中子流密度很低，因而实验测量受到限制，近年来高通量的中子反应堆出现后，才使得实验有了实质性的进展。由前文可知，硅晶体中沿着第一布里渊区的三个对称方向 <001>、<110> 和 <111> 的色散关系便是中子非弹性散射的实验结果。不过，中子的非弹性散射也有局限性，对于易于俘获中子的晶体无法测量。如固态 N^3，其原子核对中子有很大的俘获截面而形成 N^4，因而无法获得其声子散射谱。此外，上述测量是基于单声子过程来描述的，单声子过程给出分立的中子能量，对应于尖峰位置；两声子或多声子过程对应于一个连续的能量背景，因此，两种过程区别很大。

二、光的非弹性散射

光子与晶格的作用，即光子与晶体中声子的相互作用，也遵从能量和动量守恒。在可见光范围，对应的波矢为 $10^5\,\mathrm{cm}^{-1}$ 的量级，故相互作用的声子的波矢也在 $10^5\,\mathrm{cm}^{-1}$ 的量级。因此这部分波矢只是分布在布里渊区中心附近很小一部分区域内（布里渊区尺度为 $10^8\,\mathrm{cm}^{-1}$），换言之，可见光发生散射的声子是长波声子。如果光子与长声学波声子作用，其吸收或放出声子的过程称为布里渊散射；光子与光学波声子作用，吸收或放出声子的过程称为拉曼散射。

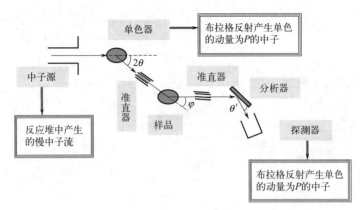

图 4-6-1　中子谱仪结构

通常将散射频率低于入射频率，即发射声子的散射，称为斯托克斯散射；反之，把散射频率高于入射频率，即吸收声子的散射，称为反斯托克斯散射。

上述的可见光给出的声子谱很窄，为了研究整个波长范围内的声子振动谱，就要求入射光子也有比较大的波矢。由于光波的频率和波矢之间满足 $\omega = cq/n$，其中 c 为光速，n 为晶体的折射率，要求入射光子的频率要比较高。考虑到 X 射线的波矢量级和晶体倒格子基矢的量级一致，因此可用 X 光与声子的非弹性散射来测量声子的振动谱。但是，由于 X 光光子能量为 10^4 eV，声子能量在 10^{-2} eV，所以声子不易引起 X 光光子能量的显著变化，这也导致实验技术上的困难。

习题

(1) 晶格振动与晶体的哪些宏观物理性质有关，研究晶格振动的实验方法有哪些？

(2) 常用热中子与晶格振动的非弹性相互作用来研究晶格振动的色散关系，请简要叙述其基本原理，并明确说明实验中测量哪些量，以及如何由此得出色散关系。

(3) 温度很低时，声子的自由程很大，当 $T \to 0$ 时，$\bar{\lambda} \to \infty$，$T \to 0$ 时，对于无限长的晶体，是否成为热超导材料？

(4) 考虑一双原子链的晶格振动，链上最近邻原子间力常数交错地等于 c 和 $10c$。令两种原子质量相同，且最近邻间距为 $a/2$。求在 $k = 0$ 和 $k = \pi/a$ 处的 $\omega(k)$。大略地画出色散关系。（本题模拟双原子分子晶体，如 H_2）

第七节　非简谐效应

在简谐近似的情况下，晶格原子振动可描述为 $3N$ 个线性独立的谐振子的叠加，各振子间不发生作用，也不交换能量。晶体中某种声子一旦产生，其数目就一直保持不变，既不能把能量传递给其他声子，也不能使自己处于热平衡状态。也就是说，在简谐晶体中，声子态是定态，携带热流的声子分布一旦建立，将不随时间变化（表明弛豫时间为无穷大），这意味着无限大的热导率。所以，用简谐近似理论不能解释晶体的热膨胀和热平衡现象。

实际上，原子间的相互作用力（恢复力）并非严格地与原子的位移成正比。在晶体的势能展开式中，当考虑三次方及其以上的高次项时，则晶格振动就不能描述为一系列严格线性独立的谐振子，通常把三次方及其以上的高次项称为非简谐项。如果原子的位移相当小，则非简谐项和简谐项（二次方项）相比为一小量，则可把非简谐项看成微扰项。由于微扰项的存在，谐振子不再是相互独立，相互间要发生作用，即声子和声子之间要相互交换能量。由于声子间的互作用，某种频率的声子便能转换成另一种频率的声子，即一种频率的声子要湮灭，而另一种频率的声子会产生。这样，经过一定的弛豫时间后，各种声子的分布就能达到热平衡。

所以，非简谐项是使晶格振动达到热平衡的最主要原因。一般将从简谐晶体的声子出发，在此基础上做进一步修改的方法，称为准简谐近似。

拓展阅读——简谐近似的不足

在简谐近似下，得出了一些与事实不符的结论：①没有热膨胀（原子的平衡位置不依赖于温度）。②力常数和弹性常数不依赖于温度和压力。③高温时热容量是常数。④等容热容和等压热容相等（$C_V = C_p$）。⑤声子间不存在相互作用，声子的平均自由程和寿命都是无限的，或者说，两个点阵波之间不发生相互作用，单个波不衰减或不随时间改变形式。⑥没有杂质和缺陷的简谐晶体的热导是无限大的。⑦对完美的简谐晶体而言，红外吸收峰、拉曼和布里渊散射峰以及非弹性散射峰宽应为零。

一、晶体的热传导

1. N 过程和 U 过程

将声子看成准粒子后，非简谐项的微扰作用，可导致声子态之间的跃迁。这种声子态之间的跃迁常称为声子—声子相互作用，或声子之间的碰撞或散射，声子间的相互作用遵循能量守恒和准动量守恒。非简谐作用中的势能三次方项对应于三声子过程，如两个声子碰撞产生另一个声子或一个声子劈裂成两个声子；非简谐作用中的势能四次方项对应于四声子过程，如图 4-7-1 所示。下面以两个声子的碰撞为例，做简要说明。

两个声子通过非简谐项的作用，产生了第三个声子，这可以看成两个声子碰撞之后变成了第三个声子。声子的相互作用可以理解为：一个声子的存在将在晶体中引起周期性的弹性应变，由于非简谐项的影响，晶体的弹性模量不是常数，而受到弹性应变的调制。由于弹性模量的变化，将使第二个声子受到散射而产生第三个声子。该过程遵循能量守恒和准动量守恒，设两个相互碰撞的声子的频率和波矢分别为 ω_1、$\vec{q}_1$ 和 ω_2、$\vec{q}_2$；而第三个声子的频率和波

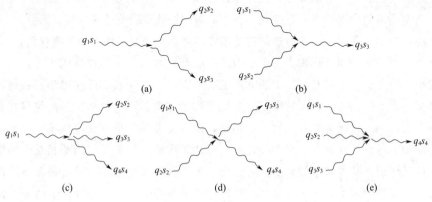

图 4-7-1　三声子过程和四声子过程

矢为 ω_3、$\vec{q}_3$，对于该三声子过程，则有

$$\begin{cases} \hbar\omega_1 + \hbar\omega_2 = \hbar\omega_3 \\ \hbar\vec{q}_1 + \hbar\vec{q}_2 = \hbar\vec{q}_3 \Rightarrow \vec{q}_1 + \vec{q}_2 = \vec{q}_3 \end{cases} \tag{4-7-1}$$

由于晶格振动的状态是波矢的周期函数，即 $\vec{q}$ 态和 $\vec{q} + \vec{G}_h$ 态等价，因此还有如下等效关系

$$\begin{cases} \hbar\omega_1 + \hbar\omega_2 = \hbar\omega_3 \\ \hbar\vec{q}_1 + \hbar\vec{q}_2 = \hbar\vec{q}_3 + \hbar\vec{G}_h \Rightarrow \vec{q}_1 + \vec{q}_2 = \vec{q}_3 + \vec{G}_h \end{cases} \tag{4-7-2}$$

实际情况确实存在上述两种对应关系，比如在研究热阻时，发现两个同向运动的声子相互碰撞，产生的第三个声子的运动方向与它们相反，即运动方向发生倒转。因此两个声子的碰撞过程既可以满足式（4-7-1），也可以满足式（4-7-2）。前者称为正常过程或 N 过程；后者称为倒逆过程或 U 过程，也叫反转过程。

显然对于三声子碰撞过程来说，N 过程意味着波矢 $\vec{q}_1 + \vec{q}_2 = \vec{q}_3$ 始终在第一布里渊区内，且方向大致相同，因而不改变热流的基本方向。而 U 过程则要求波矢 $\vec{q}_1 + \vec{q}_2$ 在第一布里渊区以外，导致 $\vec{q}_3$ 几乎与 $\vec{q}_1 + \vec{q}_2$ 方向相反。图 4-7-2 是 N 过程和 U 过程的示意图。反常过程可以认为是碰撞的同时发生了布拉格反射的结果，是产生热阻的一个重要机制。

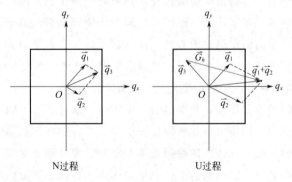

图 4-7-2　N 过程和 U 过程

2. 晶格的热传导和热导率

关于金属的热传导已在第一章讨论过，金属主要是自由电子气体对热能的输运。对于晶格而言，人们可以认为晶格中存在大量的声子气体，声子是热能的携带者，声子属于玻色子，满足玻色统计，即

$$n_{qs} = \frac{1}{e^{\frac{\hbar\omega_{qs}}{k_B T}} - 1} \tag{4-7-3}$$

显然温度高的区域，声子数目多；温度低的区域，声子数目就少。因而由于温度梯度，将导致声子存在浓度差，使得声子从高温区向低温区扩散，形成热流，这是热传导的准经典解释。

晶格的热导率为

$$\kappa = \frac{1}{3} C_V \lambda \overline{v} \tag{4-7-4}$$

式中，C_V 为晶格比热容；λ 为声子的平均自由程；$\overline{v}$ 为声子的平均热运动速度，常取固体中的平均声速。

由于声子的平均热运动速度 $\overline{v}$ 一般取固体中的平均声速，因此 $\overline{v}$ 基本上与温度无关，影响热导率的主要是晶格比热容 C_V 和声子的平均自由程 λ。

声子的平均自由程 λ 与声子数有关，声子数目越多，声子之间的碰撞概率就越大，声子的平均自由程 λ 就越小；反之，声子数目越少，声子之间的碰撞概率就越小，声子的平均自由程 λ 就越大，而声子数目可由式（4-7-4）的玻色统计给出。

高温时，声子数目满足

$$n_{qs} = \frac{1}{e^{\frac{\hbar\omega_{qs}}{k_B T}} - 1} \approx \frac{1}{\left(1 + \frac{\hbar\omega_{qs}}{k_B T}\right) - 1} = \frac{k_B T}{\hbar\omega_{qs}} \tag{4-7-5}$$

所以，高温时，声子数目与温度成正比，从而导致声子的平均自由程 λ 随温度升高而变小，即 $\lambda \propto T^{-1}$。由于当温度远高于德拜温度时，晶格比热容 C_V 是一个与温度无关的常数，因此 $T \gg \Theta_D$ 时，晶格的热导率随温度的升高而变小，满足 $\kappa \propto T^{-1}$。

低温下，$T \ll \Theta_D$ 时，声子数目满足

$$n_{qs} = \frac{1}{e^{\frac{\hbar\omega_{qs}}{k_B T}} - 1} \approx e^{-\frac{\hbar\omega_{qs}}{k_B T}} = e^{-\frac{A}{T}} \tag{4-7-6}$$

所以，声子数目随温度的升高成指数规律减小，从而导致声子的平均自由程 λ 随温度升高而成指数变大，即 $\lambda \propto e^{A/T}$；此外，$T \ll \Theta_D$ 时，晶格比热容 C_V 满足德拜三次方定律，即 $C_V \propto T^3$，所以，$T \ll \Theta_D$ 时，晶格热导率满足 $\kappa \propto T^3 e^{A/T}$。显然 $T \to 0$ 时，声子的平均自由程 $\lambda \to \infty$，从而导致晶格热导率 $\kappa \to \infty$。实际上，热导系数并不会趋于无穷大，因为在实际晶体中存在杂质和缺陷，声子的平均自由程不会非常大。对于不存在杂质和缺陷的完整的晶体，则声子的平均自由程 λ 等于晶体的线度 D，是一个常数。所以 $T \ll \Theta_D$ 时，对于线度为 D 的完整晶体，其热导率主要依赖于晶格的比热容，即热导率 $\kappa \propto T^3$。

图 4-7-3 所示为 4 个表面状况不同的蓝宝石晶体热导率随温度变化的实验结果，按照上述分析，峰值对应德拜温度 Θ_D，标志着 N 过程向 U 过程的过渡。

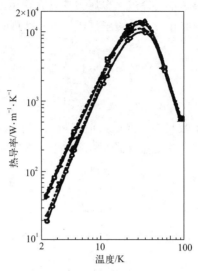

图 4-7-3　不同表面状况蓝宝石晶体热导率的实验结果

拓展阅读——高温下的光子热传导

固体中除了声子的热传导外，还有光子的热传导。在温度不太高时，固体中电磁辐射能很微弱，但在高温时就明显了，因为其辐射能量与温度的四次方成正比。光子传导的热容和光子的平均自由程都依赖于频率，这是因为固体中分子、原子和电子的振动、转动等运动状态的改变，会辐射出频率较高的电磁波。这类电磁波覆盖了一较宽的频谱。其中具有较强热效应的是波长为 $0.4\sim40\mu m$ 的可见光与部分近红外光的区域。这部分辐射线就称为热射线。热射线的传递过程称为热辐射。由于它们都在光频范围内，其传播过程和光在介质（透明材料、气体介质）中传播的现象类似，也有光的散射、衍射、吸收和反射、折射。因此可以把它们的导热过程看作光子在介质中传播的导热过程。

光子的平均自由程除与介质的透明度有关外，对于频率在可见光和近红外光的光子，其吸收和散射也很重要。例如，吸收系数小的透明材料，当温度为几百摄氏度时，光辐射是主要的；吸收系数不大的不透明材料，即使在高温时，光子传导也不重要。在无机材料中，主要是光子的散射问题；这使得在多晶材料中，光子的平均自由程要比在玻璃（非晶）和单晶材料中的平均自由程都小。只有在 1500℃ 以上时，光子的传导才是主要的，此时高温下的陶瓷呈半透明的亮红色。

二、晶体的热膨胀

简谐近似下，势能曲线关于原子的平衡位置对称，虽然温度升高，导致振幅变大，但原子的平衡位置与振幅无关，所以位移的平均值为零，即两原子间距不变，无热膨胀现象。非简谐近似下，势能曲线关于原子的平衡位置不再对称，原子的平衡位置与振幅相关，位移的平均值不再为零。且温度升高，振幅变大，两原子间距增大，有热膨胀现象。下面人们首先从热力学出发，给出晶体的状态方程，进而讨论热膨胀。

按照准简谐近似的思想，晶体的能量可以写成简谐近似的形式，即

$$E = U(V) + \sum_{\vec{q},s} \left(n_{\vec{q}s} + \frac{1}{2} \right) \hbar \omega_s(\vec{q}) \tag{4-7-7}$$

式中，$U(V)$ 为平衡晶体能量；$\hbar \omega_s(\vec{q})$ 为声子能量，二者通过晶体体积 V 或晶格常数 a 依赖于温度。简谐近似下，晶格常数 a 由内能为极小值的条件确定，非简谐近似下，晶格常数 a 由自由能为极小值的条件确定。

拓展阅读——晶体的非简谐近似

由热力学知，压强 P、熵 S、定容比热 C_V 和自由能 $F = U - TS$ 之间的关系为

$$\begin{cases} dF = -PdV - SdT \\ P = -\left(\dfrac{\partial F}{\partial V} \right)_T \\ S = -\left(\dfrac{\partial F}{\partial T} \right)_V \\ C_V = T \left(\dfrac{\partial S}{\partial T} \right)_V \end{cases} \tag{4-7-8}$$

可见自由能 $F(T,V)$ 是最基本的物理量，求出自由能 $F(T,V)$，其他热力学量或性质就可以由热力学关系导出。

按照自由能的定义和式（4-7-7），晶格的自由能包含两部分，一部分对应 $F_1 = U^{\text{equ}}(V)$，只与晶体的体积有关与温度无关，是 $T = 0\text{K}$ 时晶格的内能，即 U^{equ} 表示平衡态的内能；另一部分对应 F_2，是由晶格振动决定的内能（晶格振动的自由能）。

由统计物理可知

$$F_2 = -k_B T \ln Z \tag{4-7-9}$$

式中，Z 为晶格振动谐振子的配分函数。若能求出 Z，即可求得热振动自由能频率为 ω_s 的格波。

配分函数 Z_{qs} 为

$$Z_{qs} = \sum_{n_{qs}=0}^{\infty} e^{-\left(n_{qs}+\frac{1}{2} \right) \hbar \omega_s(\vec{q})/k_B T} = e^{-\hbar \omega_s(\vec{q})/2k_B T} \sum_{n_{qs}=0}^{\infty} \left[e^{-\hbar \omega_s(\vec{q})/k_B T} \right]^{n_{qs}} = \frac{e^{-\hbar \omega_s(\vec{q})/2k_B T}}{1 - e^{-\hbar \omega_s(\vec{q})/k_B T}} \tag{4-7-10}$$

式中，利用了关系式

$$\sum_0^{\infty} x^n = \frac{1}{1-x} (|x| < 1) \tag{4-7-11}$$

忽略晶格之间的相互作用能，总配分函数为

$$Z = \prod_{qs} Z_{qs} = \prod_{qs} \frac{e^{-\hbar\omega_s(\vec{q})/2k_BT}}{1 - e^{-\hbar\omega_s(\vec{q})/k_BT}} \tag{4-7-12}$$

所以，晶格振动的内能（自由能）

$$F_2 = -k_BT \sum_{qs} \left[-\frac{1}{2} \frac{\hbar\omega_s(\vec{q})}{k_BT} - \ln\left(1 - e^{-\hbar\omega_s(\vec{q})/k_BT}\right) \right] \tag{4-7-13}$$

从而，晶格自由能

$$F = U^{equ}(V) + \sum_{qs} \left[\frac{1}{2}\hbar\omega_s(\vec{q}) + k_BT\ln\left(1 - e^{-\hbar\omega_s(\vec{q})/k_BT}\right) \right] \tag{4-7-14}$$

式（4-7-14）右侧第一项是内能 F_1，第二项是晶格振动自由能 F_2，所以

$$P = -\left(\frac{\partial F}{\partial V}\right)_T = -\left(\frac{\partial U^{equ}}{\partial V}\right)_T - \sum_{qs} \left[\frac{1}{2}\hbar + \frac{\hbar\, e^{-\hbar\omega_s(\vec{q})/k_BT}}{1 - e^{-\hbar\omega_s(\vec{q})/k_BT}} \right] \frac{\partial\omega_s(\vec{q})}{\partial V} \tag{4-7-15}$$

对于简谐晶体，晶格振动频率 $\omega_s(\vec{q})$ 与体积 V 无关（在简谐近似下，晶格振动不会引起体积的变化）；对于非简谐晶体，由于非线性振动，晶格振动会引起体积的变化，格波频率 ω_s 也是宏观量 V 的函数。

采用准简谐近似，即体系能量仍由简谐近似给出，但 $\omega_s(\vec{q})$ 随体积变化，代表非简谐效应，所以式（4-7-15）变为

$$
\begin{aligned}
P &= -\left(\frac{\partial F}{\partial V}\right)_T = -\left(\frac{\partial U^{equ}}{\partial V}\right)_T - \sum_{qs} \left[\frac{1}{2}\hbar + \frac{\hbar\, e^{-\hbar\omega_s(\vec{q})/k_BT}}{1 - e^{-\hbar\omega_s(\vec{q})/k_BT}} \right] \frac{\partial\omega_s(\vec{q})}{\partial V} \\
&= -\left(\frac{\partial U^{equ}}{\partial V}\right)_T - \sum_{qs} \left[\frac{1}{2}\hbar\omega_s(\vec{q}) + \frac{\hbar\omega_s(\vec{q})}{e^{\hbar\omega_s(\vec{q})/k_BT} - 1} \right] \frac{\partial\ln\omega_s(\vec{q})}{\partial V} \\
&= -\left(\frac{\partial U^{equ}}{\partial V}\right)_T - \sum_{qs} \left[\frac{1}{2} + \frac{1}{e^{\hbar\omega_s(\vec{q})/k_BT} - 1} \right] \hbar\omega_s(\vec{q}) \frac{\partial\ln\omega_s(\vec{q})}{\partial V} \\
&= -\left(\frac{\partial U^{equ}}{\partial V}\right)_T - \sum_{qs} \varepsilon_{qs} \frac{\partial\ln\omega_s(\vec{q})}{\partial V} \\
&= -\left(\frac{\partial U^{equ}}{\partial V}\right)_T - \frac{1}{V} \sum_{qs} \varepsilon_{qs} \frac{\partial\ln\omega_s(\vec{q})}{\partial\ln V}
\end{aligned} \tag{4-7-16}
$$

其中，$\dfrac{\partial\ln\omega_s(\vec{q})}{\partial\ln V}$ 是表征 $\omega_s(\vec{q})$ 随体积 V 变化的量（无量纲）。推导中利用了关系式

$$
\begin{aligned}
d\omega_s &= \omega_s d(\ln\omega_s) \\
dV &= V d(\ln V)
\end{aligned} \tag{4-7-17}
$$

其中

$$\varepsilon_{qs} = \left(\frac{1}{2} + \frac{1}{e^{\hbar\omega_s(\vec{q})/k_BT-1}} \right) \hbar\omega_s(\vec{q}) \tag{4-7-18}$$

ε_{qs} 表示频率为 ω_s 的格波在温度 T 时的平均能量，而 ω_s 与体积的关系很复杂，因此格林

艾森假定，对于所有振动模式均近似相同，因此可令

$$-\frac{\partial \ln \omega_s}{\partial \ln V} = \gamma \qquad (4\text{-}7\text{-}19)$$

式中，γ 为与晶格的非线性振动有关与 ω_s 无关的常数，称 γ 为格林艾森常量（前面的负号为了保证该常数大于 0）。从而式（4-7-16）变为

$$P = -\left(\frac{\partial U^{\text{equ}}}{\partial V}\right)_T + \frac{1}{V}\sum_{qs}\varepsilon_{qs}\gamma = -\left(\frac{\partial U^{\text{equ}}}{\partial V}\right)_T + \gamma\,\frac{\varepsilon}{V} \qquad (4\text{-}7\text{-}20)$$

式（4-7-20）为晶体的状态方程，或格林艾森方程；右侧第一项是形变造成的压强，第二项是晶格振动造成的热压强；P 为晶格系统的总压强。其中晶格振动总能量 ε（有的教材，用 $\vec{E}$ 代表晶格振动的总能量）

$$\varepsilon = \sum_{qs}\varepsilon_{qs} \qquad (4\text{-}7\text{-}21)$$

下面由格林艾森近似状态方程讨论晶体的热膨胀。对于大多数固体，由于体积的变化不大，可将方程式（4-7-7）中的第一项在晶体的平衡体积 V_0 附近展开，即

$$\frac{\partial U}{\partial V} = \left(\frac{\partial U}{\partial V}\right)_{V_0} + (V - V_0)\left(\frac{\partial^2 U}{\partial V^2}\right)_{V_0} + \cdots \qquad (4\text{-}7\text{-}22)$$

对于平衡体积 V_0 来说

$$\left(\frac{\partial U}{\partial V}\right)_{V_0} = 0 \qquad (4\text{-}7\text{-}23)$$

若只取到关于 $(V - V_0)$ 的一次方项，则

$$\frac{\partial U}{\partial V} = \frac{V - V_0}{V_0}V_0\left(\frac{\partial^2 U}{\partial V^2}\right)_{V_0} = K\,\frac{V - V_0}{V_0} \qquad (4\text{-}7\text{-}24)$$

式中，K 为晶体的体积弹性模量，将式（4-7-24）代入状态方程式（4-7-20），得

$$P = -K\,\frac{V - V_0}{V_0} + \gamma\,\frac{\varepsilon}{V} \qquad (4\text{-}7\text{-}25)$$

式（4-7-25）与式（4-7-20）等价，式（4-7-25）右侧第一项是形变压强，第二项是热压强。由于热膨胀是在不施加压力（$P=0$）的情况下体积随温度的变化，所以式（4-7-25）两侧对温度 T 求导得

$$K\,\frac{1}{V_0}\left(\frac{\partial V}{\partial T}\right)_P = \gamma\,\frac{V\left(\frac{\partial \varepsilon}{\partial T}\right)_P - \varepsilon\left(\frac{\partial V}{\partial T}\right)_P}{V^2} = \gamma\,\frac{C_V}{V} - \gamma\,\frac{\varepsilon}{V^2}\left(\frac{\partial V}{\partial T}\right)_P \qquad (4\text{-}7\text{-}26)$$

式（4-7-26）等号右边第二项是非常小的量可略去，所以式（4-7-26）变为

$$K\alpha = \gamma\,\frac{C_V}{V} \qquad (4\text{-}7\text{-}27)$$

其中热膨胀系数 α 为

$$\alpha = \frac{1}{V_0}\left(\frac{\partial V}{\partial T}\right)_P \tag{4-7-28}$$

整理式（4-7-27）得

$$\alpha = \frac{\gamma}{VK}C_V \tag{4-7-29}$$

这就是格林艾森定律。由此可见，热膨胀系数 α 与格林艾森常量成正比，二者有相似的温度依赖关系。对于简谐近似来说，格林艾森常量 $\gamma = 0$，导致热膨胀系数 α 为零，晶体无热膨胀现象。因此，热膨胀是非简谐效应，热膨胀系数 α 可作为检验非简谐效应大小的尺度，同样格林艾森常量 γ 也可用作检验非简谐效应的尺度。由于 α、K、C_V 可由实验测定，所以格林艾森常量 γ 可求，对大多数晶体，γ 值一般为 $1 \sim 3$。

由格林艾森定律可知热膨胀系数 α 与晶格比热 C_V 成正比，因此高温下，当 $T \gg \Theta_D$ 时，晶体比热 C_V 为常数，导致热膨胀系数 α 为常数；在很低温度下，$T \ll \Theta_D$ 时，晶格比热 $C_V \propto T^3$，所以热膨胀系数 $\alpha \propto T^3$；在甚低温（10K 左右）下，对于金属，由于电子气的作用，热膨胀系数 $\alpha \propto T$。

拓展阅读——格林艾森定律与格林艾森常数

热胀冷缩现象在自然界中普遍存在，对人类生活和生产有广泛的影响。由于各类材料的热膨胀性能差别很大，同时所有工程中都避免不了不同材料的组合使用，必须根据不同材料的膨胀系数来考虑结构件之间可能产生的应力，由此确定各结构件配合时所允许的公差。因此，了解和研究材料的热膨胀性能，并对膨胀系数进行测定，是工程设计、材料研究和应用中不可缺少的课题。

德国物理学家格林艾森（Grüneisen）根据晶格热振动理论中频率对体积的依赖关系，导出了膨胀系数和热容的关系——物体的热膨胀系数与恒容热容成正比，并且它们有相似的温度依赖关系，在低温下随温度升高急剧增大，而到高温则趋于平缓，这一规律称为格律艾森定律。格林艾森定律是一个物理学定律，也有翻译为格律乃僧定律或者格律乃森定律。

物质的热膨胀行为是原子非简谐运动的直接结果，热膨胀的大小反映了晶格之间结合能的大小。通过热膨胀的测量可以得出格林艾森常数 γ，这个参数表明了原子振动的非简谐性，解释了热膨胀系数与其他性能的关系。根据格林艾森状态方程可以了解晶体在高压下的性能，用少量的实验数据获取高压下关于物质结构的更多信息。比如，通过在低温下对热膨胀的研究，可以从原子的相互作用中了解到电子和原子核的超精细结构对格林艾森常数的贡献，还可以预计物质在绝对零度下的摩尔体积。

格林艾森常数是与晶格的非线性振动有关而与格波频率 ω 无关的常数。热膨胀是非简谐效应，可作为检验非简谐效应大小的尺度。以石英为例，由于热膨胀系数与格林艾森常数成正比——石英晶体的格林艾森常数很小，说明它的非简谐效应很小。通常认为格林艾森常数是一个不依赖于温度的常数，但事实上，这一认识在很高或者很低的温度区间并不适用。

习题

(1) 什么是 N 过程？什么是 U 过程？简述晶格中不同简正模的格波之间达到热平衡的物理原因。

(2) 晶体热导率随温度变化关系曲线上的峰值反映了哪些信息？

(3) 写出格林艾森方程，说明各个量的含义。其中格林艾森常量与什么因素有关？与什么因素无关？

(4) 写出格林艾森定律，说明各个量的含义。试由格林艾森定律解释晶体的热膨胀系数 α 与温度的关系。

(5) 温度一定，一个光学波的声子数目多还是声学波的声子数目多？

(6) 对同一个振动模式，温度高时的声子数目多还是温度低时的声子数目多？

(7) 高温时，频率为 ω 的格波的声子数目与温度有何关系？

(8) 石英晶体的热膨胀系数很小，它的格林艾森常数有何特点？

参考文献

［1］ 孙会元，封顺珍，刘力虎，等. 固体物理基础［M］. 北京：科学出版社，2010.

［2］ 黄昆，韩汝琦. 固体物理学［M］. 北京：高等教育出版社，1988.

［3］ 韦丹. 固体物理［M］. 2 版. 北京：清华大学出版社，2007.

［4］ 费维栋. 固体物理［M］. 3 版. 哈尔滨：哈尔滨工业大学出版社，2020.

［5］ 胡安，章维益. 固体物理学［M］. 3 版. 北京：高等教育出版社，2020.

［6］ 陆栋，蒋平. 固体物理学［M］. 北京：高等教育出版社，2011.

［7］ 王矜奉. 固体物理教程［M］. 4 版. 济南：山东大学出版社，2004.

［8］ 吴代鸣. 固体物理基础［M］. 2 版. 北京：高等教育出版社，2015.

［9］ 陈长乐. 固体物理学［M］. 2 版. 北京：科学出版社，2007.

［10］ 朱建国，郑文琛，郑家贵，等. 固体物理学［M］. 北京：科学出版社，2005.

［11］ 陆栋，蒋平，徐至中. 固体物理学［M］. 2 版. 上海：上海科学技术出版社，2010.

［12］ 阎守胜. 固体物理基础［M］. 3 版. 北京：北京大学出版社，2011.

［13］ 顾秉林，王喜昆. 固体物理学［M］. 北京：清华大学出版社，1989.

［14］ 方俊鑫，陆栋. 固体物理学［M］. 上海：上海科学技术出版社，1981.

［15］ 谢希德，陆栋. 固体能带理论［M］. 2 版. 上海：复旦大学出版社，2007.

［16］ 秦善. 晶体学基础［M］. 北京：北京大学出版社，2004.

［17］ 谢希德，蒋平，陆奋. 群论及其在物理学中的应用［M］. 北京：科学出版社，1986.

［18］ Zhang C, Zhang Y, Yuan X, et al. Quantum Hall effect based on Weyl orbits in Cd_3As_2 ［J］. Nature, 2019, 565(7739)：331-336.

［19］ Chang C Z, Zhang J S, Feng X, et al. Experimental Observation of the Quantum Anomalous Hall Effect in a Magnetic Topological Insulator［J］. Science, 2013, 340(6129)：167-170.

［20］ Zhang Y, Chen B, Guan D, et al. Thermal-expansion offset for high-performance fuel cell cathodes［J］. Nature, 2021, 591(7849)：246-251.

［21］ Cao Y, Fatemi V, Demir, A, et al. Correlated insulator behaviour at half-filling in magic-angle graphene superlattices［J］. Nature, 2018, 556(7699)：80-84.

［22］ Cao Y, Rodan-Legrain D, Park J M, et al. Nematicity and competing orders in superconducting magic-angle graphene［J］. Science, 2021, 372(6539)：264-271.

［23］ Cao Y, Park J M, Watanabe K, et al. Pauli-limit violation and re-entrant superconductivity in moiré graphene［J］. Nature, 2021, 595(7868)：526-531.

［24］ Rozen A, Park J M, Zondiner U, et al. Entropic evidence for a Pomeranchuk effect in magic-angle graphene［J］. Nature, 2021, 592(7853)：214-219.

［25］ Liu L L, Wang C Y, Zhang L Y, et al. Surface Van Hove Singularity Enabled Efficient Catalysis in Low-Dimensional Systems：CO Oxidation and Hydrogen Evolution Reactions ［J］. The Journal of Physical Chemistry Letters, 2022, 13(3)：740-746.